# 풀 스펙트럼
## FULL SPECTRUM

# FULL SPECTRUM

## 풀 스펙트럼

### 색채의 과학은 어떻게 인간을 모던하게 만들었을까

애덤 로저스 지음
양진성 옮김

글항아리

# 서문

빅토리아 시대의 앙증맞은 발 같은 반도가 영토의 서남쪽 모퉁이에서 켈트해와 대서양 쪽으로 튀어나와 있는 섬나라 영국을 떠올려보자. 그 발이 바로 영국의 해변 휴양 중심지로 최남단에 자리한 콘월이다. 발꿈치 부분은 어원상의 이유로 간혹 '리저드Lizard'(도마뱀)라고도 불리는데, 실제로는 파충류와 아무 관련이 없다.

영국의 발끝인 콘월의 모습을 머릿속에 새겨두자. 그리고 이제 4억 년 전으로 시계를 돌려 적도 근처의 대양 아래 작은 진흙투성이 바다 어디쯤으로 이동해보자. 당시 콘월은 데본기 고생대의 네 번째 지질 시대 로, 약 4000만 년 동안 화산암, 퇴적물, 점성물이 쌓여 덩치를 키우다가 남쪽에서부터 은밀하게 치고 올라온 대륙판과 만나 충돌한다. 초대륙 판게아가 생성되던 중이었고, 충돌 지점에 갇힌 작은 암석 지대는 콘월이 되었다. 판구조론은 미래 세계를 그려가던 중이었고, 그 결과가 바로 오늘날의 모습이다.

이 사실이 나를 영국 왕립 해군 항공 기지인 컬드로즈의 쇠울타리 경계 바로 바깥쪽에 위치한 리저드반도의 북쪽 끝 주차장으로 이끌었다. 나는 화창한 푸른 하늘에서 굉음을 내는 전투기 아래 주차장에 내 렌터카를 세워두고 엑서터대학의 지질학자인 로빈 셰일의 차에 올라탔다. 암석에 관심 있는 사람들에게 오늘날의 콘월은 세계에서 가장 흥미로운 장소다. 데본기에 일어난 그 놀라운 판구조 운동 때문이다.

우리에게도 마찬가지였다. 주차장에서 10킬로미터밖에 떨어지지 않은 — 오래되고 움푹 팬 1차로로 30분간 힘들게 운전해서 가야 하는 — 그곳은 200년 전 윌리엄 그리거 신부에 의해 발견되었다. 암석에 관심이 지대했던 그리거 신부는 티타늄이라는 원소를 발견함으로써 세상을 완전히 뒤바꿔놓았다.

셰일은 운전하는 동안 차 안에서 풍기는 냄새 때문에 미안해했다. 리저드반도 전문가이자 옥스퍼드 출신의 이 지질학자는 젖은 신발을 밤새 차 안에 놔둔 모양이었다. 그는 아침이 되어서야 그 사실을 알아차렸다. 그는 아직도 꿉꿉한 냄새를 풍기는 주범을 비닐봉지에 넣어 다른 신발과 장비, 과학 저널 상자로 이미 꽉 찬 폴크스바겐 골프 트렁크 안에 쑤셔넣었다. 지질학은 야외 활동이 많은 학문이다. 안경을 쓰고 면도도 하지 않은 셰일은 큰 키에 마른 체격으로 직업 등반가처럼 몸 선이 약간 울퉁불퉁해 보였다. 그의 차 트렁크에는 온갖 살림이 구비되어 있었다.

셰일은 콘월 지역 지질학 박사로 현재 그 유명한 캠본광업대학에서 강의하며 지역 광산업체들과도 일한다. "나는 지역 지질학자라고 할 수 있어요. 활동 범위가 조금 협소하죠." 셰일이 말했다. 회반죽이 칠해져 있고 초가지붕을 인 콘월의 집들과 울타리 너머의 초록 들판, 낮은 돌담들을 덜컹거리며 스쳐 지나가면서 셰일은 그런 모습이 되기까지의 과정을 들려준다.

대륙이 충돌하면서 흙과 진흙이 서로 밀고 밀리며 포개지고 일그러졌다. 일그러진 구역은 지구의 일부를 가로지르는 새 산맥을 형성했고 나중에 이곳은 대서양이 되었다. 이곳이 바리스칸조산대다.

그동안―그 후 약 2억 년 동안 페름기로 접어드는데 '그동안'이라고 묶어버리기에는 조금 더 '의미 있는' 기간이다―대양지각의 일부가 대륙판에 옆면을 부딪히면서 잘려나가, 얇은 치즈 조각이 위로 말려 올라가듯 물 밖으로 드러났다. 이곳은 높이 솟아 건조해진다. 영국 서남쪽 끝부분을 형성한 이 작은 고원을 지질학 용어로는 '오피올라이트ophiolite, 蛇皮'라고 부른다. 이곳이 바로 리저드반도인데, 아마 그 이름은 '고지대'를 뜻하는 콘월 지방어에서 유래했을 것이다. 그런데 지질학적으로 특이한 지역 콘월에 자리한 이 고지대는 지질학에서 말하는 고지대와는 다르다.

먼저 지하의 화강암이 마그마 속으로 녹아들었다가 위로 떠올랐고, 굳어지며 균열이 생겼다. 그동안 주석석朱錫石(산화주석),

황동석黃銅石(구리 그리고 다른 물질), 철망간중석(대부분 텅스텐) 등 다수의 다른 광물은 섭씨 300도의 물 같은 액체 상태로 남았다. 초가열된 광물 혼합물이 화강암에 생긴 틈 사이로 흘러들면서 크고 작은 '광맥'을 형성했고 나중에 광부들은 이 광물들을 캐러 나선다.

이곳이 영국이다보니 비 때문에 화강암 지역이 노출되고 광물들은 지역 하천으로 흘러들었다. 콘월은 광산이 생기기 전부터 광산촌이었다. 2000년 전에도 이곳의 주석과 구리는 멀리 지중해까지 팔려나갔다. 셰일이 빈정거리듯 말했다. "브렉시트 이전의 무역이었죠." "주석과 구리로 청동을 만듭니다."

18세기까지 콘월의 주석 생산량은 세계 1위였다. 광부들은 언덕에서 주석을 채취하기도 했지만 채취량의 절반 정도는 강과 계곡의 진흙에서 캐냈다. 노출된 화강암 위로 비가 내려 침식되면 더 높은 밀도의 광물과 광석이 하류로 이동한다. 여기에서 자갈을 걸러내면 광석을 채취할 수 있다. 사금을 채취하는 것과 마찬가지다. 다만 여기서 얻을 수 있는 광석은 주석석이다.

콘월은 경제적으로 부유해졌고 과학기술의 중심지가 되었다. 가령 증기력을 이용해 광산에서 지하수를 퍼올리는 방식은 콘월에서 일궈낸 혁신이다. 또 콘월의 흙 속에 든 풍부한 광물 카올리나이트, 즉 고령석高嶺石은 멋진 중국식 도자기의 핵심 재료인 것으로 밝혀져 18세기 후반에 영국은 관련 산업에 뛰어들 수 있었다.(그 전까지 영국 공장들은 체로키족의 땅 노스캐롤라이나 블루리

지산맥에서 채취한 수입 고령토를 사용해왔다.) 조사이아 웨지우드는 1770년대에 콘월의 점토를 사용해 도자기를 만들었다.

오늘날 콘월은 해변 리조트와 휴가지로 더 유명세를 얻고 있지만 광물의 역사는 여전히 지표 아래에 살아 숨 쉬고 있다. 셰일은 좁은 도로를 따라 회색 석조 건물이 늘어선 언덕 마을 머내컨을 향해 차를 몰았다. 머내컨으로 가는 길은 믿을 수 없을 정도로 구불구불 꺾여 있었다. 그는 미소 지으며 "콘월의 전형적인 모습"이라고 했다. 우리는 녹음이 우거진 계곡vale 사이로 흐르는 길런 크리크를 향해 언덕을 내려갔다. 나는 평소 '골짜기vale' valley보다 더 예스러운 느낌의 단어다 같은 단어는 잘 쓰지 않는데 그곳은 지역 전체가 톨킨의 책 『반지의 제왕』에서 튀어나온 듯한 분위기였다.

차 한 대가 겨우 지나갈 정도로 좁은 돌다리에 다다랐을 때 셰일이 차를 세웠다. 차에서 내려, 햇살을 받아 반짝이는 '머내컨' 표지판을 지나치자마자 더 반짝이는 두 채의 작은 직사각형 건물이 나타났다. 한 건물은 현지의 원석으로 지었고, 다른 건물은 깔끔하게 흰색 페인트칠이 되어 있는데 두 굴뚝만 벽돌이었다. 트레곤웰 제분소 건물 가운데 남아 있는 곳이다. 원석으로 지은 건물에 정사각형 금속판이 볼트로 박혀 있다. "1791년 미네이그의 머내컨 교구에 위치한 트레곤웰 제분소 수로에서 윌리엄 그리거가 나중에 티타늄이라고 부르게 되는 금속 메나카나이트를 발견한 것을 기념하는 티타늄 판입니다."

그렇다. 윌리엄 그리거는 바로 이곳에서 적어도 여섯 가지 역사와 용도로 쓰이는 금속 티타늄을 발견한 것이다. 현재 티타늄은 인공 골반, 초음속 제트기, 캠핑 장비 등에 사용된다. 하지만 내 목적에 들어맞는 가장 중요한 티타늄의 정체성은 색을 만드는 물질이라는 점이다.

그리거가 발견한 광물은 석탄처럼 까만색이었다. 하지만 티타늄 원자를 가져다가 두 산소 원자와 결합시키면 — 말처럼 그렇게 간단하지는 않다 — 이산화타이타늄$TiO_2$을 얻을 수 있다. 정제된 이산화타이타늄은 흰색을 띤다. 그리고 페인트에 사용되는 미백제, 종이, 도자기, 의약품, 음식 등 사람이 만든 물건에서 흔히 찾아볼 수 있다. 이산화타이타늄은 현대세계의 흰색이다. 그 밝기와 불투명도 때문에 다른 페인트나 도료의 혼합제로 사용된다. 거의 모든 표면에 쓰이는 거의 모든 색상의 기초인 셈이다.

현대 언어에서 이산화타이타늄은 색소의 동의어로서, 페인트나 물질에 우리 눈에 보이는 색을 입혀준다. 물론 윌리엄 그리거는 자신이 발견한 새 원소가 이런 용도로 사용될 줄은 전혀 몰랐고 색을 창조하는 기술적 진보를 가져오리라는 것도 깨닫지 못했다. 그건 거의 100년이 지나서야 가능해진 일이다. 이 정도 내용은 색에 관한 이야기, 그리고 인간이 색상을 만들어낸 방법에 관한 이야기에서 꽤 평범한 축에 속한다. 우리는 우선 보는 법을 배우고, 그다음에 창조하는 법을 배운다. 그리고 나서 우리가 창조한 것을 통해 다시 새롭게 보는 방식을 배운다. 크게 흔들리는 진자처럼 보는 것과 이해하는 것 사이를 계속 왔다갔다한다.

자연계는 당연히 색을 갖고 있으며, 많은 동물처럼 우리 인간도 색을 지각할 수 있는 감각기관을 갖고 있다. 하지만 그 색을 포착하는 방법을 배우기 ─ 만들고, 향상시키고, 우리가 지은 세계에 적용하기 ─ 까지는 다양한 문화를 가진 사고하는 종이 되는 데 걸린 1000년이라는 적잖은 시간이 들었다. 그 색의 소재, 색을 만들어낸 기술은 우리 유산에, 인류사의 발견과 혁신, 과학 스토리에 한 땀 한 땀 새겨졌다. 그 이야기의 각 장은 세 갈래로 나뉜다. 우주의 빛과 그 빛이 반사되는 표면, 그것을 파악하는 눈과 머리, 그리고 색깔을 모방하고 확장하는 기술이다.

어떻게 보면 그 이야기는 인간이 존재하기 훨씬 오래전에 시작되었다. 하지만 그 다양한 옛날 옛적 이야기 가운데 최소한 하나가 리저드반도 형성기에 벌어졌고 윌리엄 그리거는 그 개울가에서 진흙을 만지작거리고 있었던 것이다.

물레바퀴가 돌다 우연히 검고 고운 모래를 파헤쳤을지 모른다. 개울물이 우회하도록 옆에 파놓은 수로에서 물레바퀴가 돌 때 무거운 침전물이 얹혀 바퀴 꼭대기까지 올라갔다가 아래로 내려오면서 우묵한 공간에 남았을 것이다. "이 제분소 수로 가설이 맞아떨어지려면 우선 유속이 빠른 물이 있어야 해요. 일종의 천연 슬루스박스<sub>사금 채취에 사용하는 도구</sub> 역할을 하는 셈이죠"라고 셰일은 말한다. "이건 혼합 광물에서 무거운 광물을 분리할 때 종종 사용하는 방법이에요."

지금 제분소와 물레바퀴, 수로는 남아 있지 않다. 하지만 개울에는 여전히 맑은 물이 빠른 속도로 흐른다. 셰일은 개울로 기어 내려가 우리가 이야기하던 샘플을 가져오자고 제안한다.

내가 말한다. "그럴 필요까진 없어요." 셰일은 트렁크에서 고무 장화 한 켤레를 꺼내며 말한다. "아뇨, 아닙니다. 이게 제가 하는 일인걸요." 내가 다시 말한다. "그럴 필요는 없는데."

하지만 이미 셰일은 샘플 용기로 쓰기 위해 플라스틱 병에 조금 남아 있던 아이스티를 마저 들이켜고 있다. 그러고 나서 제방의 블랙베리 나무를 지나 아래로 내려간다. 그가 다리 아래에서 찾길 기대하는 광물에 대해 큰소리로 이야기하는데, 잠시 후 그의 목소리는 다리 반대편에서 들려온다. 벌써 개울을 가로질러 건너편까지 간 것이다.

셰일이 말한다.

"받침돌에서 알갱이가 떨어져 나올 정도로 물이 빠르게 움직이는 곳을 찾고 있어요."

셰일은 물속에 손을 넣고 교각을 받친 정사각형 받침돌 아래를 파낸다. 성공! 그럴 것이다. "잠깐만요. 저한테 확대경이 있어요." 셰일이 셔츠 깃 아래로 손을 집어넣으며 말한다. 진짜 그는 렌즈 달린 체인을 목에 걸고 있다. 마치 오래된 부적 같다. 셰일은 그것으로 진흙 속을 들여다보더니 고개를 끄덕이고는 진흙을 병 안에 집어넣는다.

개울 위로 올라온 셰일은 블랙베리 나무에 걸쳐둔 재킷을 단번에 집어올린다. 손놀림이 능숙하다. "데본기에 여기서 대륙판 충돌이 일어나지 않았다면 우리는 해저의 일부를 채취하지 못했을 거고 그리거도 여기서 일메나이트(티탄철석) 샘플을 얻을 수 없었을 겁니다." 셰일이 말한다. 그는 검은색과 검회색 모래가 4분의 1쯤 든 병을 내게 건넨다. 그중에는 산화타이타늄도 들어 있다.

그날 저녁 나는 진흙을 호텔 방 욕조에 부어놓고 마르기를 기다렸지만 이튿날 아침에도 여전히 그 상태였다. 나는 욕조를 사용하기 위해 진흙을 최대한 많이 비닐봉지에 담고 여러 겹으로 단단히 싸맨 뒤 여행 가방에 쑤셔넣었다. 아직 여행 일정이 2주 더 남아 있었던 터라 호기심 많은 세관원에게 이것을 어떻게 설명해야 할지 고민하지 않을 수 없었다. ("빅토리아 시대의 앙증맞은 발 같은 반도가 영토의 서남쪽 모퉁이에서 켈트해와 대서양 쪽으로 튀어나와 있는 섬나라 영국을 떠올려보시죠." 이렇게 시작해야 하나.)

실제로는 내 진흙 봉지에 든 게 뭔지 아무도 물어보지 않았다. 집으로 돌아온 나는 뚜껑 없는 유리 접시에 진흙을 쏟아 부엌에 놔둔 후 2~3일 동안 최소 하루에 두 번씩 식구들에게 신신당부했다. 절대 그 진흙을 버리면 안 된다고. 남부 캘리포니아는 워낙 건조해 곧 그릇 안에서 은빛 광채가 나기 시작했다. 나는 그것을 작은 유리병에 붓고 플라스틱 뚜껑을 돌려 닫았다. 그리고 침대 옆 선반에 올려두었다.

나비를 떠올려보자. 영롱한 파란색과 초록색 날개, 그 가장자리는 주황색인 어딘가 이국적이고 아름다운 나비를. 그건 색이다. 그렇지 않은가? 저기, 자연계에서 햇살에 반짝이는, 지구 생명체의 기적에 대한 시각적 정의라고나 할까.

그걸 무엇에 쓰느냐고? 뭐, 가끔은 섹스에도 쓴다. 찰스 다윈은 색깔 있는, 특히 화려한 색의 나비를 보고 환경에 더 적합한 것을 만들거나 또는 먹이를 더 잘 구하거나 먹이가 되는 것을 피할 수 있는 특성들이 단순히 진화를 위한 것만은 아니라고 생각했다. 다윈과 그의 친구이자 동료 과학자인 앨프리드 월리스는 그 아이디어에 관해 이야기하며 많은 시간을 보냈다. 두 사람은 왜 어떤 수컷 나비들은 암컷 나비들보다 훨씬 더 아름다운지 등에 관해 편지를 주고받았다. 다윈은 색이 화려하면 훨씬 더 멋져 보인다고 생각했다.

다윈의 이론에 따르면 생물 특성은 더 나은 짝을 찾는 경쟁에 유리한 쪽으로 진화해왔다. 한 예로, 사슴뿔 같은 것은 싸울 때도 쓰지만 장식용이기도 하다. 다윈은 바로 이 아이디어를 기반으로 『종의 기원』 후속작을 집필했다. 바로 1871년에 쓴 『인간의 유래와 성선택』이다.

분명 나비는 색을 본다. 서로의 날개와 바깥세상의 색도 본다. 나비들은 아주 이상한 눈으로 색을 본다. 여느 곤충들처럼 나비의 눈도 다수의 낱눈으로 이루어진 겹눈 구조. 겹눈의 면 하나하나는 원뿔형 구조인 낱눈의 끝부분으로, 끝에 달린 수정체가 빛을 봉상체棒狀體라 불리는 긴 줄기 모양의 결정 구조로 전달한다.

이 봉상체는 광수용체라고 부르는 다수의 분자 세포로 빛에 반응한다. 광수용체는 인간의 눈에도 있는데 실제로 인간의 광수용체는 나비의 광수용체와 매우 흡사하다. 우리가 빛을 측정하는 방법 가운데 하나는 파장을 이용해 주변의 전기장과 자기장의 파동을 측정하는 것이다. 측정 가능한 이 전체 범위는 전자기 스펙트럼으로, 복사에서부터 열까지 해당된다. 우리가 보는 것은 이 연속체 가운데 좁은 부분인 가시 스펙트럼이다.

그게 바로 색이다.

인간의 광수용체는 기본적으로 가시 스펙트럼의 장파, 중파, 단파에 해당되는 빨강, 초록, 파랑에 맞춰져 있다. 나비는 다르다. 어떤 종은 적색 장파 수용체를 갖고 있지만 어떤 종은 중파, 단파, 초단파, 다시 말해 초록, 파랑, 자외선에 맞춰진 수용체를 갖고 있다.

자외선 역시 색이다. 다만 인간의 색이 아닐 뿐이다.

우리는 나비 눈에 무엇이 보이는지 결코 알 수 없다. 심지어 우리 인간이 무엇을 보는지 정말로 알고 있는가 하는 점도 확실치 않다. 평범한 차이와 경험만 고려해봐도 내 두개골 안에서 벌어지는 일과 여러분의 두개골 안에서 벌어지는 일은 조금 다를 수밖에 없다. 색은 가장 훌륭한 예다. 괜히 물고 늘어질 생각은 없지만 당신이 보는 빨강과 내가 보는 빨강이 정말로 같은 색인지 어떻게 알 수 있는가? 혹은 내가 말하는 '빨간색' 물건과 당신이 말하는 '빨간색' 물건의 색이 정말로 같은지 어떻게 알 수 있을까? 몇 단락 앞에서 내가 나비의 모습을 떠올려보라고 말했을 때 당신이 떠올린 나비와 내가 떠올린 나비는 완전히 다른 모습일 수 있다. 뭐랄까……

아, 그만그만.

나비와 인간, 그리고 우리와 함께 지구에 사는 다른 모든 생물과 인간 사이에는 딱 한 가지 커다란 차이가 있다. 인간은 습관적으로, 솜씨 있고 집요하게 우리가 발견한 것에 색을 입힐 줄 아는 유일한 존재다. 인간은 섹스를 위해서만 색을 사용하는 게 아니다. 과학과 기술을 이용해 자연계의 물질을 변용하고 그 물질을 이용해 다른 것에 색을 입힌다. 다른 생물들도 도구를 사용할 줄은 알지만 이렇게 상황에 따라 용도를 변경하는 것은 인류만이 가진 특징이다. 그리고 인류 역사를 통틀어 볼 때 그런 기술은 천연 및 합성 화학물과 미세한 공학 기술을 이용해 우리 눈에 보이는 색을 재현하고 계속해서 새로운 색상의 물질을 만들어내는 데 중요하게 적용되었다.

여기서 재미있는 일이 벌어진다. 인간이 새로운 색을 만드는 법을 배울 때마다 그 색은 다시 우리에게 무언가를 가르쳐준다. 예술을, 예술을 감상하는 방법을, 혹은 더 새로운 색을 만드는 방법을 가르쳐준다. 말 그대로 이런 통찰력은 돌고 돌아 다시 우리에게 새로운 재료에 새로운 색상을 적용하는 방법을 알려준다. 빛 자체를 구성하는 전기와 자기력 사이에서 놀라울 정도로 빠른 진동운동이 일어나듯, 인류 역사에서도 보는 것과 배우는 것의 관계는 끊임없이 이어져왔다.

당신의 머리 바깥에는 세계가 있다. 물질, 에너지, 행성, 별, 사람, 건물, TV 쇼, 빛, 그리고 이 책까지. 이런 것을 만들기 위해 엄청난 양의 아원자 입자들이 아주 놀라운 방식으로 상호작용한다. 세상의 모든 것이 그렇다.

당신 머릿속에는 겔 상태의 단백질과 지방이 들어 있는데, 거기에 당신이 알고 기억하는 모든 것, 당신이 세상에 대해 인지하는 모든 것, 한 순간 한 순간을 구성하는 모든 것, 즉 당신의 모든 것이 담겨 있다.

두개골 외부의 모든 세계와 두개골 내부의 생각하는 살덩어리 사이에는 몸의 외부를 탐구하는 감각기가 있다. 몸 바깥으로 돌출되어 있는 이 감각기는 생물학적으로 무척 경이롭다. 이 감각기가 아원자 입자로 이루어진 바깥세상의 정보를 이해하고 입력하면 그 정보는 두개골 속 고깃덩어리가 사용할 수 있는 자극으로 바뀌고, 우리는 그 자극을 통해 외부 세계를 감지한다.

이 세 가지가 만나는 교차점에 인간의 손과 도구들이 있다. 이것으로 인간은 아원자 입자들을 새로운 물체로 변형하고, 겔화 단백질 덩어리가 이해할 수 있는 새로운 느낌의 무언가를 만들어낸다.

이 모든 게 어떻게 작동하는지, 그리고 우리 인간이 이 모든 것을 가지고 무엇을 하는지 파악하는 데 가장 좋은 대상은 바로 색이다.

1495년에서 2015년까지 색에 관해 출간된 책은 3200권이 넘는다. 너무 오래된 그리스 로마 철학자들의 업적은 물론, 서양인들이 일반적으로 중세라고 부르는 시기의 아랍과 중국의 과학자, 학자들이 쓴 책은 이 숫자에 포함되어 있지 않다. 그러니 3200권이라는 수치는 매우 낮게 잡은 것이다. 그런데 내가 여기에 또 색에 관한 책 한 권을 추가하고 있는 것이다.

이 책은—아주 간단히 말하자면—색에 관한 물리학과 사고방식 사이를 왔다갔다하면서 진행될 것이다. 사람들은 색을 입힌 물건과 색을 부여하는 물질을 만들어낸다. 바로 색소, 염료, 페인트, 화장품 같은 것이다. 그러면서 색이 작용하는 방식, 물리학과 화학, 신경과학에 대해 배운다. 그런 다음에는 그동안 배운 지식으로 다시 더 많은 색을 만든다. 파장은 변하지만 진동은 그대로 유지되는 셈이다.

하지만 앞으로 몇백 페이지에 걸쳐 우리가 걸어갈 길은 지름길이 아니라 에움길이 될 것이다. 게다가 아주 색다른 길이다.

나는 10만 년 전 중석기시대의 잘 보존된 동굴에서 세상에 대해 뭔가를 말해주는 색을 만들었던 인간의 실험으로부터 이야기를 시작하려 한다. 바로 남아프리카공화국 블롬보스 동굴에서 발견된 가장 오래된 페인트 제조 공방의 시대다. 나는 이 시대가 사람들이 주변 세계의 천연 재료를 공예, 도구, 예술 등에 필요한 색으로 변환하기 시작한 것을 대략의 출발점이라고 생각한다.

우리는 여기에서 방향을 틀어 생물들이 어떻게 (그리고 왜) 색을 보는지 의문을 제기해보려고 한다. 다른 종류의 빛을 구별할 수 있다는 것은 진화적 장점이 될 것이다. 그렇지 않았다면 그 기능은 남아 있지 않았을 것이다. 그 기능은 아마도 지구상의 생물들과는 매우 다른 고대의 미생물에게서 시작되었을 것이다. 우리 인간과는 아주 다른 모습이었던 걸 보면 그 생명체나 우리 둘 중 하나가 외계인일지도 모르겠다. 그 생물들은 빛을 받아들이는 능력 ― 광합성 같은 능력 ― 을 이용해 빛의 색을 보고 바다 밑 어느 지점이 먹이를 찾기에 좋은 장소인지 알아냈다. 색깔로 정의되는 빛이 에너지에서 지식으로 변환된 것이다.

하지만 인간이 무역활동을 하기 전까지 색은 상업화되지 않았다. 초기 인류 문명은 다양한 색소로 다채로운 예술을 만들어냈으며 그 의미를 두고 논쟁을 벌였다. 그리고 기원후 초반 무역활동이 왕성할 때, 물건의 색은 그 가치를 엄청나게 높여주었다. 중국과 아바스왕조(그리고 실크로드의 경로) 사이에 밀물과 썰물처럼 바뀌었던 물자 흐름을 주도한 것도 색이었다. 실크는 당연히 염색을 하는데, 기본적으로 색소를 표면에 얹는 것이 아니라 재료에 흡수시키는 방식이다. 하지만 우리는 별도의 수익원인 도자기에 초점을 맞추려고 한다. 특히 가볍고 강한 도자기와 도자기를 만들고 예쁜 색을 입히기 위한 기술을 추구한 것이 인간 문명을 어떻게 견인했는지도 알아볼 것이다.

사실 이런 색과 색의 기원에 관한 이야기는 워낙 중요해서 초기 과학자들은 색을 만드는 방법을 알아내라는 압박을 받기도 했다. 그 이야기는 종종 아리스토텔레스에서 시작돼 시간을 훌쩍 건너뛰어 아이작 뉴턴으로 이어진다. 하지만 고대 그리스와 계몽주의 사이의 철학적·기술적 격차를 줄일 수 있었던 것은 몇 세기에 걸쳐 축적된 아랍 학자들의 업적, 그리고 아리스토텔레스 같은 이들의 작품을 읽고 "글쎄, 이건 맞지 않는데"라고 말해온 번역가, 혁신가들이 있었기 때문이다. 알파리시 같은 사람들은 물로 채워진 유리구에 빛을 비추어 빛과 물리학에 수數의 형태를 부여했고, 그렇게 르네상스와 계몽주의 시대를 열었다.

세계를 이해하는 방식으로서 과학적 방법의 부상과 계몽주의가 없었다면 18~19세기 놀라운 색의 과학도 없었을 것이다. 그때부터 사람들은 지구에서 볼 수 없었던 색을 구현할 새로운 색소를 만들고 그 색소를 이용해 이미지를 재현해내는 새로운 방법을 발명하기 시작했다. 그들은 마침내 눈이 색을 어떻게 인지하는지 알아냈고 그 과정에서 현대 물리학이 시작되었다.

점점 더 많은 합성색이 만들어지기 시작했지만 여전히 흰색은 화학적으로나 상징적으로나 독보적이었다. 안료인 연백鉛白은 고대 이집트 때부터 독보적이었고 로마제국에 이르러 정점에 달했다. 안료에는 끔찍한 독성도 있었다.

1893년 컬럼비아 만국박람회를 계기로 1000년간 이어진 '무채색의 완전 백색 시대'와 '새 세기의 밝고 다채로운 색상들의 시대' 간의 논쟁은 정점에 달한다. 당시의 선도적 건축가와 기획자들이 설계하고 건설한 소위 화이트시티는 지루한 기둥, 사원, 흰색에 의존했는데, 이는 물리학뿐 아니라 인종에서도 마찬가지였다. 그런 가운데 등장한 다채로운 색상의 '트랜스포테이션 빌딩 Transportation Building'은 두드러져 보일 수밖에 없었다. 마천루의 아버지 루이스 설리번이 지은 이 건물은 눈에 보이는 것을 머릿속에서 어떻게 취합해내는지를 연구하는 새로운 과학에 힘입어 탄생한 색채론의 산물이었다.

　모든 조건이 갖춰져 있었다. 과학도 있고 수요도 있었다. 산업혁명이 한창일 때, 엔지니어 오거스트 로시는 나이아가라폭포의 동력으로 작동하는 전기 용광로에서 티타늄을 이용해 더 나은 합금강을 만드는 방법을 연구하고 있었다. 모든 것이 꽤나 미국적인 일이었다. 그의 시도는 실패로 돌아가지만, 그 과정에서 그는 눈부시게 하얀 이산화타이타늄 분말을 부산물로 얻었고, 이것으로 흰색 색소를 만들 수 있다는 것을 알게 되었다. 그 색소는 수십 년 만에 관련 산업을 지배하게 되었는데 그 지위는 오늘날까지 이어지고 있다.

　전후戰後 세계는 대량생산되는 색상과 다채로운 색상의 물건들로 붐을 이루었다. 동시에, 모든 사람이 색을 같은 방식으로 보는 것은 아니라는 의문이 대두되었다. 모든 사람이 같은 색을 표현할 때 같은 단어를 사용하지는 않는다. 개인을 살펴봐도 그렇고 문화 전체를 봐도 그렇다. 하지만 색채학과 새로운 색소가 점점 더 보편화되면서 사람들이 색을 어떻게 보고 그것에 대해 어떻게 느끼는지 그 수수께끼의 일부가 밝혀졌으며, 그것이 우리가 색을 묘사하기 위해 사용했던 단어들과 어떤 연관이 있는지도 알려졌다. 1970년대에 언어학자 폴 케이와 브렌트 벌린은 사람들이 색에 대해 어떻게 이야기하는지 조사하기 위해 전 세계에 조사관을 파견했는데, 그들의 연구는 지금도 인간의 환경Umwelt을 이해하는 열쇠다. 색은 기술로 지탱되는 세계를 변화시키는 도구에 불과한 것이 아니라 언어와 인지라는 내적 세계를 이해하는 중요한 도구임이 입증되었다.

그 연구는 20세기 중반의 신경생리학자들이 인간의 두개골 속 끈적끈적한 덩어리가 어떻게 빛을 색으로 바꾸어 인지하는지 알아내기 위해 기울인 노력을 시작으로 뇌와 정신 분야로까지 심화, 확대되었다. 이 분야의 연구는 여전히 흥미진진하다. 그러니까 내 말은 아직 아무도 이 분야를 제대로 이해하지 못한다는 뜻이다. 관련 분야가 미완 상태라는 가장 좋은 증거는 2015년에 나왔다. 당시 단색의 파란색(흰색이 아니라) 드레스 이미지 하나가 전 세계에 파장을 일으켰다. 인터넷이 개개인에게 널리 보급되면서 사람들은 어디서나 고화질 스크린으로 색을 거의 무한하게 재현해내는 능력을 갖게 되었다. 하지만 — 늦은 오후에 찍은 파란 드레스의 편광 사진을 통해 들여다본 — 색채의 전능은 우리 모두가 각자 무한대로 그 능력을 펼칠 수 있음을 보여주었다. 그 부분을 분석하면 과학자들은 우리 주변의 색이 변하는 동안에도 눈과 뇌가 어떻게 일관된 색의 세계를 만들어내는지 정확히 알아낼 수 있을 것이다.

이는 색채 기술의 미래로도 이어진다. 디지털 기반의 영사기와 발달된 3D 프린터, 컬러리스트들은 온갖 종류의 오래된 색들을 새롭게 선보이고 옛것과 흡사한 새로운 색을 만들어낸다. 눈이 색을 인지하는 방식을 파악함으로써 예술품 복원가들은 마크 로스코의 작품처럼 사라져가는 위대한 그림들을 살려낼 방법을 알아내고, 원본과 구별이 안 되는 복제품도 만들어낸다. 비록 블랙박스 인공지능만 그 작동 원리를 이해할 수 있다 하더라도 말이다.

오늘날에는 그 모든 스크린, 눈, 그리고 뇌 전체가 공모해 불가능한 색상과 빛뿐만 아니라 감정을 담은 스펙트럼을 창조해낸다. 그 비밀은 빛과 어둠 사이의 거리인 휘도다. 가령 휘도의 양 끝에는 세상에서 제일 밝은 색을 띠는 딱정벌레와 색과 현대 미술계를 산산조각 낸 슈퍼블랙 색소를 모방한 색이 자리하고 있다. 밝음과 어둠 사이를 오가는 최고 기술을 바탕으로 특수 화면에서만 볼 수 있는 색상을 만들어내는 픽사의 색상 마법사 애니메이터들⋯⋯. 언젠가 이들이 레이저와 코드를 사용해 스크린이 아닌 관객의 머릿속에만 존재하는 색을 불러올지도 모를 일이다.

광자를 눈앞에서 산란시켜 어떤 상태와 감정, 주변 세계와의 친밀한 관계를 불러일으키고 환원주의적 능력을 발휘한다는 점이 대단하기는 하지만, 근본적으로 이것은 블롬보스 동굴 그림에 바를 색을 만들어낸 이들이 하던 것과 하등 다를 바 없는 작업이다. 다만 요즘 사람들이 좀더 잘해낼 뿐이다.

이 책에는 많은 부분이 빠져 있다. 우선, 나는 디자인 심리학과 색채심리학, 혹은 파란색은 신뢰 가는 색, 빨간색은 강렬한 느낌을 주는 색 같은 내용에 많은 지면을 할애하지 않을 것이다. 그런 견해에서는 과학이 많은 부분을 차지하지 않기 때문이다. 미안하지만 그건 말도 안 되는 주장들이다. 아니, 좀 더 그럴듯하게 포장해서 말하자면 색의 의미에 관한 견해는 문화마다, 시대마다, 개인마다 다르다.

마찬가지로 이 책은 모든 색의 역사를 다루지도 않는다. 또한 수많은 색소의 카탈로그나 그 색소가 어떻게 생겨났는지에 관한 이야기도 아니다. 물론 필요한 부분에서는 어느 정도 그런 내용을 언급할 것이다. 다양한 색소의 발명은 기술의 역사를 여는 열쇠였기 때문이다. 하지만 이 책은 색이나 화학물질의 목록이 아니다. 그런 역사 이야기는 이미 다른 작가들이 훌륭하게 써냈다.

몇 장 뒤에서는 자동차 추격전이 벌어진다. 흥미롭다. 이야기는 사기꾼 몇 명이 체포되는 것으로 끝난다. 결론을 미리 누설하고 싶지는 않지만 최종심에서 모두진술을 하게 된 피고 측 변호사는 검사로부터 새하얀 이산화타이타늄 분말 샘플을 빌려 ─ 실제 재판에서 맥거핀이 그랬다 ─ 이렇게 말한다. "아이폰 이전에도 흰색이 있었습니다. 오래전에 흰색 페인트 칠을 한 집들이 있었습니다. 아주 오래전에도 흰색 자동차가 있었고요……. 그렇습니다, 흰색은 많이 팔리는 색입니다. 이 세계에는 흰색이 많으니까요. 하지만 이 흰색 가루를 만들어내는 기술적 측면에서 본다면 흰색은 늘 존재했습니다."

변호사를 우습게 만들려는 것은 아니지만 이런 발언은 색에 관한 기술사 전체를, 그리고 인류와 색의 관계를 오해하게 만들 소지가 있다. 그런 점에서 여러분은 안경을 고쳐 쓰고 완전히 새로운 관점에서 이 책을 봐주었으면 한다. 중국 스파이가 되려는 사람이 몇백만 달러에 자유를 잃을 위험을 감수하는 이야기에 수긍하는 이유는 인간의 색에 대한 집착—미학적으로만이 아닌 문자 그대로 색에 대한 집착—을 잘 보여주는 사례이기 때문이다. 인간은 색이 무엇으로 만들어지는지, 어떻게 색을 만들고 색을 입힌 물건을 만드는지 알고 싶어했다. 인류 최초의 과학 가운데 하나가 거기서 시작되었고, 우리는 여전히 그 분야에서는 무척 감성적이 된다. 수천 년 동안 철학자, 예술가, 과학자들은 형태, 즉 사물의 모양이 색보다 더 중요한지 그렇지 않은지를 놓고 논쟁을 벌여왔다. 하지만 내 생각은 다르다. 그건 잘못된 선택이다. 모든 표면의 모든 색과 어둠은 우리의 사고방식을 규정하기 때문이다. 그것은 우리가 살고 있는 세상과 우리가 만들고 싶어하는 세상을 규정한다. 색이냐 형태냐의 싸움이 아니다. 색이 곧 형태이며, 우리 우주의 형태를 만들어낸다.

**차례**  서문 5

# 1장

# 지구의 색조

케이프타운에서 300킬로미터쯤 떨어진 블롬보스 동굴의 넓고 낮은 입구는 반짝이는 인도양으로 나 있다. 동굴 내부 공간은 그리 크지 않다. 교외 주택의 침실 크기 정도 될까. 하지만 호모사피엔스가 어떻게 인간이 되었는지를 이곳보다 더 많이 알려주는 데는 지구상에 없다. 고고학자들은 옛사람들이 색 만드는 법과 예술을 배웠음을 보여주는 가장 오래된 증거를 블롬보스 동굴 바닥의 흙 속에서 발견했다.

블롬보스는 11만 년 전~7만 5000년 전 석기시대 거주지의 흔적이 남아 있는 몇 안 되는 남아프리카 동굴 중 하나다. 중석기시대 남아프리카인들이 도구와 예술을 어떻게 생각했는지 보여주는 증거 자료의 보고寶庫이기도 하다. "동굴이라 불리긴 해도 사실

사암이나 규암으로 된 절벽의 암굴인 경우가 많아요. 가끔은 몇 미터 올라가야 하는 곳에 위치해 있기도 하죠. 보통은 담수원 가까이에 있습니다." 요하네스버그에 있는 위트워터스랜드대학 기원연구센터의 큐레이터 태미 호그스키스가 말한다. "당시 모습은 많이 달랐을 거예요. 훗날 상당량의 모래가 유입돼 차단된 공간도 많거든요." 해수면도 오늘날과는 달랐다. 헐거 시대 사람들은 오늘날처럼 값비싼 해변 풍경을 즐기기보다는 해안에서 20킬로미터 이상 떨어져 살았을지도 모른다.

동굴 안 땅을 수직으로 나눈 타임라인이라고 생각해보자. 맨 위층에 묻힌 것들은 최근에 형성된 것이며, 아래로 깊이 들어갈수록 더 먼 과거로 거슬러 올라간다.

가장 최근에 형성된 블롬보스 동굴 땅의 표층에서는 서양배(과일) 모양의 좁은 석기가 발견되었는데, 바로 양면이 박리된 잎형 찌르개다. 고고학자 크리스토퍼 헨실우드(블롬보스 주변이 자연보호구역으로 지정되기 전 그 지역 땅을 소유하고 있던 사람이 그의 할아버지다)는 바다 고둥 껍데기로 만든 41개의 구슬을 발견했다. 헨실우드 발굴팀이 그게 구슬인 줄 알 수 있었던 것은 뾰족한 물체로 껍데기 입구에서 뒤쪽까지 구멍을 뚫어 끈으로 이은 흔적이 남아 있었기 때문이다. 발굴팀은 초기 인류의 장식예술을 보여주는 조각이 새겨진 뼈들도 찾아냈다.

같은 표층에서는 오커(황토ochre)라는 광물도 발견되었다. 여기서부터 이야기가 흥미진진해진다. 오커를 이루는 색인 빨강, 노랑, 주황, 갈색은 인간이 사용한 최초의 물감이었다. 인류는 이런 산화철 기반의 광물을 수집한 뒤 되도록 많은 양을 박테리아 하나 크기 또는 먼지 부스러기(0.01~1미크론) 크기의 입자로 갈아, 그 것들을 어떤 매개체와 혼합해 영구적으로 흡착시켰다. 그것은 예 전에는 없던 색을 무언가에 입히기 위해서였다. 이 사실을 보여주 는 증거들이 고고학적 기록에 남아 있다. 백악白堊이나 탄산칼슘 으로 만든 흰색, 목탄이나 이산화망간에서 나온 검은색과 함께 오 커는 인간 예술의 기본색이었다.

사물은 여러 다른 이유로 색을 띠고 있고, 과학·철학·예술은 다 양한 방식으로 그 이유를 설명한다. 색을 이야기하는 방법 가운데 하나는 빛을 파도처럼 생각하는 것이다. 바다에서 일렁이는 파도 와는 다르다. 빛은 물과 달리 그 사이를 통과하는 매개체를 갖지 못하기 때문이다. 하지만 원리는 같다. 빛에서의 파도는 전기장과 자기장 사이의 진동이다. 빛은 매우 빠르게 움직이며 진동은 아주 미세하다. 파장이 약 390나노미터(10억 분의 1미터)에서 750나노 미터 사이에 위치할 때, 우리 눈은 파장을 볼 수 있다. 그리고 빛의 다른 파장은 주변 환경이나 표면에 반사되어 각각의 색을 띤다. 짧 은 파장은 더 파래지고, 긴 파장은 더 빨개진다. 이 다양한 파장의 빛을 전부 한데 섞으면 흰빛이 만들어진다.

오커는 기본적으로 산화철이다. 철 자체는 거의 모든 파장의 빛 을 반사하지만 아주 잘 한다고 할 수는 없다. 다르게 표현하자면, 철은 일종의 회색을 띠지만 반짝이며 금속성이다. 그것은 금속 원소의 색이 주로 기초 물리에 의해 결정되기 때문이다. 원자는 중성자와 양성자로 이루어진 핵을 가지는데, 전자라고 불리는 하전 입자들이 그 핵 주위를 돈다. 이 전자들은 핵에서 일정 거리를 두고 궤도를 도는데, 각각의 거리에 따라 구성되는 그 궤도는 전자껍질 shell이라 불리며 특정 수량의 전자를 수용할 수 있다. 전자껍질에 전자가 가득 차면 광활한 범위의 스펙트럼에 걸쳐 많은 빛을 반사한다. 이를테면 반짝이는 은색처럼 말이다. 철의 바깥쪽 전자껍질에는 전자가 가득 차 있지 않기 때문에 가시광선 전체를 반사하기는 해도 효과는 미미하다. 그래서 광택이 별로 없는 회색을 띤다.

더 많은 전자가 들어갈 공간이 있다는 것은 철이 비슷한 다른 원소, 특히 산소와 결합할 수 있다는 뜻이다. 산소와 결합하면 반사되는 빛의 파장도 달라진다. 결합이 어떻게 이루어졌는지, 결과물에 다른 원소 불순물이 섞였는지에 따라 만들어지는 색이 달라진다.

산화철이 어떤 모습인지는 다들 봤을 것이다. 바로 녹이다.

산화철은 절경인 미국 서남부 사막의 색이자 화성 표토의 색인 붉은색이다. 산화철은 지구에서 비교적 흔해 지구 상부 지각층의 7퍼센트가량을 차지한다. 지질학의 세계에서 가장 눈에 많이 띄는 색은 적갈색이다. 그러니 옛사람들이 오커를 물감 재료로 사용한 것은 놀랍지 않다. 고고학자들이 중석기시대를 연구할 때 석기와 붉은 오커가 많이 발견된다.

그들은 오커를 한낱 돌 부스러기로 여기지 않는다. 헨실우드

팀은 블롬보스 동굴에서 발굴 작업을 하던 중 현재의 해수면보다 10~20미터 낮은—10만 년 전의 해수면 높이에 해당된다—입자가 작은 주황색 모래로 이루어진 사구층에서 놀라운 도구 세트 두 개를 발견했다.

특히 연구원들은 전복 껍데기와 그 전복의 굴곡에 딱 들어맞는 작은 돌을 발견했다. 전복 껍데기 안쪽은 모두 붉은 오커층으로 덮여 있었고, 척추뼈를 이루는 다공성 해면뼈, 즉, 해면골질海綿骨質이 으스러진 흔적도 있었다. 10만 년 전, 뼈가 썩지 않은 상태였을 때 그 척추뼈 사이는 지방과 골수로 가득했을 것이다. 전복 껍데기에도 적철석(어두운 색조의 산화철) 분말과 숯, 석영 알갱이의 흔적이 있었다. 껍데기 안쪽의 선을 보면 한때는 온갖 미네랄 침전물과 유기물 찌꺼기가 섞인 액체가 그 안을 채웠을 거라고 추정할 수 있다. 연구팀은 덮개 없는 접시 모양의 규암판에서도 오커 얼룩을 발견했다.

자, 이제 다음과 같은 추론을 해볼 수 있다. 규암판에 남아 있는 분말의 흔적으로 미루어 판은 암석 조각을 부수어 작은 입자로 분쇄하는 용도로 쓰였을 것이다. 해면골질 내의 끈적끈적한 지방과 골수는 작은 입자들을 반죽으로 만드는 데 알맞았을 것이다. 물감을 제조하는 도구였을 거라는 말이다.

10만 년 전, 블롬보스 동굴은 공방이었다. 어떤 가설에 따르면 지금까지 발견된 것 가운데 가장 오래된 물감 제조 공방이었다.

꽤 그럴듯한 이야기다. 이 부분은 어디까지나 연구자들의 가설이지만 그들은 관련 연구를 많이 한 사람들이다. 오커는 일반 광물보다 착색이 잘되기 때문에 야외에서 오커를 만지거나 스치면 손이나 옷에 얼룩이 진다. 바위 표면을 아무 데나 문지르면 오커 흔적이 남는다. 동굴이 오커를 훨씬 더 효율적인 착색제로 만드는 작업장이었다면 여기서 궁금증이 생긴다. 그들은 왜 그런 작업을 하고 있었을까. 아마 예술활동을 위한 장식품이었을 것이다. 물론 오커는 또 다른 용도로도 쓰인다.

예술용이었다고 해보자. 원료를 분쇄해 유용한 색소로 만든 다음 그것으로 안료를 만드는 것은 오늘날에도 복잡한 기술이다. 따라서 10만 년 전에 이런 기술을 보유하고 있었다는 사실은 놀랍기 그지없다.

그 이유를 설명하려면 먼저 빛과 색을 측정하는 또 다른 방법을 이야기해야 한다. 나는 몇 단락 앞에서 파장 이야기를 했는데, 과학자들은 광자라고 불리는 아원자 입자에 기초해 빛을 설명하기도 한다. 우주의 기본 작동 원리에서는 이 작은 에너지 패킷이 이론상으로 얻을 수 있는 에너지의 최소량이다. 이 에너지는 우리 태양계 중앙에 있는 별에서 흘러나온다. 전자기 진동이 쓰나미로 몰려오는 셈이다.

지구에 햇빛이 닿는 면적의 1제곱미터당 약 1.21섹스틸리언(1섹스틸리언은 $1000^{12}$)의 광자가 매초 폭발적으로 쏟아진다. 광자는 빛의 속도로 대기를 통과하면서 — 다시 한번 이론에 따르면 — 공기 중의 미세 물질과 상호작용한다. 때로는 먼지나 물 분자와 부딪치기도 하고 때로는 그 가장자리에 달라붙기도 하는데, 이 정도 규모에서는 한 사물의 가장자리가 다른 사물의 가장자리와 늘 명확히 구분되는 것은 아니다. 빠른 속도로 날아가다 광자를 붙잡고 다른 방향으로 내던지는 것 같기 때문이다. 아이스스케이팅 선수들이 회전하다 파트너의 팔을 놓쳐 바깥쪽으로 밀려나는 것과 마찬가지다. 광자는 서로 다른 양의 에너지를 가질 수 있고, 그 에너지가 광자의 색을 결정한다.

이제 다시 물감 이야기로 돌아가보자. 물감(발색)은 일반적으로 색소 입자가 액체 접착제에 매달려 있는 상태로, 접착제는 색소 입자가 적절한 거리를 유지하며 표면에 달라붙도록 돕는 역할을 한다. 입자 크기는 빛을 분산시키는 핵심 요소다. 모든 종류의 광자를 흡수하는 입자(대개 에너지를 열의 형태로 발산한다)는 불투명한 검은색을 만들어낸다. 모든 빛을 산란시키는 입자는 우리 눈에 대체로 흰색으로 보인다. 입자 크기가 입사광선의 파장보다 크면 입자가 많이 산란된다. 20세기 초에 이 문제를 연구했던 물리학자 구스타프 미의 이름을 따서 이를 '미 산란'이라 부른다. 미 산란은 (공기로 둘러싸인 비교적 큰 물방울로 이루어진) 구름이 왜 흰색인지 알려준다. 또 미 산란은 빠른 유속의 강에 이는 거품 — 구름과는 반대로 물방울로 둘러싸인 공기 방울이 만들어내는 거품 — 이 왜 흰색인지도 가르쳐준다.

입자에 따라 다르지만 입자 크기가 줄어들수록 빛의 특정 파장은 다른 파장보다 더 쉽게 산란된다. 그것을 '레일리 산란'이라고 한다. (존 윌리엄 스트럿 레일리 경의 이름에서 따왔다. 그는 1870년대에 전자기학을 연구하며 이 사실을 알아냈다.) 수증기 ― 공기 중에 분산된 물 입자 ― 는 파란빛을 우선적으로 산란하는 것으로 밝혀졌다. 레일리 산란은 아주 작은 물 입자로 가득한 하늘이 왜 파란색인지를 설명해준다.

요점은 입자 크기가 색에 큰 영향을 미친다는 것이다. 특히 다양한 종류의 오커가 그렇다. 적철석 입자 $Fe_2O_3$는 0.1미크론에서 빨간색이다. 하지만 입자 크기가 1~5미크론일 경우 청적색이나 보라색이 된다. 지름이 1미크론인 침철석 $FeOOH$은 보통 노란색이지만 입자가 0.2미크론 이하로 작아지면 갈색이 된다.

열 역시 게임 체인저다. 노란색 오커는 열을 받으면 (적철석의 결정 구조가 뒤틀리면서) 적색으로 변하고 적색 오커는 보라색이 된다. 이런 변화 때문에 늘 고고학자들이 애를 먹는다. 누군가가 빨간색으로 변한 노란색 오커를 빨간색 오커라고 잘못 생각하면 중요한 응용 기술을 파악할 수 없으며, 원료를 어디서 얻었는지 추론할 때도 실수가 생긴다.

블롬보스 동굴을 오커 물감 제조 공방으로 만든 중석기시대 사람들은 빨강, 노랑, 주황 돌을 가루로 만들고 정확한 크기의 입자를 정확한 방법으로 빛을 산란시키는 매우 뛰어난 기술을 사용했다. 다시 말해, 그들은 세상을 더 다채로운 색으로 꾸며가고 있었다.

그들이 만든 대부분의 색은 다른 색들과 비슷한 정도로 쓰였을 것이다. 하지만 작업에 사용된 여섯 색 ─ 검정, 하양, 빨강, 노랑, 주황, 보라 ─ 중에서도 빨강은 문화적, 기술적으로 단연 우위를 차지했다.

아마 빨강은 피를 상징하는 색이었기에 인간이 특히 더 관심을 가졌을 것이다. 이스라엘의 카프제 동굴에서 고고학자들은 노란색 침철석보다 붉은 산화철인 적철석 표본을 훨씬 더 많이 발견했다. 둘 다 동굴 주변에서 쉽게 얻을 수 있는 것이었는데도 말이다. 왜 그랬을까? '샴 월경' 가설이 가장 그럴듯하다. 혈액, 특히 생리혈은 소규모 인간 집단에서 분명히 중요하게 여겨졌을 것이다. 의식 행위에서도 피의 느낌을 불러일으킬 수 있는 화장품이 중요하게 다뤄졌을 것이다.

다른 설명들도 그럴듯해 이야기는 좀더 복잡해진다. 초기 인류는 색이 아닌 다른 이유로 오커를 사용했을 수 있다. "지금이 중석기시대라면 추측이 어렵지 않겠죠. '글쎄, 오늘날에는 이렇게 쓰이니까 그때도 이렇게 쓰였겠지'라고 말할 수 있습니다. 하지만 현대를 살아가는 우리는 신중해야 합니다. 우리는 그 사람들이 그렇게 사용했다는 증거가 없다고 말해야 하죠." 호그스키스가 말한다. "그들이 우리와 같은 인지능력을 가졌고 우리처럼 생겼다는 사실이 상당 부분 밝혀졌지만, 그 자료를 해석하는 방법 면에서는 신중해야 해요."

빨간 오커는 그냥 빨갛기만 한 게 아니다. 점성 물질과 섞으면 강력한 접착제가 된다. 호그스키스는 남아프리카의 또 다른 유적인 시두부 동굴에서 이 화학적 특성이 매우 가치 있었다는 증거를 발견했다. 석기 손잡이의 연결 부위에서 붉은 오커의 흔적을 발견한 호그스키스와 그의 동료들은 아카시아 껌(끈적끈적한 송진), 합성 적색 오커, 천연 적황색 오커 및 왁스의 조합 등 여러 방법으로 유용한 도구 접착제를 만들어보았다. 열다섯 가지 접착제 중 가장 성공적이었던 것은 특정한 송진과 천연 적색 오커의 단순한 조합이었다. 이렇게 하면 송진이 단단히 굳어 어떤 목표물을 타격할 때 도구가 분리될 가능성이 낮아졌다. 그들은 이 오커-송진 혼합물이 단순한 접착제 이상이었을 거라고 결론지었다. 그것은 "복합적인 혼합 접착제"였고, 만드는 방법이 까다로워 옛사람들이 그저 재미로 만들어본 것이 아님을 보여주었다. 그들은 도구에 접착제를 바르기 위해 재료들을 실험하고 복잡하며 '향상된 작업 기억력' ― 고고학자와 인류학자들이 말하는 복합 인지에 필요한 모든 조건 ― 을 총동원했을 것이다. 적색 오커를 사용했다는 것은 그들이 사고할 수 있었다는 점을 보여준다. "오커를 파우더로 만들어 송진과 섞으면 정말 좋은 접착제가 됩니다." 호그스키스가 말했다. "오커는 송진과 섞였을 때 아주 훌륭하고 강력한 접착제가 되죠."

혹은 전혀 다른 물건이 만들어지기도 한다. 고고학은 좌절감을 안겨주는 학문이다. 예를 들어 오늘날 나미비아 북부의 오바힘바 부족은 붉은 오커와 정제 버터를 섞어 오트지세라고 불리는 화장품을 만든다. 여성들은 몸과 머리에 바르고, 오바힘바 부족의 장례식 때 시신에도 바른다. 1960년대경까지는 남자들이 결혼식이나 여행을 하기 전 몸에도 발랐다. 오트지세는 장식용인 동시에 자외선 차단제나 모기 기피제 역할도 했다.

자외선 차단 부분은 아직 검증되지 않았지만, 피부를 햇볕에 그을리게 만드는 보이지 않는 빛의 파장인 자외선을 오커가 흡수하는 것은 사실이다. 2015년 남아프리카의 생물고고학자 리안 리프킨은 모기로 실험한 내용으로 논문을 발표했다. 리프킨은 여섯 종류의 오커와 오바힘바 정제 버터, 영양 지방으로 오트지제를 만들었다. 그런 다음 '여성 피험자'들의 팔에 문지르고 이집트 숲모기에 노출시켰다. 이집트 숲모기는 병원균을 갖고 있지는 않지만 치쿤구니야열, 뎅기열, 황열, 지카바이러스를 옮길 수 있어 매우 위험한 실험이었다. 리프킨과 연구팀은 맨살, '유기농' 방충제 두 개, 하이커들이 애용하는 방충제 디트DEET도 실험에 활용했다.

디트 정도는 아니었지만 오커와 버터의 조합은 음⋯⋯ 괜찮았다. 특히 붉은 오커는 다른 색 오커보다 더 훌륭했다. 호그스키스는 10만 년 전 사람들이 했던 일을 증명하는 데 현재의 방식을 쓰지 않도록 신중을 기했다. 어쨌거나 오트지세가 방충제, 피혁무두, 자외선 차단제인 동시에 색상 면에서 상징적 가치를 지닌 화장품이었음은 분명하다.

수만 년 전, 인간의 눈과 뇌는 진화를 거듭하며 세상과 그 안에서 자신들이 차지하는 자리를 이해하고, 예술로 표현할 수 있었다. 그러나 사용할 수 있는 색은 그렇지 않았다.

프랑스에 있는 라스코동굴 벽에 그려진 선사시대의 그림이 좋은 예다. 어느 정도는 그렇다. 라스코동굴을 방문하는 사람들이 실제 라스코동굴에 들어가는 것은 아니다. 언덕을 오르는 도중에 있는 주차장과 넓은 정원으로 둘러싸인 각진 콘크리트 건물 안에 동굴이 있다. 큰 창문과 풀이 심긴 지붕이 없었다면 브루탈리즘 건축양식 거대한 콘크리트나 철제를 이용한 1950~1960년대의 건축 양식 처럼 보였을 것이다. 이곳은 프랑스 남부의 넓은 베제르강 계곡이 내려다보이는 라스코 4: 국제벽화예술센터다. 건물이 브루탈리즘 양식이라고 한다면, 박물관 내부는 확실히 그와 대조적으로 포스트모더니즘적이다. 이곳은 하나의 거대한 복제품이다.

거기서 몇 분 거리에 초기 인류가 아름답게 그려낸 예술작품으로 가득한 동굴이 있다. 하지만 아무도 진짜 동굴 안으로는 들어갈 수 없다. 대신 가이드투어를 다니는 관광객들이 탈 수 있을 만큼 큰 엘리베이터를 통해 박물관 내부로 들어가면, 초기 인류가 그린 아름다운 예술작품으로 가득한 진짜 동굴을 완벽하게 재현한 가짜 동굴이 나온다.

인근 몽티냐크 시내 강변 카페에서 현지 맥주와 치즈로 배를 채웠던 터라 그런 부조화쯤은 크게 신경 쓰이지 않았다. 실제 '동굴'에 들어가는 것만큼 멋진 일은 아니지만 그럼에도 경이로운 경험이었기 때문이다. 가짜지만 매우 훌륭하다. 2만 년 전(또는 그 무렵) 계곡에서 살던 말과 큰 고양이, 그 외의 여러 야생동물이 그려진 진짜 같은 인공 전시물들이 디지털 방식으로 조망할 수 있는 벽과 간접 조명을 통해 글자 그대로 돋을새김처럼 펼쳐진다. 대롱과 거친 붓, 동물 비계 램프를 사용해 대략적인 원근법으로 움직이는 모습을 표현했다.

동물은 검은색으로 윤곽선을 그리고 붉은색을 칠했는데, 바위에서 정확히 그 동물 모양으로 튀어나온 부분에 맞추었다. 더 진하고 두꺼운 검은색 선으로 음영을 그린 뒤 3차원 형태를 표현한다. 대롱의 분무 효과로 어떤 동물은 점점 흐릿하게 사라져가거나 모습을 드러내고, 어떤 동물들은 마법처럼 갑자기 나타난 듯 보인다. 동물 비계 램프에 비친 모습은 놀랍다.

예술을 이용해 뭔가를 한다는 것은 어렵다. 심지어 라스코동굴 벽화처럼 웅장한 예술로써 그것을 만든 사람들의 사고를 이해하고자 한다면 어려움을 겪을 수밖에 없다. 옛사람들이 사용한 재료를 똑같이 쓰더라도 눈에 보이는 그림을 똑같이 만들어내길 기대할 수는 없다. 박물관 내 동굴의 바깥으로 나오면 큐레이터들이 진열해둔 분말 색소가 든 유리 비커들이 놓여 있다. 그 옆에는 색소의 원료가 된 암석 샘플이 놓여 있다. 그중 가장 많이 쓰인 것은 노란색 침철석과 붉은색 적철석이다. 흰색은 '백토', 다시 말해 방해석方解石, 탄산칼슘, 혹은 그 밖의 다른 것일 수 있다. (구석기시대의 흰색 색소를 식별하는 일은 까다롭다. 탄산칼슘은 초크, 굴 껍데기 혹은 달걀 껍데기나 그 밖의 다른 재료에서도 추출할 수 있기 때문이다.

그 재료를 구분할 수 있는 유일한 방법은 현미경 슬라이드에 색소를 흩뜨려놓고 보는 것이다.) 그리고 검정은…… 글쎄, 다시 그 이야기로 돌아가보자.

박물관 정문에서부터 수 마일에 걸쳐 계곡이 이어진다. 푸른 하늘 아래 비탈을 따라 펼쳐지는 녹음이 반짝이는 물결이 넘실대는 회청색 강까지 이어진다. 그 광경을 처음 봤을 때 나는 1800년대에 프랑스 남부에서 그려진 그림들에 몇 가지 흥미로운 점이 있다는 것을 깨달았다. 세상의 색은 동굴벽화의 색으로 재현되지 않았다.

어쨌든 나는 기념품점에서 오커 색소 한 봉지를 샀다. 빨강, 노랑, 주황, 갈색 네 가지 색이 섞여 있었다. 몇몇 현대미술가는 그것으로 유용한 물감을 만들 수 있을 것이다. 나는 그저 초기 인류가 사용할 수 있었던 색의 영역을 보고 싶었다.

그것이 핵심이다. 초기 인류가 사용할 수 있었던 색이라는 사실. 라스코 벽화를 그린 사람들은 우리와 거의 똑같은 눈과 뇌를 갖고 있었다. 그들도 빨강, 초록, 파랑의 중심 파장을 대략적으로 볼 수 있는 망막과 다수의 뉴런을 갖고 있었으며, 세계의 모습을 그려낼 수 있었다. 하지만 그들의 예술 — 그들이 만들어낸 색 — 은 실제 세계의 모습에 필적할 수 없었다.

원시 프랑스인들이 라스코동굴에 그림을 그리기 전에 원시 호주인들도 똑같은 일을 했다. 차이는 좀 있겠지만 내가 앞으로 이야기하려는 특별한 그림, 즉 귀온귀온 암면미술巖面美術 암벽이나 암괴, 동굴 벽에 그리거나 새긴 채화, 각화, 부조 등을 말한다이 만들어진 시기를 추정할 수 있는 유일한 방법은 추론뿐이다. 7만 년 전 호주에 유입된 바오바브나무 그림을 여러 군데서 볼 수 있다. 그런데 그림에서 4만 6000년 전에 멸종된 동물들도 볼 수 있다. 때로는 이렇게 두 지표 사이에 커다란 간극이 존재하기도 한다.

귀온귀온 암면미술 — 유럽인 이민자들은 브래드쇼 암면미술이라고도 부른다 — 은 오스트레일리아 서북부 킴벌리 지역에 펼쳐진 10만여 곳의 동굴 벽에서 발견된다. 완지나 암면미술(시대는 다르지만 발견된 위치는 같다)을 포함해 10만 점이 넘는 그림이 이 지역에서 발견되었다. 귀온귀온 암면미술에는 창으로 사냥하는 인간의 길게 늘여진 형상, 정교한 머리 장식을 하거나 부메랑 혹은 발톱처럼 생긴 무기를 들고 있는 모습도 있다……. 하나같이 흥미진진하다. 색 영역은 친숙하다. 빨강과 노랑 오커, 검정, 하양이 사용되었다.

그런데 적어도 그 그림들 가운데 일부에는 오커도 아니고 일반적인 탄소도 아닌 검정이 사용되었다. 귀온귀온 암면미술은 수백 년 동안 풍파를 거치며 퇴색되었고, 2000년대 후반 퀸즐랜드대학 소속 연구팀은 그 이유를 알아내려고 노력했다. 그들은 킴벌리의 동쪽에서부터 서쪽으로 가로지르는 상상의 선을 따라 위치한 귀온귀온 암면미술에서 쉽게 식별할 수 있는 80개의 인물 그림 ― 소위 태슬과 새시 피규어라고 불리는 그림 ― 을 따로 떼어냈다. 연구팀은 그중 80퍼센트에서 산화철이 아닌 빨강과 노랑의 천연색을 분리해 DNA 검사를 했다. 뽕나무 열매 색을 사용한 것으로 잘 알려진 인물 그림에서는 대개 바위 표면에 서식하는 캐토티리아 목目의 검은 곰팡이가 발견됐고, 함께 발견된 붉은 시아노박테리아(남세균)의 정체는 규명하지 못했다. '체리' 또는 '테라코타'로 묘사되는 다른 색조에는 시아노박테리아가 더 많이 포함되어 있다. 미생물이 만들어낸 생물막은 그림에 색을 입힐 뿐 아니라 풍화로부터 보호해주는 역할도 했다.

이것은 그 자체로도 대단한 이야기다. 대부분의 경우 곰팡이 같은 미생물은 고대 암석을 보존하기보다는 파괴한다. 하지만 그런 성질 또한 흥미롭다. 미생물의 초창기 역할이 지구에 색을 입히는 것이었기 때문이다. 그렇지만 그때는 이런 곰팡이가 아니었을뿐더러 호주의 암면에 곰팡이가 달라붙은 것은 수십억 년 후의 일이다.

진화적 관점에서 생각해봐도 애초에 미생물이 왜 색을 가지고 있었는지는 알 수 없다. 아니, 왜 무언가가 색을 갖고 있는지에 대한 답도 알아내기 어렵다. 왜 지구상의 생물들은 전자기 에너지의 변동을 구별하는 감각기를 가지고 있을까? 어떤 종이 후손을 만들고 그 후손이 살아남아 다시 후손을 만들 수 있도록 도움으로써 종의 특성이 세대에 걸쳐 지속되게 하는 것이 진화다. 그렇다면 색을 볼 수 있다는 특성이 진화에 해당되는 것일까?

하지만 미생물은 눈도 없다. 미생물은 서로의 색을 볼 수도 없다. 그러니 이 호주 곰팡이는 실제로 보이는 색과는 전혀 상관없는 다채로움으로부터 진화적 이점을 끌어내는 것이다.

왜 지구인들은 지구상에서 가장 오래된 미생물인 할로박테리아의 내장에 있는 색처럼 가느다란 스펙트럼을 인식하기 위해 그토록 애를 쓰는가라는 질문에 대한 하나의 답이 될 수 있겠다. 이름은 할로박테리아지만 진짜 박테리아는 아니다. 분류학적으로 할로박테리아는 생명의 나무에서 우리와 다른 모든 동물, 식물, 곰팡이, 점균류와는 완전히 다른 가지에 속하는 고세균이다. 매우 오래되고 기이한 고세균은 지구상에서 가장 덥고, 가장 건조하며, 가장 산성이고, 염분이 많고, 모든 것이 가장 가혹한 환경에서 서식하기 때문에 과학자들은 이것을 극한 생물이라 부른다.

할로박테리아는 소금 덩어리다. 염분 수치가 매우 높은―25퍼센트가 이상적이다―소금물에 산다. 인체 세포 같은 것들은 먼지로 변해버릴 만한 환경이다. 할로박테리아의 몇 가지 특별한 생화학 작용 덕분에 우리는 높은 자외선 수치와 햇볕에 탄 암덩어리로 변할 만큼 높은 수치의 전리방사선이 야기하는 DNA 손상을 피할 수 있다. 할로박테리아의 길이는 약 6미크론, 폭이 0.5미크론이며 양 끝에는 헤엄칠 때 움직이는 짤막한 편모가 있다. 먹이는 아미노산이다. 샌프란시스코만 남단의 연못이나 유타의 그레이트솔트호 일부처럼 염분이 많은 물에 할로박테리아가 가득하면 물은 빨간색, 혹은 보라색으로까지 변한다.

바보같이 들릴 수도 있지만 할로박테리아는 너무 작아서 색을 볼 수 없다 — 사실은 너무 작아 눈이 없다. 눈은 우선순위에서 밀린다. 그러니 할로박테리아가 주황빛을 향해 헤엄치고 푸른빛을 피해 멀리 헤엄친다는 사실을 알게 된 과학자들이 얼마나 혼란스러웠을지 짐작할 수 있을 것이다. 이를 빛에 따라 움직이는 주광성走光性 운동이라 부른다.

1960년대에 세포생물학자들은 할로박테리아가 여러 색소를 지니고 있음을 알게 되었는데, 이 색소들이야말로 특수 파장의 빛을 전달하고 흡수하는 정말 특별한 화학물질이다. 우리 눈에 붉은색으로 보이는 박테리오루베린은 UV로 인한 손상을 중화시키는 항산화물질이다. 그 당시 과학자들은 세포를 위로 떠오르게 만드는 '가스 액포'라고 불리는 할로박테리아 내부의 작은 기포를 둘러싼 막에서 노란색이 만들어졌다고 밝혔다. 보라색도 있었지만 그 역할에 대해서는 아무도 알아내지 못했다.

그것은 단백질이었다. 다른 색소들처럼 핵에 발색단이라 불리는 아주 작은 복합체를 가지고 있는 중간 크기의 단백질이었다. 발색단은 옷에 들어가는 염료에서부터 눈에 있는 빛 감지 색소에 이르기까지 어떤 빛은 흡수하고 나머지는 반사한다. 동물 눈에 들어있고 시력에 중요한 역할을 한다면 이 색소들은 보통 옵신이라 불린다. 가장 기본적인 옵신은 분홍빛을 머금은 보라색 옵신으로 로돕신이라 불린다. ('로돈'은 그리스어로 분홍색[로즈]을 뜻하고, '옵시스'는 '시각'을 의미한다.) 옵신에 있는 발색단은 11-시스-레티

날이라 불리는 분자다.

할로박테리아는 파란색과 UV에 가까운 빛을 피하고 주황빛을 향해 헤엄친다. 그래서 연구자들은 인간이 빛의 파장을 구별하기 위해 사용하는 기관을 이용하면 이 문제를 알아낼 수 있을 거라고 추측했다. 이에 할로박테리아의 보라색 광색소에 든 망막—인간이 가진 발색단과 같은—을 찾아나섰다. 그리고 결국에는 발견해, 망막을 포함한 더 큰 이 분자를 '박테리오로돕신'이라고 이름 붙였다. 할로박테리아가 박테리아가 아닌 것처럼 박테리오로돕신도 로돕신이 아니다.

이 분자가 결여한 게 분명한 한 가지 기능은 색을 보는 것이다. "그것들에는 놀라운 점이 많아요." 로돕신 진화를 연구하는 오클라호마주립대학의 생화학자 우터 호프가 말했다. "가장 중요한 점은 박테리오로돕신이 시력과 빛 탐지에 관여하지 않는다는 거예요." 할로박테리아 박테리오로돕신은 오히려 배터리에 가깝다. 사실은 양성자 펌프로 에너지를 만들기 위해 광양자를 끌어당기는 콘덴서라고 할 수 있다. 다시 말해 할로박테리아는 광합성의 한 형태로 태양에서 에너지를 직접 이끌어내지만 현대 식물에서 효과가 있는 클로로필 색소가 아닌, 뭐가 됐든 다른 무언가를 사용한다.

그 작동 원리는 대체 어떤 것일까? 거기에 대해 호프는 이렇게 말했다. "나는 생화학자이고, 내 아내는 생물물리학자입니다. 하지만 우리한테 물으신다면 양성자 펌핑이 박테리오로돕신에서 어떻게 작동하는지도 여전히 모른다고 말해야겠네요."

할로박테리아를 추가 해부했을 때 혼란은 가중되었다. 할로박테리아에 양성자 펌핑 광합성 합성기뿐 아니라 전형적인 로돕신도 함유되어 있었던 것이다. 이 두 가지는 사실상 다른 종류의 것이다. "이런 유기체들은 빛을 감지하는 데 사용됩니다. 시력 역할을 하는 것이죠." 호프는 말했다. 하지만 정확히는 '시력'이라고 할 수 없다. 할로박테리아에는 눈이 없기 때문이다. 그렇다면 '지각'이라고 해야 할 것 같지만 문제는 뇌도 없다는 것이다. 그러니까, 정말로 큰 문제인 셈이다.

무엇이 됐든, 할로박테리아는 에너지와 정보 두 가지를 위해 빛을 사용하는데 핵심은 그 빛의 색이다. 옵신 안에 들어 있는 특정 아미노산은 발색단이 반응할 빛의 파장을 결정한다. 할로박테리아는 서로 다른 피크 스펙트럼에 민감한 감각 색소를 최소 두 개 가지고 있다. 이 고세균 조직은 단순히 색을 알아내기 위해 모든 사항을 확인한다.

그럼 이쯤에서 "아하! 이게 바로 우리 색각의 진화적 조상입니다. 수십억 년 된 살아 있는 화석인 셈이죠"라고 말해야 할 것 같다. 하지만 그 이야기는 (진화와 관련된 많은 이야기가 그렇듯) 단순히 그렇게 말할 수 있는 게 아니다. 할로박테리아의 감각 로돕신은 동물 로돕신처럼 '광양자를 잡았다'는 신호를 전달하지 않는다. 그와는 전혀 다른 루브 골드버그식 장치 미국의 만화가 루브 골드버그가 고안한 연쇄 반응 장치. 예컨대 문을 열거나 토스터기에 빵을 넣는 간단하게 할 수 있는 일을 일부러

비효율적으로 공을 굴려 몇십 단계를 거쳐 수행하도록 만든 장치다 를 사용한다.

　많은 생물이 어떤 형태로든 옵신을 사용해 빛과 색을 인식하는 것은 사실이다. 할로박테리아의 광감지 단백질은 인간의 것과 같이 넓은 구조를 가지고 있고, 형태 또한 같다. 반면 아미노산 서열은 완전히 다르다. 마치 다른 레고를 사용해 똑같은 우주선을 만들어내는 것과 같다. 호프가 말한 것처럼, 모든 단백질 — 양성자 펌핑 박테리오로돕신과 파장의 변화를 감지하는 — 이 동일한 조상 단백질에서 비롯되었다는 추측은 가능한 이야기다. 하지만 그 조상 단백질이 에너지를 만들거나 빛을 감지하는 것에서 호프는 이렇게 말했다. "그 부분은 여러 영역으로 의견이 갈라집니다. 정말 답변하기 어려운 질문이죠."

　인간의 단백질이 그 박테리아들로부터 진화했거나 아니면 그것들 모두가 아주아주 오래전의 초기 단백질에서 진화했다는 의미일 수도 있다. 고세균류의 한 가지 문제가 진화로 해결되었고, 수십억 년 후에 우리 조상들이 가진 똑같은 문제도 똑같은 방식으로 해결된 것일 수 있다. 다른 종류의 레고로 같은 기계를 만들어내는 식으로 말이다. 이 점선을 따라 지구의 생명체는 힘을 얻는 방식에 적응하는 식으로 이해력을 향상시키며 진화해왔다. 파우스트와 달리 잃은 건 아무것도 없었지만 지식의 빛을 얻었다.

　수억 년을 지나 오늘날에 이르기까지 많은 동물은 우리 인간보다 색을 더 잘 본다. 화려한 색을 자랑하는 사마귀 새우는 열두 종류의 광수용체를 가지고 있지만 색을 얼마나 잘 구별하는지는 확실치 않다. 닭도 네 가지 색소를 감지하는 저조도 로돕신과 빛을 사용해 일주기日週期 리듬을 맞추는 솔방울샘('피놉신'이라고도 불리는데, 창의력이라고는 찾아볼 수 없는 이름이다)을 갖고 있다. 구분하는 색의 가짓수가 얼마 되지 않는다고 해서 닭들이 보잘것없는 동물이라는 것은 아니다. 어쨌거나 닭도 공룡의 진화한 자손들이다.

그에 비하면 인간에 더 가까운 동물일수록 좀 시시해 보인다. 수많은 영장류(창꼬치는 말할 것도 없고 말과 개들도)가 색을 볼 때 사용하는 시각 색소를 단 두 가지만 가지고 있고, 과학자들은 영장류가 보는 세계는 흑백이 아니라 적록색맹인 인간이 인식하는 세계와 매우 흡사할 거라고 추정한다. 과학자들은 여전히 확신하지 못하지만, 4000만 년 혹은 3000만 년 전, 우리 가계도에 있는 일부 구세계 영장류들은 진화에 대한 압박으로 세 번째 색소를 다시 얻었다. 인간이 저조도 야간 투시에 사용하는 보라색인 순수 로돕신은 실제로 초기 포유류 조상으로부터 물려받은 색소 중 하나에서 진화한 것이다.

그러니까 네 개의 시각 색소, 그게 바로 우리다. 우리에게는 아주 어두운 데서 보는 데 필요한 로돕신 하나, 500나노미터 미만의 파장을 볼 수 있게 해주는 로돕신(푸르스름한 색) 하나, 500나노미터 이상의 파장을 볼 수 있게 해주는 두 개의 매우 유사한 로돕신(녹색과 붉은색)이 있다. 그 말은 인간이 색광을 구별하는 세 개의 센서를 갖고 있다는 뜻이다. 우리는 시각 연구자들이 삼색 공간이라고 부르는 곳에 산다. 그러나 아주 최근(인류학자와 고고학자들이 많은 관심을 갖고 있는 시기)까지만 해도 인간은 삼색 공간을 체계적으로 파악할 방법이 없었다. 우리가 살았던 색의 세계와 그것을 묘사하기 위해 만들 수 있는 색의 세계가 거의 겹치지 않았기 때문이다.

초기 인류는 우리와 같은 색의 세계에 살았지만 그 색을 복제해내지 못했다. 꽤 실망스러웠을 것이다. 그들이 가진 컬러 툴키트는 하양에서 검정까지의 축을 따라 밝은색에서 어두운색까지 거의 모든 생명체가 이해하는 '휘도(밝기)'를 표현할 수 있었다. 하지만 그들의 예술작품은 빨강, 노랑, 보라 등 자연계보다 훨씬 적은 색채로만 표현되었고, 그게 전부였을 것이다.

고고학자들은 그렇게 확신해왔다. 너무 오래된 증거이다보니 모든 사람이 잘못된 방향으로 갔을 수 있다. 고고학자들은 당연히 '화석 생성' 효과―시간의 흐름에 따른 유물의 변화―에 대해 걱정한다. 오늘날의 고고학자들이 빨강-주황-노랑-보라-검정-하양만 발견했다는 이유로 구석기시대의 인류가 이 색상만 가지고 작업했다고 가정한다면…… 이런 가정은 화석생성론 면에서 볼 때 매우 위험하다.

1959년 초에 고고학자 셸던 저드슨은 도르도뉴의 또 다른 구석기 유적지 '레제지에Les Eyzies'에서 발견된 물감들이 화석 생성적으로 변형된 것인지 의문을 제기했다. 물론 그가 그런 용어를 사용한 것은 아니다. 저드슨이 특히 궁금해했던 것은, 어떻게 과학자들은 외부가 일부 색칠된 동굴에서나 볼 수 있는 적철석과 "주먹 크기의 하얀 중국 점토"인 카올리나이트를 발견할 수 있었는지였다. 카올리나이트가 그곳에 있을 만한 확실한 이유는 없었다. 카올리나이트를 도자기로 바꾸는 기술은 수천 년 뒤에 가능한 미래의 기술이었다. 카올리나이트가 색소로 쓰였을지도 모르지만 저드슨은 당시 유럽의 동굴 예술에서는 흰색을 많이 찾아볼 수 없다고 지적했다. 그는 화가들이 카올리나이트를 희석제로 사용하고 있다는 점을 내세웠는데 오늘날까지도 이는 여전히 백색 색소에서 중요한 역할을 한다.

구석기시대의 동굴 예술에서 검은색은 많이 볼 수 있지만 흰 색소는 그렇지 않기 때문에 이 점은 매우 흥미롭다. 몇몇 예술가는 현대의 만화 작가들처럼 특정 영역에 색을 칠하지 않은 채 놔두는 식으로 흰색을 배치했다. 오늘날은 종이에 그렇게 하지만 당시에는 석회암 바탕이었다. 때로 더 하얗게 보이도록 하려고 바위를 긁어내기도 했다. 그 이유는 쉽게 상상할 수 있다. 흰색도 빨강에 버금갈 정도로 뼈나 해골, 죽음, 공허를 상징하는 색이었을 수 있다.

하지만 흰색이 빨강이나 다른 색들에 비해 얼마나 상징적이고 얼마나 중요하게 여겨졌는지에 정확한 설명을 얻기란 불가능할 수도 있다는 점이 문제다. 물로 흰색을 표현하거나 흰 점토, 백악 등 흔히 구할 수 있는 광물들로 흰색을 만들었다면 오커나 망간처럼 달라붙거나 남아 있지 않을 것이기 때문이다. 오커는 암벽에 아주 잘 달라붙는데, 이 또한 일종의 통계적 생존자 편향이다. 고고학자들은 빨간색이 더 많이 발견되니 화가들이 빨강을 더 많이 사용했을 거라고 생각한다. 탄소의 검정을 제외한 유기 색소는 빠르게 퇴색되기 때문에 식물이나 동물에서 추출한 색은 사라진다.

구석기시대에 인류가 사용할 수 있는 모든 종류의 흰 색소는 바위에 잘 달라붙지 않았다. 그 물감들은 '일시적'이었고, 금세 사라졌다. 연구자들은 아프리카를 비롯해 인도, 오스트레일리아에서 발견되는 그 빈자리에 백색이 있었을 거라 유추한다. (단, 인도의 일부 암굴은 예외인데 이곳은 다른 미생물에 감염되어 흰 색소가 모두 검게 변한 것으로 보인다.)

그런 점으로 미루어볼 때 동굴 예술은 애초에 전부 다른 색으로 이루어졌을 가능성이 있으며, 우리는 최초의 색이 무엇이었는지 결코 알 수 없을 것이다. 꽃잎으로 만들어낸 섬세한 파랑, 풀을 으깨어 낸 초록, 강바닥 진흙에서 얻은 회색. 유치원 아이들이 손바닥으로 찍어낸 듯한 색의 향연이 석회암과 사암 벽에 펼쳐졌을 텐데 이제는 모두 화석화되고 시간이 흐르면서 자취를 감추었다.

하지만 현대인들이 초기 인류가 사용한 색을 잘못 알았다고 해도, 석기시대 사람들이 필요한 신경 구조를 진화시키고 개인에게서 개인에게로 밈을 전파할 때, 즉 예술을 창조하기 시작했을 때 그들은 이미 우리와 같은 존재였다고 할 수 있다. 자신들이 상상한 디자인을 창조하기 위해 자연의 색을 사용한 것이 그 시작이었다. 자신들이 본 것 또는 상상한 것을 더 정확히 표현하기 위해 색을 사용했다는 것은 새로운 지성이 완전히 꽃피웠다는 뜻이다.

그림의 디테일에 대한 관심뿐 아니라 화학과 공학의 발전에 있어서도 이런 예술적 번뜩임을 과학이라고 부르는 게 합리적일 것이다. 이 초기 인류는 망간-탄소를 이용한 검은색에 이어, 노란 침철석을 가열해 빨간색으로 만들어 적철석의 자연색을 모방하거나 개선했다. 이 착색제 역시 좀더 유명한 이집트 블루 혹은 콜타르를 기반으로 탄생한 모베인 같은 최초의 '합성' 색소라는 주장이 제기된다. 이런 재료를 찾아서 자연이 만들어낸 것 이상으로 개선하고, 가공하며, 다른 재료와 혼합하여 결합시키고 떨어지지 않게 하는 것, 그게 바로 기술이다. 인간이 지구 여행을 시작한 이래로 예술, 과학, 철학, 문화의 결합은 인류의 일부가 되어왔다. 색은 과학일 때 상징이 된다.

# 2장

# 도자기

보르네오와 수마트라섬 사이에 위치해 있는 작은 섬으로 백사장 군데군데에 작은 바위가 흩어져 있는 목가적인 벨리퉁. 주변을 지나는 상선들이 산호초를 피해 조심스럽게 물을 가른다. 비교적 깨끗하고 얕은 안전한 바다에서는 현지 어부들이 잠수해 늘 수산물 채취 작업을 한다. 1998년, 잠수부 한 명이 해삼을 채취하러 내려갔다가 난파선 한 척을 발견했다.

그다지 극적인 발견은 아니었다. 처음에는 그저 수심 17미터에 자리한 낮은 언덕처럼 보였다. 이때 잠수부들이 도자기를 발견했다. 일부는 단단한 석회 응결체에 박혀 있었지만 대부분은 바닥 여기저기에 흩어져 있었다. 소문은 널리 퍼져 틸만 발터팡이라는 독일 보물 사냥꾼의 귀에까지 들어갔다. 콘크리트 회사 이사인 발터팡은 열정적인 잠수부이기도 했는데, 한 동료로부터 난파선이 수장된 아름다운 바다 이야기를 듣고 인도네시아로 갔다. 그리고 그곳에 눌러앉았다. 그는 집을 구해 해양사를 탐독하기 시작했고 그 지역 잠수부들과 친분을 쌓았다. 그는 한 잠수부에게서 해삼 채취 잠수부가 발견한 언덕과 도자기에 대한 이야기를 들었다. 그 언덕은 바투 히탐, 즉 검은 바위라 불렸는데, 그것은 곧 벨리퉁 난파선으로 밝혀진다. 1998년 부활절, 발터팡은 직접 난파선을 보러 바닷속으로 들어갔다.

벨리퉁은 인도네시아 해역에 자리했지만 인도네시아에는 완전한 고고학적 복구를 위해 동원할 수 있는 자원이 없었다. 이에 발터팡은 인도네시아 정부에 그 지역을 신고하고, 난파선을 인양하기 위해 결국 자신의 회사 시베드 익스플로러 이름으로 난파선 인양 허가를 받았다.

첫 번째 탐험대 대장이 미심쩍은 상황에서 이탈한 후, 시베드 익스플로러는 해양고고학자 마이클 플레커를 고용해 두 번째 탐험에 나섰다. (발터팡은 내가 이메일로 보낸 질문에 답하지 않았다. 플레커는 이메일 답장에서 자신의 전문 분야는 도자기가 아니라 해양 건축이라고 인정했다.) 플레커에 따르면, 연구팀은 공예품이 발견된 장소를 도식화하기 위해 현장에 격자망을 설치했고, "격자망 내의 중요 물체 또는 구조적 특징에 대한 수직 측정"을 수행했다. 하지만 내가 아는 한 그 격자망들과 측정치에 관한 내용은 발표되지 않았다.

인양이 진행되면서 발터팡의 잠수부들은 자신들이 범상치 않은 물건을 발견했음을 깨달았다. 심지어 물건은 아주 독특했다. 보트는 길이가 약 20미터밖에 되지 않을 정도로 작았다. 형태는 아랍이나 인도의 다우선船 큰 삼각형 돛을 단 범선의 일종으로 아랍과 인도양 등지에서 운항되었다 에 가까웠다. 이것은 동남아시아 해역에서 발견된 최초의 다우선이었다.

하지만 화물은 아랍 세계에서 온 것이 아니었다. 중국이 수출하던 스타아니스(팔각八角) 항아리가 선내에 있던 것으로 보아 배의 최종 출발지는 중국이었을 것이다. 배에 선적된 물건은 대부분 도자기였다. 넉 달에 걸친 작업을 통해 6만 점 이상이 인양되었는데 이 중 대다수(5만 7500점)가 당나라 — 618~907년(중국 유일의 여황제 시기에 잠시 공백이 있었다) — 의 유명한 사기그릇 제조업체인 창사長沙 가마의 제품으로 확인되었다. 창사의 사기그릇 가운데 가장 오래된 것은 기원전 838년까지 거슬러 올라가지만 벨리퉁 난파선에서 발견된 그릇 밑바닥에는 한자로 "보력寶曆 2년, 7월 16일"이라고 쓰여 있었다. 그때는 경종敬宗의 치세로, 826년 7월 16일은 당나라 최고의 절정기였다.

이 배는 동남아시아에서 발견된 가장 오래된 난파선이자 해상 실크로드 — 중국과 서쪽 아랍 제국을 연결하는 항로이자, 첫번째 밀레니엄의 인류 문명을 확실하게 설명해주는 수천 마일의 무역로 — 의 가장 오래된 증거가 되었다. 당나라와 비슷한 시기에 아랍 세계의 맹주였던 아바스왕조 역시 몇백 년 동안 번영을 구가했다. 인구는 수백만 명에 달했고, 평화를 누리는 가운데 정부 조직, 예술, 과학, 무역이 (또다시 추론이지만) 특히 발달했다. 관료제는 제대로 작동했고, 식량도 풍부했으며, 예술도 뛰어났다.

이때는 사람들이 색을 만들고 교환하는 방법, 혹은 적어도 색을 입힌 물건을 만드는 방법에 있어서도 하나의 변곡점이 된 시기였다. 벨리퉁 난파선에 실렸던 화물 덕분에 상품으로서 색의 역사가 재정의되었고, 색은 금이나 비단, 향신료만큼 중요한 재료이자 기술로 부각되었다. 색을 만들고 사용하는 방법은 그 시대의 최첨단 기술이었다. 그리고 그 색을 전파하는 메커니즘은 요즘 말로 킬러앱 출시와 동시에 시장을 선점할 정도로 인기를 누리는 상품이나 서비스 인 '도자기'였다.

내가 지금 언급하는 시기에 이를 때까지 전 세계 문화에서는 여전히 구석기시대의 색이 사용되고 있었다. 고대 문헌에는 산화철, 즉 오커에 대한 언급이 가득하다. 실제로 이 재료들은 인간이 아시리아 설형문자와 이집트 상형문자를 사용할 때 쓴 최초의 색소 가운데 하나다. 이집트 무덤, 아시리아 유적, 그리스 유적, 로마 유적지에서도 모두 찾아볼 수 있다. 이 유적들은 오커가 얼마나 중요한 재료인지 보여주는 살아 있는 증거다.

하지만 인간은 계속 새로운 색을 더해나갔다. 최초의 색상 제조 기술은 인간이 가진 최초의 기술 중 하나였다. 동굴 벽에 칠해진 백악의 흰색은 탄산납 — 연백鉛白 — 으로 인간의 색에 합류하고,

이것은 기원전 약 300년경 테오프라스토스의 『돌의 역사』에 처음 묘사된다. 중국인들 역시 그 무렵부터 연백을 만들기 시작했는데, 이것은 연백이 가장 오래된 합성색소의 하나라는 뜻이다. 연백은 인류 최초의 정착지 가운데 하나인 우르 유적지에서 발견되었고, 기원전 7세기 아슈르바니팔 도서관 명판에도 언급되어 있다. 고대 아카디아어로는 '홀랄루'라고 하는데, 홀랄루의 어원은 색소를 만들 때 핵심 재료인 '식초'와 관계있다.

그 이후 색이 폭발적으로 늘어났다. 플리니우스의 『박물지』(그는 77년에 이 책을 쓰기 시작했지만 완성하지 못하고 2년 후 베수비오화산 폭발로 사망한다)는 하양-검정-노랑-빨강만으로 구석기시대 화가들이 창조해낸 것들을 극찬한다. 하지만 플리니우스도 세상이 변하고 있음을 인정했다. '칙칙한' 물질에서 얻은 색소도 있었고, '화려한 꽃 같은' 색소도 있었다. 그리고 주홍색, 청록색, 청적색, 기린갈麒麟竭 열매 색과 같은 빨강, 인디고도 있었다. 플리니우스는 색소가 비싼 데다 수입품이며 이국적이었으리라는 사실을 암시하며, 자신의 집을 꾸미거나 초상화를 그려달라고 의뢰한 고객이 관련 비용을 부담했을 것이라고 추측했다. 그건 바람직한 일이었다. 로마 벽화에는 이집션 블루와 적철석에서 나온 보라색이 남아 있었고, 수백 년 동안 연구자들은 폼페이의 분홍빛을 띤 보라색 색소 표본이 청적색, 심홍색, 또는 인디고색인지 아니면 그 색들의 일부나 전부를 혼합한 것인지 알아내기 위해 노력해왔다.

이 색들은 국제 무역망의 토대를 이룬 글로벌 상품이었다. 당나라와 아바스 왕국은 모두 노란색 비소 화합물인 웅황을 보유하고 있었다. 아바스 왕국은 꼭두서니 뿌리에서 추출한 심홍색 색소도 보유했는데, 핵심 착색제는 식물 섬유에 자연적으로 존재하는 알리자린이라 불리는 화학물질이다. 알리자린은 알루미늄 같은 금속과 결합해 사실상 염료 역할을 한다. 이것은 이집트 미라를 감싼 포에서도 발견된다. 아랍인들은 뿔고동(무렉스 브란다리스) 같은 갑각류에서 추출한 색소로 짙은 빨강에 강렬한 보라색이 섞인 값비싼 청적색도 보유하고 있었다. 이 색이 만들어진 것은 기원전 13세기까지 거슬러 올라가며 지중해 전역에서 발견된다.

한편 중국인들은 기원전 5세기부터 납에서 색소를 추출해냈다. 한나라 시대에는 연백을 '호분胡粉'이라 불렀는데 '호'는 '반죽'이라는 뜻으로 연고나 화장품에 사용되었다. 사람들은 연백을 건물의 백색 도료와 벽화 바탕색으로 사용했다. 이렇게 해서 한나라 관아 벽면에 고관 그림이 그려진다. 나중에 일부 장인匠人들은 이 색소(탄산칼슘)로 분필을 만들어 쓰기도 했던 것 같다.

빨간색은 '주홍색 납(진사辰砂)'이라는 뜻의 철단鐵丹, 노란색은 '노란색 납꽃'이란 뜻의 철황화鐵黃花라고 불렀다. 노란색은 6세기부터 화장용으로 인기를 끌었다. 당나라의 부유한 여성들은 얼굴과 가슴을 하얗게, 이마를 노랗게 칠했다. 그들은 남아시아의 랙깍지진디에서 얻은 붉은 코치닐과 한때 캄파리 술의 색소로 쓰이던 물질도 갖고 있었다. 일부 역사가는 주홍색 안료인 황화수은이 붉은 납인 연단鉛丹보다 홍조를 더 잘 표현한다고(그에 못지않게 해롭긴 하지만) 생각했다. 그런 특성은 패션에도 영향을 미쳐, 적어도 부유한 여성들은 눈썹을 뽑고 새로운 색으로 그렸다. 모양과 색은 다양했지만 700년대 후반에는 진한 페르시안 인디고가 초록빛을 띤 파랑을 대체했다.

물론 8세기 중국에서 화장품만 강렬한 색채를 지닌 것은 아니었다. 비단에 염색을 하고 문양을 찍었으며, 벽과 조각상에도 색소를 입혔다. 인간이 구축한 세계는 생생했다. 그 색들은 심미적인 매력 이상의 것을 지니고 있었다. 그러면서 금전적 가치가 높아졌고 사람들의 욕망을 자극했다.


벨리퉁 난파선에서 발견된 다채로운 물건들 가운데 가장 흥미로운 것은 900여 개의 녹색 그릇이었다. 대부분은 중국 월주요越州窯에서 만들어진 것이었고, 300여 점의 밝은 흰색 그릇과 항아리들 대부분은 공현龔賢이나 형주요邢州窯 또는 정요定窯, 그리고 허베이와 허난성 북쪽 지방 가마에서 만들어진 것이었다. 그 이유를 설명하려면 시간을 훌쩍 뛰어넘어 또 다른 동굴로 가야 한다.

이곳은 바로 현대의 후난성 다오현道縣, 샤룽 고속도로 바로 옆에 위치한 위찬옌玉蟾巖 동굴이다. 이곳에서 1만 8300년 전에 만들어진 가장 오래된 도자기들이 발견되었다. 2000년대 초 고고학자들이 발견했을 당시에는 몇 줌의 파편에 불과했고, 기술적으로도 상당히 형편없었다. 그것은 '저온소성低溫燒成 토기'였는데, 다시 말해 제작자들이 점토를 섭씨 400~500도의 온도로 가열하면서 광물 입자가 큰 토기가 만들어졌다는 뜻이다. 곳곳에 작은 구멍이 나 있고, 부서지고 깨지기 쉬운 도기였을 것이다. 하지만 최초의 것이었다.

중국 양쯔강을 따라 형성된 문화는 기원전 16세기 무렵에야 사기砂器라고 하는 좀더 튼튼하고 물이 새지 않는 도기 제작법을 익혔다. 점토로 '도기'를 만들려면 훨씬 더 높은 온도에서 구워야 한다. 양쯔의 도공들은 자신들이 만든 그릇에 친숙한 오커 색, 즉 황갈색을 칠했다.

남쪽에서는 이 방식이 거의 2000년 동안 표준이 되었다. 중국 북부에는 그런 기술이 아예 없었다. 6세기까지 시유施釉한 사기그릇이 만들어지지 않았는데 그 이유는 아무도 모른다.

중국 도공들은 6세기에 두 번의 중요한 기술적 도약을 이룬다. 북부인들은 유약 바른 사기그릇 만드는 법을 새로 배우거나 다시 배웠다. 그리고 어느 시점부터 — 이 시점에 대해서는 고고학자들 간에 의견이 분분하다 — 더 나은 것을 만들어내기 시작했다. 섭씨 1300도 이상에서 고온소성高溫燒成된 도기들은 매우 아름다운 흰색을 띠었고, 몸체를 건드리면 공명음을 냈다. 마침내 A급 도자기가 탄생한 것이다. 사기그릇보다 가볍고, 기벽器壁은 강도에 비해 말도 안 될 정도로 얇으며, 그 형태는 섬세하고 영감을 불러일으켰다.

중국 도공들이 이 혁신적인 재료를 만들 수 있었던 것은 기술 덕분이다. 도자기 혁신의 중심지인 중국 북부의 도공들은 적합한 가마를 보유하고 있었다. 도자기를 굽는 데 필요한 초고온을 견딜 수 있는 반원형 요로窯爐로 굴뚝이 두 개 달린 만두요饅頭窯가 그것이다.

하지만 도자기의 진짜 비밀은 화학에 있었다. 이 경우에는 점토가 원재료이므로 지질학이라고 하는 게 맞겠다.

2억 5000만 년 전에서 2억 년 전 트라이아스기에 중국 동북부를 구성하는 불안정한 땅덩어리가 중국 동남부를 구성하는 똑같이 불안정한 땅덩어리와 충돌하며 약간 겹쳐졌다. 성격이 매우 다른 두 개의 땅이 하나로 묶이며 친링산맥秦嶺山脈을 형성했다.

그 결과 중국 북부에는 황토와 광물성 분진들로 이루어진 산맥이 형성되었다. 약 300미터 지하에서 이 황토와 점토가 혼합된다. 즉 산화알루미늄과 규소가 한데 섞인다. 그 혼합물은 테라코타 — 말 그대로 그 유명한 병마용의 재료이기도 하다. 산소 농도가 낮은 가마에서 도기를 구우면('환원소성還元燒成') 일산화탄소와 가마의 그을음 때문에 테라코타의 산화철이 전자와 결합한다. 그러면 이미 친숙한 산화철 오커의 붉은색이 아니라 회검은 색이 만들어진다. 물론 색을 칠하기 전까지만 그렇다.

하지만 그보다 더 깊이 들어가면 완전히 다른 것이 나타난다. 바로 중국 점토로, 여기에서 지질학, 화학, 가마 기술이 함께 꽃을 피운다. 중국 점토는 알루미늄과 규소, 약간의 물로 이루어져 있지만 철분 함유량은 낮다. 가마에서 구우면 사기는 보통 회색이나 크림색을 띠지만 철분 함량이 아주 낮으면 흰색을 띤다. 도자기는 이런 흰색 사기그릇 중 일부다. 가마에서 산소로 연소시키면(산화소성酸化燒成) 흰색은 따뜻한 색조를, 환원소성을 시키면 차가운 색조를 띤다. 형주요 인근에서 생산되는 중국 북부 점토는 눈에 띌 정도로 불순물이 적었다. 섭씨 1400도 정도에서 구우면 가마에서 나올 때는 매끈하고 견고한 하얀색 자기가 되어 있었다.

이것은 도자기가 중국 역사에 얼마나 중요한지, 중국 점토가 도자기에 얼마나 중요한지를 보여준다. 중국 북부에서 생산된 이 고알루미늄 저규소 점토는 초기 구석기시대의 백색 색소 가운데 하나로, 오늘날에는 중국 점토 혹은 카올린(고령토)이라고 불린다. 카올린이라는 이름은 송나라 때부터 도자기 무역의 중심지였던 장시성 동북부 징더전景德鎮 인근의 채굴장으로 '높은 산마루'라는 뜻의 가오링高嶺에서 유래했다. 이는 오늘날까지 전해져오는 어원적 유산이다.

한편 대부분 화성암으로 이루어진 중국 남부 지역에서는 전혀 다른 종류의 점토를 얻을 수 있었다. 남부 땅에는 석영과 운모가 풍부했고, 장석도 꽤 흔했다. 그 광물은 (헷갈리게도) 차이나석 혹은 도자기석이라 불린다. 여전히 고온에서 구워내야 했지만 이 점토에 포함된 다른 원소 덕분에 우아한 초록색이 만들어졌다. 월주 청자는 당대의 부유한 중국 도자기 애호가들로부터 큰 사랑을 받았다. 내구성이나 기능 면에서도 뛰어났지만, 사람들은 특히 월주 청자의 색을 좋아했다. 색이 문화에 영향을 미친 또 다른 예라 할 수 있다. 840년대 초에 음악가 궈다오위안은 12개의 월주 청자와 형주 백자에 아주 약간씩 다른 양의 물을 채우고 그것으로 음악을 연주했다.

형주와 정주의 가마에서 만들어진 것은 지구상의 어떤 물건과도 달랐다. 재료의 차이 때문만은 아니었다. 그것은 '진짜 도자기'였다. 단단하고 가벼웠다. 그래서 더 정교한 디자인이 가능했다. 형주 백자는 나중에 유행하는 화려한 장식도, 로코코식 소용돌이 무늬도, 동물 문양도 없었지만 뉴욕 현대미술관MOMA 기념품점에서 파는 물건이라고 착각될 정도였다.

화약, 인쇄술, 바늘 나침반, 지폐 같은 다른 중국의 발명품에 대해서는 익히 들어봤을 것이다. 도자기는 이것들보다 훨씬 더 오래되었고, 비단이나 잉크만큼 기술적, 문화적으로도 중요했다. 북부의 백자와 남부의 청자는 중국의 최대 수출품이었고 마법 같은 기술의 산물이었다. 재료의 독특한 물성도 한몫했지만 중국 도자기가 문명을 초월한 욕망의 대상이 될 수 있었던 것은 눈길을 사로잡는 색 때문이었다.


당나라 이전에도 중국은 도기를 많이 만들었지만 값싼 토기류와 조각상이 주를 이루었다. 화려하게 채색한 당삼채唐三彩는 빨강, 노랑, 초록의 '삼색'을 사용한 연유鉛釉 도기다. 음식이나 음료를 담을 때는 사용하지 않았다. 당삼채는 부장품이었다. 중국 도자기와 유약 분야의 세계적 전문가인 나이절 우드는 말한다. "당시 사람들이 왜 색을 좋아했는지는 설명하기가 좀 어려워요." (그럼에도 그는 은퇴한 후 직접 도기를 만드는 게 꿈이다.) "여러 색으로 치장된 당삼채는 부장품으로, 아주 잠깐 햇빛을 보았다가 바로 무덤에 묻혔지만 최대한 밝고 화려하게 만들어졌습니다."

하지만 중국 문화가 변화하면서 이런 취향 또한 달라진다. 당나라 시대는 중국 서북부 오랑캐들 ─ 티베트와 위구르 등 오늘날 중국과 대치하는 상대와 같은 이들 ─ 과의 분쟁을 제외하면 안으로는 상대적으로 평화로웠다. 내부의 평화와 좀더 진보적인 세법은 곧 모든 사람이 더 많은 음식과 더 많은 여가를 즐기게 되었다는 뜻이기도 했다. 그게 더 화려한 예술과 공예를 탄생시킨 비법이다.

690년 중국 유일의 여제인 측천무후가 황위에 오르면서 상황은 훨씬 더 나아졌다. 측천무후는 705년 아들의 손에 퇴위당하기 전까지 여러 개혁으로 사회 전체가 더 잘 작동하게 만들었다. 부유한 집 자제들이 고위 관료가 되는 관행을 타파하고 능력 있는 평민들을 중용했으며, 대규모 운하와 도로 등의 사회기반시설에 안전한 과적검문소를 설치하기도 했다. 상인들은 이제 더 안전하게 이동할 수 있었고, 가마 ─ 원자재에는 더 가깝게, 도시와는 멀리 떨어진 곳에 지어졌다 ─ 에서 만든 물건들도 처음으로 시리아, 이란, 인도 등으로 이어지는 실크로드와 동북아프리카에 이르는 다른 무역로로 수송할 수 있었다.

다시 말해 모든 일이 순조로웠다. 생산성이 향상되면서 제품 생산량은 증가하고, 무역 기회가 늘어나면서 물건을 팔 수 있는 지역은 늘어났다. 국경에 배치된 모든 군사력이 수도를 공격하기 위해 되돌아온 일만 제외한다면. 투르크계 무장武將인 안녹산安祿山 — 당시 표현대로라면 '오랑캐' — 은 미래의 야망에 대해 진지하게 생각하기 시작했다. 안녹산은 물류와 물자에 몇 년을 투자했고, 755년 15만 명의 병력을 이끌고 현재의 베이징에서 출발해 당시 수도였던 장안까지 남쪽으로 진군했다. 제국을 수호하던 다양한 군대의 주요 병력은 변경에서 투르크인, 티베트인들과 전쟁 중이었고, 안녹산은 황하를 건너 중국 경제의 동력인 대운하를 장악했다. 당 현종이 수도를 지키기 위해 군대를 보냈지만 안녹산은 이들을 진압하고 나라를 장악했다.

몇 년 후 반란은 진압되었다. 안녹산은 죽고, 당나라 황제는 권력을 되찾았다. 그러나 문화적 혼란을 겪으면서 사람들이 원하는 장식예술의 종류에도 변화가 찾아온다. 부와 권력을 과시하던 유행은 지났다. 안녹산이 곤경에 빠진 것도 그런 점 때문이었을 수 있다. 삼색으로 꾸민 기이한 부장용품 당삼채는 시장에서 퇴출되었다. 사람들은 여전히 좋은 물건을 살 돈이 있었지만, 이제 우선순위는 부에서 감식안으로, 즉 색과 디자인으로 바뀌었다.

한편 변경에서 벌어지는 전쟁 때문에 실크로드가 다시 불안정해지자 사람들의 관심은 더 안전한 해상 항로로 옮겨갔다. 실크나 도자기처럼 무게가 나가는 물건을 거래하는 이들에게는 호재였다. 중국 도공들은 환란을 피하고 이 교역로를 좀더 쉽게 활용하기 위해 남쪽으로 옮겨갔다. 우드는 어디까지나 추측에 불과하다고 전제하면서도 이렇게 말했다. "그들 중 일부는 창사 지역으로 이주했고 다색 유약 지식을 이용해 새로운 종류의 물건을 생산하기 시작했어요." 벨리퉁 난파선 화물의 대부분을 차지했던 것이 바로 이 청화靑畵, 녹화綠畵 기법으로 제작된 창사의 수출용 도자기였다.

한편 부유층의 소비 습관은 화려한 물건에서 희소성 높은 경험으로 옮겨갔다. 중국인들은 적어도 300년대부터 차를 마셔왔는데 당나라 때에는 전문성이 중요하게 부각되었다. 차를 마시는 것은 중요한 문제였다. 대부분은 음료가 얼마나 맛있는지보다(합리적인 사람들이라면 다를 수 있지만) 차를 마실 때 수반되는 격식을 중요하게 여겼다.

차는 작은 티백에 담아 상자로 옮기는 게 아니라 운반용으로 압축한 값비싼 보이차 상태로 운반되었다. 차를 낼 때 떡차를 조각내어 가루로 만들고 그 가루를 뜨거운 물에 넣어 거품을 낸 다음, 고급 다구에 담고 소금이나 향료, 향신료, 허브 등을 섞는다. 단순한 음료 한 잔을 내는 것이 아니라 오늘날 격식을 차린 일본의 다도 의식, 차노유茶の湯에서 볼 수 있는 거창하고 진지한 의식이었다.

의식의 효과를 최대한 끌어올리려면 그에 맞는 도구가 있어야 했다. 곧 도자기를가 필요하다는 뜻이었다. 하지만 그저 단순한 도자기여서는 안 됐다. 761년경 유명 시인 육우陸羽가 쓴 『다경茶經』을 보면 차를 만들고 마시는 방법이 설명되어 있다.

육우는 특히 어떤 차가 어떤 도자기에 어울리는지를 제시했다. 예를 들어 옅은 홍차는 형주 백자로만 마셔야 한다. 쉬저우徐州의

황색 자기를 사용하면 차가 자줏빛을 띠어 "차의 가치가 떨어져" 보이기 때문이다. 객관적으로는 전혀 차이가 없지만 다양한 와인 잔이 어떤 차이를 만들어내는지 궁금해한 적이 있는 이들에게는 익숙한 이야기일 것이다. 세상 어디에서도 구할 수 없는 특정 재료, 특정 제품이 품질·경험과 동일시된 것은 그때가 처음이었을 것이다. 시인 육우 덕분에 형주 백자는 프리미엄 브랜드라는 명성을 얻었다.

벨리퉁 난파선이 발견되기 전까지만 해도 당나라 도자기가 널리 보급되었다는 증거는 희박했다. 가령 7세기에 일본 나라현奈良縣의 한 사찰에서 당나라 항아리를 보유한 것으로 알려졌지만 그게 전부였다. 이상한 일이 아닐 수 없었다. 역사학자들은 당나라의 가장 큰 교역 상대로 바그다드를 중심으로 번영했던 아바스왕조가 당나라 도자기를 소유하고 있었는지 궁금해했다.

750년경부터 1258년 몽골이 바그다드를 점령하기 전까지 아바스왕조의 세력권 — 이런 문제가 얼마나 중요한지는 사람에 따라 다 다르겠지만 — 은 사마르칸트에서부터 아랄해 남부 해안을 지나 스페인까지 확대되었고 아라비아반도 전체를 아울렀다. 서쪽의 바그다드와 동쪽의 장안은 실크로드의 양 끝에 위치한, 인류문명의 두 중심지였다.

나처럼 학교에서 유럽 중심의 세계사를 배운 독자라도 아바스왕조에 대해서는 들어봤을 것이다. 선원 신드바드는 해상 실크로드를 오가던 상인이었다. 『천일야화』는 아바스왕조가 수집한, 아바스왕조에 관한 이야기 모음집이다.

계속되는 내우외환에도 불구하고 아바스왕조 시대에는 문화와 세계주의가 만개했다. 전체적으로 그들은 중국 도자기에 열광했다. 851년, 역사가들에게 중요한 정보를 제공한 상인 겸 여행가 술레이만은 "점토로 '유리처럼 섬세하고 물속을 들여다보는 듯 투명한' 자기를 만드는 중국의 능력"에 감탄했다. 그리고 8세기 후반, 이란 동북부 호라산의 주지사는 아바스왕조의 5대 칼리프 라시드에게 2000점의 자기를 선물로 보냈는데, 여기에는 아랍인들이 치니팡후리라고 부르던 중국 황제의 식기 20점도 포함되어 있었다. 그 잔과 그릇들은 아마도 형주와 정주의 백자였을 것이다. 이 도자기들은 인기가 높고 중요해서 어떤 연구자는 해상 실크로드를 '도자기 로드'라고 부르자고 제안할 정도였다.

아바스왕조 유물에 중국 제품은 없었다. 아바스왕조의 도기는 미학적으로 훨씬 더 평범하고, 백색에 가까운 태토胎土에 청색 또는 청록색 유약을 바른 고대 메소포타미아 전통을 따르고 있었다. 이것은 선호도라기보다는 화학반응의 문제였다. 카올린 점토와 고온소성 가마가 없었던 아바스왕조의 도공들은 황색의 저온소성 도기밖에 생산할 수 없었다. 이 도기들은 장식용으로도 뛰어나지 않아, 당연히 형주의 뛰어난 백자와는 비교할 수 없었다.

이런 물건들이 존재한다는 사실을 아는 것만으로도 9세기 이라크의 장인들은 자극을 받았을 것이다. 혹은 그것을 계기로 자국 시장이 뒤처져 있다는 생각을 했을 수도 있다. "중동에 유입된 이 그릇들은 큰 인기를 누렸고, 중동의 도예가들은 이걸 모방하기 위해 많은 노력을 기울였어요." 우드가 말했다. "결국 이를 기점으로 이슬람 도자기에서도 색의 전통이 시작되었죠."

벨리통 난파선에서 인양된 사기그릇의 대부분은 단색이 아니었다. 즉 밝은색 백자 또는 옥빛 녹유도기였다. 흰색이나 연갈색 태토에 다른 색 유약을 바른 제품이었다. 형태가 독특하고 고전적인 세 개의 그릇은 '청화'자기라고 불렸다.

중국 북부의 백자는 녹유도기 또는 다른 어떤 색 자기와도 비교할 수 없는 뚜렷한 장점을 갖고 있었다. 유약으로 생생한 색을 표현하려면 바탕이 흰색이어야 한다. 선명한 파랑과 녹색 유약을 바르면 빛이 태토까지 침투했다가 도자기의 흰 바탕을 반사한 후 도자기를 보는 사람의 눈에 도달한다. 그래서 물체 표면이 반짝이고 반사되어 보이는 것이다. 그러니 당시에 도자기의 밝은 흰색 태토에 선명한 청록색 문양을 새기려면 — 앞으로 알게 되겠지만 대부분의 문명이 원한 방법 — 도자기의 태토를 하얗게 만들어야 했다.

고령토가 없는 이라크인들에게는 문제가 아닐 수 없었다. 그들이 쓸 수 있는 자기용 재료로는 중국 자기의 광택을 낼 수 없었다. 중국 도자기를 본떠 작품을 만들려면 흰색과 불투명성도를 얻을 수 있는 다른 방법이 필요했다.

그들은 납과 산화주석을 결합해 그 방법을 찾아냈다. 산화주석은 굴절률이 높은 데다 입자가 작아 흰색 물건을 만드는 데 반드시 필요했다. 그 산화주석 입자들은 자기를 굽는 동안에도 온전하게 남아 불투명한 흰색 결과물을 만들어냈다.

아바스왕조에서 그 방법을 어떻게 알아냈는지는 아무도 모른다. 이집트인들이 주석 유약을 사용했으니 아바스왕조도 거기서 아이디어를 얻었을 수 있다. 또는 유약이 용해된 색유리와 비슷하기 때문에 아바스왕조가 로마제국으로 거슬러 올라가는 유리공예라는 정교한 기술에서 산화주석이 만들어내는 불투명화를 경험하고 이를 도자기에 적용했을지도 모른다. 정확하게 알아내기 위해 화학적 비교를 해본 사람은 없다.

더 흥미로운 것은 중국과 아랍 도공 모두 흰색 위에 유약을 바르기 시작했다는 점이다. 유약은 청색으로, 심지어 당나라 시대의 청화백자에도 거의 사용되지 않았고 14세기가 되기 전까지 아바스왕조에서는 더욱 드물게 사용되었다. 그 청색 유약은 흰색보다 훨씬 더 신비로웠다. 우드는 말했다. "당나라와 아바스왕조의 제품에 사용되었던 코발트블루색에는 큰 문제가 있었어요." 연구할 샘플이 몇 개밖에 없어 눈으로 구별하기는 쉽지 않았지만 두 가지는 다른 재료로 만들어진 것이었다. 사실 아바스왕조의 코발트블루 색소에서 코발트색의 함유율은 두 자릿수 퍼센트에 불과하다. 대부분이 산화철이고, 아연이 10~20퍼센트 정도다. 그러나 중국 유약의 색소에서는 코발트가 65퍼센트를 차지하며 산화철과 미량의 구리가 포함되어 있다. 아연은 전혀 없다. "이 둘은 다릅니다."

우드가 말했다.

이처럼 아무도 방법을 모른다. 그리고 아무도 누가 그 방법을 발견했는지 모른다. 그렇다면 누가 누구를 따라 한 것일까? 누가 청색을 발명했는가?

당의 청화자기는 아바스왕조의 청화자기보다 오래되었다. 어쩌면 아바스왕조의 자기가 당나라 자기를 토대로 발전했을 수 있다. 혹은 아바스왕조의 청화자기는 중국 청화자기와 별개로 발전했을 수 있다. 그릇 모양은 비슷했지만 푸른 장식(둘 다 코발트 색조의 유약)은 아랍 현지의 디자인이었다. 두 종류의 도자기가 얼마나 밀접한 관계에 있는지 볼 때, 두 종류의 유약이 완전히 개별적으로 진화했다고 생각하기는 어렵다.

수천 년 동안 아랍 세계와 중국 사이에는 색의 교역이 이루어져왔다. 고대 세계 최초의 밝은 청색 색소는 유력한 최초의 합성색소 후보이기도 한 이집션 블루 ― 기원전 3600년경 이집트 왕조가 세워지기 전에 발견된 구리 규산칼슘 ― 였다. 남동석, 공작석 같은 광물이 섞인 모래(이집트 모래에는 석영, 이산화규소, 석회석, 탄산칼슘이 혼합되어 있었다)를 가열하여 얻은 구리 이온에서 색을 얻었고, 이렇게 네페르티티의 푸른 왕관이 탄생했다. 중국인들 역시 파란색을 가지고 있었다. 차이니즈 블루 혹은 한 블루Han blue라고 알려진 색이다. 하지만 이 색상은 기원전 500년 무렵 전국시대가 도래하기 전까지는 중국 예술과 공예에서 찾아볼 수 없다.

색이 생겨난 시기는 3000년이나 차이 나지만 한 블루와 이집션 블루의 화학식은 본질적으로 같다. 한 블루는 $BaCuSi_4O_{10}$이고 여기에서 바륨만 칼슘으로 바꾸면 이집션 블루가 만들어진다. 두 색 모두에서 규산염 분자는 구리 이온, 즉 발색체를 고정하는 반복적인 결정구조가 만들어진다. 한 블루는 이집션 블루보다 훨씬 더 만들기 어렵다. 더 정확한 온도 조절과 더 많은 단계를 필요로 한다. 그렇다면 여기서 문제는 아랍인들이 청색을 이집트에서 얻었는가, 아니면 중국에서 얻었는가 하는 것이다. 아니면 한족이 실크로드에서 거래된 아랍 색소에서 아이디어를 얻은 다음 아랍인들에게 되판 것일까?

그 사실을 알 수 있는 유일한 방법은 화학에 있다. 중국 백자에서 중국 청화백자, 이슬람식 청화백자 — 그다음으로 마르코폴로가 유럽으로 샘플을 가져오면서 르네상스 시대에 도자기 열풍을 일으킨 것 — 로 이어지는 연결 고리를 알고 싶다면 아바스왕조가 당나라 시대의 청화백자를 갖고 있었다는 증거가 있어야만 한다.

물론 그 증거를 확보하기는 어렵다. 사람들은 지난 20여 년 동안 이러한 연관성을 집중적으로 연구해왔지만 그들이 가장 면밀하게 연구하고 싶어하는 지역은 서로에게 총을 겨누는 군인들로 가득했다. 아바스왕조가 먼저 청색을 만들어냈다는 사실을 증명할 수 있는 가마를 바그다드, 바스라, 알레포에서 발굴해낸 사람은 없었다.

하지만 그곳이 공예품을 찾을 수 있는 유일한 장소는 아니다. 이제 다시 나이절 우드에게로 돌아가보자. 앞서 말했듯이, 우드는 도기를 만들고 싶어한다. 그래서 그는 1970년대부터 유약 관련 화학에 관심을 갖기 시작했고, 조지프 니덤이 주도한 '중국의 과학과 문명'이라는 광범위한 시리즈 중 도자 기술을 다룬 수천 페이지짜리 책의 3분의 2가량을 저술하기도 했다. 절반의 은퇴 생활을 택한 우드는 자신의 스튜디오를 열어 도기를 만드는 한편 옥스퍼드에서 박사과정 학생들을 가르친다. "어떤 종류든 항상 큰 논란거리는 있어요." 우드는 말한다. "아랍인들은 청화백자를 처음 만든 이가 이슬람 도공들이라고 생각합니다. 하지만 요즘 중국에서는 아랍인들이 중국 수출품에서 영감을 얻은 거라는 주장이 점점 거세지고 있죠."

몇 세기 동안 서방 세계가 주도하던 세계화 추세가 다시 중국 쪽으로 기울고 있음을 감지한 중국 정부는 그들이 역사에 영향을 미쳤다는 과학적 증거라면 얼마든지 환영해 마지않을 것이다. "그들은 소프트파워와 중국이 전 세계에 미치는 영향에 지대한 관심을 가지고 있습니다." 우드는 말한다.

벨리퉁 난파선은 중국 도자기가 고대 세계를 어떻게 지배했는지에 대한 역사학자들의 이해를 넓혀주고 해상 실크로드의 역사를 새롭게 썼다. 하지만 더 최근에 이루어진 연구에 따르면, 그 영향력은 우리가 벨리퉁 난파선으로 예측했던 것보다 훨씬 더 컸을지도 모른다. 중국 청자가 아랍 청화백자의 기원일 수도 있는 것이다. 백색 유약을 바르고 청화를 그린 9세기의 3센티미터짜리 삼각형 도자기 조각을 증거로 신뢰한다면 말이다.

데이비드 화이트하우스라는 고고학자가 1966~1973년경에 오늘날의 이란에 위치한 고대 항구도시 시라프에서 작은 도자기 조각을 발견했다. 화이트하우스는 그것을 대영박물관 서랍 안에 집어넣었다.

40년 후 또 다른 연구자 세스 프리스트먼이 대영박물관의 소장품 중 수천 점의 깨진 도자기, 금속, 유리, 그리고 기타 장식용 자갈들을 분류하는 지루한 일을 맡았다. 시라프에서 나온 고온소성된 청화백자 파편에서 청색 연유가 발견되었다. 일부 도자기에는 아랍의 고전적인 디자인 — 캘리그래피, 야자수 같은 아라비아풍 문양 — 이 그려져 있었다. 하지만 일부에는 전형적인 중국 고온소성 도자기의 점과 선 패턴이 있었다. 프리스트먼은 목록을 작성하는 동안 이 특별한 파편(질그릇 2007, 6001.5010)이 청색 점과 선의 패턴이 나타나는 고온소성 자기의 일부라는 것을 깨달았다. 추가적인 분석을 통해 이것이 실제 중국산 자기로, 궁이시궁巩義市 가마에서 생산된 물건이라는 것이 밝혀졌다. 그곳에서 도공들은 백자와 연유 채색도기를 만들었을 것이다.

시라프의 모습을 떠올려보자. 강물에 쓸려온 토사물이 퇴적되어 형성된 바스라와 달리 시라프는 배들이 운항할 수 있는 수심 깊은 항구다. 당시 바스라의 도예가들은 꽤 훌륭한 청화자기를 만들고 있었다. 시인 알 아지는 바스라에서 제작된 작품이 "하얀 진주의 표면"을 가진 "달의 윤곽" 같다고 묘사했다. 시라프의 상권은 양저우와 광저우까지 뻗어 있었다. 그곳은 계절풍을 타고 달리는 다우선들의 목적지였다. 산과 페르시아만 사이에 끼어 있는 9~10세기의 시라프는 분명 굉장한 도시였을 것이다. 수천 마일에 달하는 긴 여정의 종착지 중 하나였을 것이고, 한 제국의 수출을 다른 제국의 수입으로 혹은 그 반대로 전환하기 위한—위험천만한 모험을 돈으로 바꾸기 위한—환승지였을 것이다.

시라프의 질그릇(2007, 6001.5010)은 9~10세기 이슬람 청화자기를 생산한 가마가 어디에 있었든, 시라프 도공들이 중국 자기를 드디어 접했다는 것을 보여준다. 그들이 자신들만의 화학식을 생각해냈을지 몰라도 근본적으로는 중국인의 미학을 모방했을 것이고, 1세기 후에는 이슬람 세계에서도 청화자기 제조술을 보유했을지 모른다. "9세기에 한 차례 크게 붐이 일었고, 이슬람 도공의 후원자들은 그들에게 중국 제품들을 베끼게 했어요. 도공들은 거기에서 많은 것을 배웠죠." 우드가 설명을 이어나갔다. "13세기에도 중국 남부 가마에서 수입하는 양이 다시 한번 크게 늘었습니다. 중국 제품을 모방하려는 많은 노력이 있었어요."

색채 기술은 실크로드의 양 끝을 오가는 밀물과 썰물처럼 이동하며 변화했다. 자기 표면에 쉽게 변색되지 않는 더 투명한 유약을 발라 색을 돋보이게 했다. 그것은 고대 세계 최고의 문화들 간 무역에서 시장 우위를 점하게 만든 요소로, 세계의 기술적·경제적 패권을 놓고 이어진 줄다리기에서 중요한 역할을 했다.

싱가포르에 있는 아시아문명박물관의 주 전시실은 사람들의 눈길을 잡아끈다. 그곳에는 다양한 색으로 만들어진 서로 다른 높이의 그릇 수백 개가 좁은 받침대 위에 놓여 전시되어 있다. 마치 출렁이는 도자기의 물결, 자기의 쓰나미 같다. 그 옆에는 절제된 백자가 있다. 이 모든 효과는 놀랍다. 그 순간까지 오래된 그릇에 특별히 신경 쓰지 않던 나 같은 사람에게조차 그렇다.

아마 그건 단순한 전시가 아니라 이야기, 벨리퉁 난파선의 화물을 서사적으로 보여주는 전시이기 때문일 것이다. 불행히도 그 이야기는 박물관 홀에 늘어선 그릇들처럼 뒤틀리고 꼬여 있다. 이 책의 각주를 확인해보면 알겠지만『난파선: 당나라 보물과 계절풍』이라는 책이 여러 차례 언급되어 있다. 그 책은 워싱턴 D.C.의 새클러 갤러리에서 개최하는 벨리퉁 보물들에 관한 야심 찬 전시 때 같이 소개될 예정이었다. 하지만 전시회는 열리지 않았다.

전시회가 취소된 것은 발터팡이 난파선을 인양한 방법 때문이었다.『슈피겔』기사에 따르면 잠수부들은 큰 조각은 손으로 집고 작은 조각은 진공 호스로 빨아들인 다음 인양선에서 오물을 체로 거른 뒤 담수로 씻어냈다. 발터팡은 그가 발견한 금은을 도난당할까봐 우려했다. 그래서 귀금속은 자카르타로, 도자기는 뉴질랜드로 보내 격납고에 보관했다. 그러고 나서 여러 나라의 대표들과 접촉해 소장품 경매에 참여해달라고 요청했다. 도하, 상하이, 싱가포르 모두 소더비 경매라도 되는 듯 관심을 보였다.

2005년, 이 발견과 별다른 문화적 연관성이 없는 싱가포르의 센토사 레저 그룹이 3200만 달러에 물건을 구매했다. 관련 전시회는 이 도시의 명망 있는 아시아문명박물관의 핵심이 되었다. 2000년 대 후반 들어 세계의 여러 언론이 이 발견에 대해 보도했고, 2007년에 새클러 갤러리의 대표는 미국에서의 전시회를 준비하기 시작했다. 하지만 서양 학계에서는 크게 평가하지 않는 분위기였다. 학계에서는 발굴을 이끈 플레커가 유물 회수 방법에 대해 전혀 훈련되지 않은 데다 학문적으로 엄격하지 않았다고 지적하며 이의를 제기했다. "현장에서 건져올린 유물들을 담수가 담긴 큰 통에서 헹궈냈는데, 작업 내내 그 물을 한 번도 갈지 않았던 겁니다. 통속의 담수는 10분도 안 돼 주변의 바닷물처럼 소금기로 범벅이 되었죠." 미국 국립역사박물관의 해양사 큐레이터 폴 존스턴이 말했다. "유물에서 염분이 제대로 제거되지 않았어요. 난파선 인양자들은 그냥 진흙만 씻어내고 싶었겠죠, 어떤 물건을 적절히 담수화하고 보존하려면 무엇이 필요한지 알지 못했습니다. 한낱 도자기에 불과하니 괜찮을 거라고 생각한 거죠."

(플레커는 이 방법론에 관한 비판을 인정하지도, 부인하지도 않았다. 그는 이메일 답변에서 이렇게 주장했다. "나는 육지 작업이 아니라 해상 작업을 담당했습니다[나는 계속 배에 있었습니다]." "나는 그날 인양한 물품들을 저녁이면 육지로 보내 담수화 작업을 하고 목록으로 만들게 했습니다. 하지만 우리가 사용한 기술을 정확히 보증할 수는 없습니다.")

존스턴에게는 수집품의 방대함 자체가 인양자들이 조잡하게 일했다는 증거로 비쳤다. "그들은 그 난파선에서 무려 4만 점의 물건을 찾아냈어요." 그가 말했다. (실제로는 6만 점에 달했다.) "겨우 4개월 만에요. 한 달에 1만 점, 즉 일주일에 2500점을 인양한 거예요. 일주일에 5일만 쳐도 하루에 500점꼴이에요. 제가 참여했던 하와이 고고학 현장에서 하루에 복구할 수 있는 유물은 고작 서너 점에 불과했어요. 5년 동안 진행한 발굴 조사에서 출토된 유물이 1250여 점인데, 그건 우리가 모든 걸 문서화하고 기록했기 때문이죠." 그가 말했다.

인양 작업이 이처럼 부실했다는 스미스소니언의 메모가 『사이언스』지에 유출되었고, 2011년 4월 고고학자와 인류학자들은 이의를 제기했다. 이미 전시 카탈로그가 제작되어 있는 상황이었지만 새클러 갤러리는 전시를 취소해버렸다. 당시 스미스소니언은 발굴 작업을 더 제대로 하겠다는 뜻을 내비쳤지만 그런 일은 일어나지 않았다. 2010년 현장 조사 결과, 20제곱미터 면적의 유적 주변에 부서진 도자기 조각들이 흩어져 있었던 것으로 드러났다. 배자체의 흔적도 남아 있지 않았고, 현장은 '폐허'나 다름없었다.

아시아문명박물관은 매우 훌륭한 전시품을 소장하고 있지만, 과학 및 역사와 관련한 손실은 이루 말할 수 없을 정도였다.

"만약 화물의 5퍼센트가 회수되었는데 어떤 기록 작업도 없다면, 우리는 난파선에서 얻을 수 있는 정보의 5퍼센트도 얻지 못하는 겁니다." 존스턴이 말했다. "최선의 고고학이라고 해도 결국은 파괴적인 학문일 뿐입니다. 고고학은 현장을 파괴합니다. 남는 건 '왜 배가 그곳에 있었는가?' '그들은 유기물들을, 혹은 건져올린

후 헹구어 판매할 수 있는 물건을 찾았는가?' 같은 질문에 대한 기록뿐이에요. 그리고 그에 대한 답은 '그렇다'예요. 그들은 건져올려서 헹구고, 판매할 수 있는 것을 찾았을 뿐이에요." (실제로 그들은 뼈, 상아, 스타아니스를 발견했다.)

하지만 이제는 그 금붙이들이 왜 배 위에 있었는지 아무도 알수 없다. 바닥 마루 사이에 숨겨져 있었다면 선장이 밀수업자였다는 의미일 수도 있다. 화물의 일부였다면 외교용 선물이었을 수 있다. 유물의 위치로 배의 실제 행선지에 대한 단서를 얻을 수 있었을지도 모른다. 화물은 이 배가 페르시아만으로 향하고 있었다는 것을 강력하게 시사하지만 벨리퉁호는 자바로 가는 항로에 있었다. 그 기본적인 질문에조차 대답할 수 없다는 것은 문화적 손실이 헤아릴 수 없을 정도로 크다는 의미다. "벨리퉁 도자기에서 당시의 독특한 시를 포함해 글도 발견됐는데, 도자기 5000점을 회수하고 1만 점을 부쉈다면 그 시대의 독특한 시들이 얼마나 많이 파괴되었을지 누가 알겠습니까?" 존스턴이 말했다. "결코 알 수 없을 거예요."

내가 계속 머릿속에서 떨치지 못하는 내용—실크로드의 비밀스러운 색의 역사와 관련된 부분—을 벨리퉁 난파선에 관해 플레커가 남긴 기록에서 한 문장으로 발췌해본다. "희고, 부서지는 돌 같은 물질이 난파선 여기저기 흩어진 채 발견되었는데 이 물질에는 산화알루미늄이 풍부하게 함유되어 있는 것으로 확인되었다." 물론 산화알루미늄이 풍부하고, 흰색이며, 부서지기 쉬운 재료 가운데 귀중한 도자기의 모습을 있는 그대로 포장할 수 있는 것은 많지 않다. 나는 그것이 중국 백자에 우수한 색상과 내구성을 부여한 재료로 중동에서 유일하게 갖지 못했던 카올린이었을지 궁금하다. 그렇다면 왜 중국 도자기 수출업자가 제품 원료를 제일 강력한 경쟁자에게 보낸 것일까?

아무도 그 답을 알아낼 수 없을 것이다.

3장

# 무지개

당나라 청화자기가 시라프와 바스라로 유입되면서, 다른 아랍 지역 과학자들은 또 다른 문화 강국인 그리스, 즉 950년도 넘는 역사를 자랑하는 고대 문화의 성과에 기대를 걸었다. 페르시아어, 시리아어, 아랍어를 할 줄 아는 철학자와 과학자들이 고대 그리스어 문헌에 왜 그렇게 관심을 가졌는지 명확하게 알려진 것은 없다. 아마 아랍 세계의 지도자들이 계몽 정책을 펼쳐나가던 초창기에 신흥 관료들은 수학이나 화폐 주조 방법 등을 알아야 할 필요성을 느꼈을 것이다.

역사적으로 사람들은 그리스인들이 모든 면에서 옳다고 생각해왔다. 하지만 아랍 학자들은 그렇지 않다는 것을 금방 알아차렸다. 그들은 그리스 작품을 번역하면서 원서에 자신들의 수정과 해설을 덧붙였다. 유럽의 르네상스가 가능했던 것은 과학 분야에서 그들이 발견하고 바로잡은 것들 덕분이다. 그중에서도 그들이 가장 크게 공헌한 분야는 당연히 빛과 색의 물리학이었다. 아랍 학자들은 사람들이 자연세계에서 본 색이 맞는 색이며 거기에는 순서가 존재한다는 것을 설명할 수 있었다. 그 외에도 색이 서로 어떻게 섞이는지, 사람들이 만들고 사용하는 염료나 색소가 섞이면 어떤 순서대로 색의 변화가 일어나는지 알았다. 그리스어 책은 이해하기 어려웠기 때문에 그들의 설명은 아주 중요했다.

아리스토텔레스를 예로 들어보자. 그는 가장 위대한 그리스의 자연철학자 중 한 명이었고, 아랍 세계의 번역가이자 과학자들은 그를 거의 모든 것의 출발점으로 삼았다. 하지만 아리스토텔레스의 색에 관한 연구는 혼란의 여정이었다.

그는 색과 공예 ─ 세계 무역의 거장 아랍인들이 그토록 갈망한 직물이나 도자기처럼 채색된 물품들 ─ 의 관계를 분명하게 이해했다. 아리스토텔레스는 수생 연체동물에서 어떻게 희귀하고 귀중한 청적색 염료를 추출해냈는지도 설명했다. 그는 직물과 색에 대해, 그리고 빛이 어떻게 색을 달라 보이게 하는지에 대해서도 설명했다. "자수사들은 램프 불빛 아래서 작업할 때 종종 색을 잘못 사용한다고 말한다." 그는 이렇게 썼다. 아리스토텔레스는 방직공이 병치하는 색에 따라 관찰자가 색을 다르게 볼 수 있다는 데 주목했다. 보라색은 검은색 옆에 놓였을 때와 흰색 옆에 놓였을 때 다르게 보인다. 이런 의견은 오늘날에도 여전히 색의 과학을 주도

한다.

하지만 보라색이 그렇듯, 색의 작용에 대한 아리스토텔레스의 견해는 그가 실제로 색상에 대해 가졌던 의견과 기이할 정도로 대비되었다. 다시 말해 아리스토텔레스가 세운 색에 대한 이론적 틀은 실제 색과 일치하지 않았다. 예술과 공예에서도, 전형적인 관찰자의 눈으로 볼 때도 그랬다.

아리스토텔레스의 스승 플라톤은 도처에서 볼 수 있는 모든 색이 네 가지 기본색이자 필수 색인 하양, 검정, 빨강, 그리고 '밝거나' '눈부신' 색에서 만들어진 것이라고 썼다. 하지만 아리스토텔레스는 그 기본색 질서에서 벗어났다. 아리스토텔레스는 세상을 주유하며, 사람들이 보는 모든 색이 하양과 검정의 혼합, 그리고 빛과 어둠—오늘날 휘도라고 부르는 것—에서 유래한다고 가정했다. 하지만 그 색의 혼합을 통해 정확히 얼마나 되는 색을 만들 수 있는가 하는 점이 문제였다. 그는 7가지 기본 맛과 그리스 음계의 7음에 맞추기 위해 7가지 색을 선택했다. 기원전 350년경부터 숱하게 번역되어 온 아리스토텔레스의 『감각과 지각』 판본들은 그게 무슨 색이었는지 다양한 의견을 제시했다. 그는 자신만의 주관적인 휘도에 따라 대략적인 등급을 선정한 후 그 범위에서 계속 맴돌았던 것 같다. 하양, 노랑, '페니키아'(적갈색이었을 것이다), 보라, 녹색, 군청색, 검정.

이렇듯 그건 순수철학이었다. 하지만 아리스토텔레스는 『기상학Meteorologica』에서 실제 자연현상을 묘사하면서 문제에 부딪힌다. 바로 무지개였다.

분명히 무지개는 색과 빛이 만들어낸 현상이었다. 그런데 무슨 색인가? 그가 자연계를 설명하면서 세운 질서와는 거리가 멀었다. 아리스토텔레스는 무지개가 빨강, 초록, 보라색이라고 말했고, 그게 다였다.

가끔 주황색도 있다고는 했지만 그게 전부였다.

그 차이를 무엇으로 설명할 수 있을까? 그건 확실치 않다. 아리스토텔레스는 이렇게 썼다. "무지개는 시각이 태양에 반사되어 나타난 것이다." 태양을 등지고 있으면 물방울이 만들어낸 보이지 않는 거울이 색을 반사해 눈앞에 무지개를 드리운다는 것이다. 그는 이렇게 설명했다. "시각은 반사될 경우 약해지면서 어두운 것을 더 어둡게 보기 때문에 흰색은 덜 하얗게 보이고 거의 검은색에 가까워 보인다. 시각이 상대적으로 강해지면 빨강 쪽으로 옮겨간다. 다음으로 약한 단계는 녹색, 더 약한 단계에서는 보라색을 띤다."

이렇게 되면 무지개의 색 순서는 아리스토텔레스가 초기에 상정한 철학적 색의 순서와 달라진다. 그러자 그는 자신의 철학을 수정한다. 그는 녹색과 보라색의 자리를 바꾸고 파란색을 밑으로 내리고 노란색은 무시했다. 자연계에 존재하는 색의 경계는 침해할 수 없다는 것이 핵심이었다. 색 자체는 사물과 달리 절대 섞이지 않는다. 관찰자의 눈에 빨강과 초록 사이에 위치한 노랑이 보인다면, 그건 빨강이 하얘져 보이는 것이다. 소위 다른 모든 색은 실재하는 진짜 색들이 만들어낸 반사와 환상일 뿐이다. 공예가와 눈이 이용할 수 있는 유일한 기본 원색은 빨강, 초록, 보라색이었다.

당시에는 파장 감소나 빛의 양자에 관한 지식을 바탕으로 한 이론적 구조가 마련되어 있지 않았고 눈과 뇌의 작동 방식에 대한 실질적인 개념도 없었기 때문에 아리스토텔레스는 벽에 물감을 칠하거나 머릿속에 이미지를 떠올리는 방식으로 색들을 혼합하고 새로운 색을 만들어내는 메커니즘을 이해하지 못했다.

아리스토텔레스의 세계관은 여전히 교착상태였다. 그로부터 400년 후 플리니우스는 새로운 색과 색소를 소개하는 것이 다소 외설적이라고 주장했다. 플루타르코스는 노골적으로 색 혼합을 조롱했다. 그는 호메로스가 염색을 가리키느라 쓴 단어는 사실상 '오염'을 의미하며, 혼합 색소는 순수하거나 순결하지 못하다고 주장했다. 그리고 이로부터 200년이 지난 후, 초기 색 이론가인 아프로디시아스의 알렉산드로스 역시 혼합색은 열등하다고 말했다.

하지만 이것은 궁금증을 낳는다. 색을 섞지 않으면 어떻게 색을 바꿀 수 있단 말인가? 심지어 아리스토텔레스 시대에도 화가들은 두 색소를 섞었을 때 새로운 제3의 색(하지만 화가들이 색을 섞는 시도를 많이 한 것은 아니다. 그렇게 만들어진 새로운 색은 밝음도, 현대의 언어로 말하자면 채도가 낮았기 때문이다)을 얻을 수 있다는 것을 알았다. 어떻게 그게 과학적으로 가능했을까? 그리고 자연계의 색은 어떻게 무지개에서 순서대로 나타날까? 두 가지 색을 혼합하지 않았을 때 두 색 사이에는 어떤 색이 나타날까?

역사는 이 지점에서 잠시 호흡을 가다듬는다. 백인이 주도해온 진보라는 흐름은 대개 끝없이 팽창하기만 해왔는데 여기에서 도약을 이룬 인물이 아이작 뉴턴이다. 뉴턴은 프리즘으로 무지개를 펼쳐 보이고, 어떻게 색이 작용하는지를 알아내고, 물리학의 새 지평을 열었다. 하지만 말처럼 일이 순조로웠던 것은 아니다. 이후 몇백 년 동안 누군가는 아리스토텔레스가 빛, 색소, 무지개에 관해 엉망진창으로 만들어놓은 것들을 정리해야 했다. 그 막연한 자각은 카이로와 바그다드에서 굴절되어 나온다.

1009년, 수많은 이슬람 분파가 이베리아반도에서 전쟁을 벌였고, 아랍 세력의 무게심은 바그다드와 카이로로 이동했다. 1년 후 이집트의 칼리프 알 하킴 — 과학의 후원자이자 개 짖는 소리가 싫어 카이로의 모든 개를 죽여버릴 정도로 가학적인 인물 — 은 바스라 태생의 수학자이자 토목 기술자이며 '알하젠' 혹은 '알하센'이라고도 불리는 '아부 알리 알 하산 이븐 알 하이탐 알 바스리'를 이집트로 초청했다. 알 하이탐은 나일강 물을 통제하기 위한 야심찬 계획을 발표한 적이 있었고, 칼리프 알 하킴은 알 하이탐이 그 계획을 실현시킬 수 있기를 원했다.

알 하이탐은 동료들과 함께 강 상류에서 배를 타고 남쪽으로 내려오며 현장을 살펴본 후 자신의 계획이 성공하지 못하리라는 것을 깨달았다. 결코. 나일강을 통제하는 기반 시설을 구축하려는 그의 계획은 중단될 위기에 처했다. 하지만 불쾌하다는 이유로 동물을 전부 죽여버리기로 악명 높은 미친 칼리프에게 그가 그런 사실을 고백하고 싶지는 않았을 것이다. 그래서 알 하이탐은 칼리프에게 돌아가서 최대한 겸손하고 순수한 태도로 미친 척했다. 그리고 스스로 시설에 수용되었다. 말 그대로 미친 계획이었고, 계획은 먹혀들었다.

하지만 그 계획은 단점이 있었다. 알 하이탐은 11년을 대부분 어두운 감옥에서 보냈던 것이다. 그가 거기서 할 수 있는 일이라고는 빛이 어떻게 작용하는지 오랫동안 아주 열심히 생각하는 것뿐이었다. 1021년, 마침내 알 하킴이 사망하자 알 하이탐은 감옥에서 풀려났고 광학 연구를 위해 세계 최고의 실험실을 지었다.

그는 눈에서부터 뇌까지 인간의 시각을 도식화하고 깊이지각이<br>차원인 망막의 상을 실제 시각적 대상인 삼차원으로 지각하는 능력 과 주변 시야에 대해 설명했다. 그는 최초로 빛(세상에 존재하는 외부 물질)과 색(우리가 보는 물질에 달라붙는 물질들)을 연관지었다. 또한 빛이 매체를 통과할 때 굴절된다는 것도 증명했다. 이것은 빌레브로르트 판 로에이언 스넬의 굴절의 법칙으로 1621년 확립되었다.

알 하이탐은 날카로운 통찰력을 발휘해, 그리스인들이 던져놓았던 매듭 몇 가닥을 풀었다. 예를 들어 플라톤은 눈이 빛을 방출한다고 생각했지만, 알 하이탐은 이렇게 주장했다. "우리 눈은 매우 강한 광원에 고정될 경우 극심한 고통과 손상을 입는다." "관측자가 태양을 직접 올려다보면 태양 빛 때문에 시력이 손상되어 태양을 제대로 볼 수 없다." 즉 태양을 쳐다보면 다친다는 말이다. 그런데 어떻게 눈에서 빛이 나올 수 있다는 것일까? 승자는 알 하이탐이다.

색은 혼합될 수 있는가라는 질문 앞에서, 알 하이탐은 고전적인 실험을 진행했다. 알 하이탐은 프톨레마이오스의 아이디어를 차용해 팽이를 만든 후 팽이판을 조각으로 나누어 각 부분을 다양한 색으로 칠했다. 그는 팽이를 돌리면 사람들은 팽이판 조각의 각 색이나 그 구분선이 아닌 그것들이 만들어내는 완전히 새로운 색을 본다고 설명했다. 알 하이탐은 색이 실제로 혼합될 수 있으며, 혼합된 감각이 색소나 빛의 색상만큼은 아니더라도 지각이나 관찰과 관련이 있다는 것을 알아냈다.

다시 말해 알 하이탐은 자수가와 촛불에 관한 아리스토텔레스의 언급에 담긴 깊은 의미를 깨달았다. 물체는 강한 빛을 받으면 밝은색으로 보일 수 있지만 어두워지면 색이 바래 보인다. 그리고 두 물체의 색상 차이는 빛이 밝을수록 더 크게 느껴진다. 유색 빛과 유색 색소는 서로 관련되어 있긴 했지만 차이가 있었다. "눈은 색을 지닌 물체의 색을 관찰할 때 그 물체에 입혀진 색깔대로 본다." 그는 이렇게 썼다. 알 하이탐은 연극 무대에서 빛은 배경이 아니라 배우라는 것을 깨달았다. 우리가 어떻게 보느냐가 아니라 무엇을 보느냐가 중요한 문제였다.

200년 후, 고대 그리스 과학을 번역하고 개선시킨 아랍 학자들의 연구 내용을 라틴어로 번역하는 작업이 진행되었다. 북유럽에 유입된 아랍 과학은 유럽 과학자들이 이 내용을 읽고 자신들의 실험을 추가하여 새로운 원리를 발견하면서 쌍무적 관계로 발전했다. 하지만 어느 누구도 무지개에는 도전장을 내밀지 않았다.

1220년대 또는 1230년대 즈음이었다. 영국에서 주교로 서임되기 전 옥스퍼드와 프랑스에서 수십 년 동안 가르쳤던 로버트 그로스테스트라는 영향력 있는 초기 유럽 신학자가 「빛에 관하여」 「색에 관하여」 「무지개에 관하여」라는 세 편의 짧은 에세이를 발표했다. 거기서 그는 한 줄기 빛이 유리나 물 같은 매체를 통과할 때 어떻게 굴절되는지, 사물의 모습이 어떻게 바뀌어 보이는지, 사물이 어떻게 더 크거나 작아 보이는지를 설명했다. 그로스테스트는 이 '굴절'이 무지개를 만들어낸다고 말했다. 라틴어로 '렌즈'라는 단어를 사용하자고 정하기 80년 전에 쓴 글치고는 나쁘지 않았다.

그로스테스트는 태양 광선과 구름 속 습기 사이에서 발생하는 굴절이 빛을 원뿔 모양으로 만들 수 있으며, 곡선의 '활' 모양이 원뿔의 한 부분이라고 생각했다. 그로스테스트는 색에 대해서는 자세히 알지 못했다. 하지만 그는 색에 서로 다른 수많은 특질이 있어, 색이 변화할 때 밝은색에서 어두운색으로, 그리고 한 가지 색에서 다른 색으로 바뀌는 이유를 설명할 수 있을지도 모른다고 주장했다. 그의 해석이 다소 난해하긴 했지만, 적어도 현대의 몇몇 역사학자는 그가 파장, 밝기, 포화에 대한 현대의 개념에 대해 이야기한 것이라고 여긴다. 그로스테스트에게 지나치게 후한 평가이기는 하지만, 그는 다른 종류의 빛, 즉 다른 '광선'은 다른 광학적 특성을 갖는다는 개념을 제시했다. 다른 광선은 다르게 굴절된다.

그로스테스트의 제자인 로저 베이컨도 광학 및 무지개를 연구했다. 그는 계산을 시도했다. 굴절에 대한 그들의 견해가 옳다면, 무지개는 지평선 위 42도 이상으로는 결코 나타날 수 없다. (그건 사실로 밝혀졌다.) 폴란드의 광학 연구자 비텔로는 1268년경 이 모든 사실에 토대해, 붉은 광선이 덜 굴절되는 반면 파란 광선은 더 많이 굴절되며 무지개의 색은 사실 중첩된 원뿔의 가장자리라는 것을 알아냈다.

1290년대에 이르러서야 세부 사항들이 정리되었다. 페르시아 학자 카말 알딘 알 파리시와 독일 수도사인 프라이베르크의 테오도리크가 각자 색에 관한 연구 결과를 출간하기 시작한 것이다.

아리스토텔레스와 알 하이탐을 모두 파헤쳤을 알 파리시의 책에는 『키타브 탄치 알 마나지르: 광학을 바로잡는 책』이라는 제목이 붙었다. 이 책에서 알 파리시는 왜 무지개가 밝은색과 어두운색의 혼합이 될 수 없는지 자신이 알아낸 것을 설명한다. 간단히 말해 무지개의 색은 그런 식으로 정렬되어 있지 않다. 가장 밝은색인 노랑은 두 어두운색 사이에 있다. (과학적으로 좀더 표준화된 상황에서 녹색은 노랑보다 두 배가 밝고 파랑보다 5배 밝으며, 빨강보다는 200배 밝았다. 마찬가지로 표준화가 잘 이루어져 있는 다른 상황에서도 노랑이 가장 밝게 보였다.) 어쨌든 2차 무지개가 나타나는 희귀한 기상 현상에서 쌍무지개가 나타나면 두 번째 무지개의 색은 순서가 뒤바뀐다. 말이 안 되는 이야기다.

알 파리시와 테오도리크 모두 그로스테스트, 베이컨, 비텔로의 작품뿐 아니라 초기 아랍 작품들을 읽었다. 그러니 둘이 같은 실험을 한 것이 놀라운 일은 아니다. 그들은 실험실의 창문을 전부 닫고 바깥에 작은 구멍을 내어 그 사이로 한 줄기 빛만 들어갈 수 있게 했다. 아이작 뉴턴이 한 것과 똑같은 실험을 400년 전에 한 것이다. 아직은 품질 좋은 프리즘이 없을 때여서 두 사람 다 물이 채워진 유리구로 빛이 통과하게 했다. 어두운 실험실 벽에서 빛을 관찰하던 알 파리시와 테오도리크는 햇살이 유리구에 들어가서 한번 굴절되었다가 내부에서 반사된 후 다시 굴절되어 밖으로 튀어나온다는 것을 알아냈다.

하늘에 있는 모든 빗방울이 물이 든 유리구처럼 작용한다면 빛을 받았을 때도 똑같은 일이 생길 것이다. 광선의 종류가 달라지면 굴절 정도도 달라질 것이다. 그 두 가지가 합쳐져 무지개가 만들어진 것이다.

어떻게 아랍 물리학자들은 아리스토텔레스나 그의 동시대인 혹은 추종자들보다 그 사실을 더 명확하게 알았을까? 그건 아마도 자기 — 그리고 직물, 회화, 그 외에 색을 필요로 하는 모든 기술과 솜씨 — 때문이었을 것이다. 원고를 정교하고 화려하게 치장하는 이슬람 전통 때문에 잉크 제작자들은 항상 색을 혼합했고, 아바스 왕조의 화가들은 조색調色을 통해 만들어진 미묘한 색을 선호했다.

색을 활용한 전문 기술이 새로운 혁신으로 만개하며 광학 분야와 나란히 발전했는데, 주제 면에서도 중복되었다. 그런데 이런 의문이 떠오른다. 프리즘도 없던 이들이 물을 채워 태양광의 이동 궤적을 추적할 수 있는 '유리구'를 어디서 구했을까? 그로스테스트는 소변용 플라스크를 이용했다. 12세기 초의 의사들은 환자의 소변을 채취해 색을 살펴볼 때 진단 보조 도구로 플라스크를 사용했다. 진단 시 도움이 되는 색상 도표도 구비했다. 현존하는 다섯 가지 색상 도표에는 20가지 색이 거의 같은 순서로 나열되어 있다. 하양에서부터 노랑, 회갈색, 짙은 빨강, 검붉은 빨강, 파랑, 초록, 황회색, 마지막으로 검정까지 있었다. 소변이 검붉은 색을 띨 정도라면 12세기 유럽 의사보다는 더 나은 의사를 만나야 하지만 어쨌든 이것은 공예를 바탕으로 만든 초기의 색 도표였다.

색의 수요는 광범위했다. 수십, 수백 년 후에 테오도리크와 알파리시는 무지개를 분석했고, 물감, 타일, 유리, 직물에 사용되는 색소와 착색제는 주요 교역 상품이 되었다. 시각예술이 번성했고, 벽이나 캔버스에 쓰는 조색 재료들로 약과 메이크업 재료를 만들기도 했다. 한 예로 길베르투스 앵글리쿠스의 『의학 개요서』는 당시 유행하던 창백한 피부에 발그레한 뺨을 표현하고 싶어하는 여성들에게 장미수에 적신 아시아산 브라질소방목 ― 붉은색 ― 과 남부 유럽산 시클라멘 뿌리 ― 흰색 ― 를 혼합하라고 추천했다. 당대 최고의 인플루언서였던 카테리나 데 메디치는 1533년 프랑스의 왕비가 되기 위해 이탈리아에서 왔을 때 얼굴에 흰색과 붉은색을 칠했고, 이런 스타일은 최고의 인기를 누린다. 그로부터 10년쯤 지났을 때, 아뇰로 피렌추올라는 『여성의 아름다움에 관한 담론』에서 여성의 얼굴이 하얗고 볼이 붉으면 신체적으로 건강한 것이라고 주장했다. 이 내용은 당시 영국 의사들이 알게 된 후 줄곧 주장해왔던 것과도 명목상 관련이 있다. 의학 교과서, 요리책, 패션 잡지를 섞어놓은 듯한 책들이 사회 곳곳에 퍼져나갔다. 그들이 옹호했던 제품들도 함께 확산되었다. 기본적으로 이런 책들은 그 시대의 유튜브 메이크업 강의나 다름없었다.

유럽 여성들은 5세기 전의 중국 여성들이 그랬듯 얼굴(그리고 어깨와 가슴도)을 흰색으로 칠하기 시작했다. 그들은 석고, 백반, 활석 분말은 땀띠약으로 몸에 바르기도 한다, 다른 기본적인 성분들도 색소로 사용했지만 대부분은 중국인이 사용하던 것과 같은 성분, 즉 연백을 택했다. 얼굴에 온통 하얀 분을 바르고 볼을 주홍색으로 둥글게 칠하는 등 유행이 지난 화장을 하고 대중 앞에 선 통치기 후반의 엘리자베스 1세를 상상해보자. 사람들은 건강하게 보이려고 얼굴 전체에 납을 발랐는데, 정반대의 결과를 얻기 딱 좋은 선택이었다.

직물에도 새로운 염료와 색이 필요했다. 인디고페라 식물에서 추출한 인디고 염료는 이미 전 세계에 퍼져 있었다. 이집트인들은 기원전 2400년에 인디고와 유사한 색을 갖고 있었다. 인도의 인디고는 이미 1100년대부터 베네치아에 있었고, 1228년 마르세유에서 건너온 기록에 따르면 "바그다드의 인디고"로 기록되어 있다.

영국이 인도와 무역을 시작하고 1602년에 동인도회사를 세운 주요 이유 중 하나는 염료를 손에 넣기 위해서였다.

새로운 색과 그 색을 사용하는 방법들이 예술에 반영되면서 이제는 반대 현상이 나타났다. 오히려 공예가들이 유리구와 삼각법을 가지고 시간을 보내는 철학자-학자들의 존경을 받게 된 것이다. 최초의 물리학자들이 빛이 세계에서 어떻게 작동하는지 이해하기 위해 노력한 것처럼 화가들은 그 세계와 습성을 캔버스나 벽에 좀더 정확히 표현해내려고 애썼다.

색이 어떻게 다른 색으로 바뀌는지, 왜 어떤 색은 더 밝고 어떤 색은 더 어두운지 아무도 알지 못했다. 이것은 현실적인 문제를 불러일으켰다. 예술가들은 이미 몸을 감싸는 옷에서 그것을 알아차렸다. 예를 들어 관찰자에게 더 밝게 보이는 직물은 '가까워' 보였고, 반면에 더 어둡고 검은 부분은 '멀어' 보였다. 회화는 — 문자그대로, 그리고 미련하게 이야기하자면 — 어떤 표면에서 인접해있는 부분들의 색을 신중하게 선택하는 예술이다. 그래서 밝은색과 어두운색에 관한 그 무언가에는 깊이감 — 르네상스 중반에 화가들이 묘사하기 시작한 실제 세계의 거리감 — 이라는 비밀이 있었다.

첸니노 디드레아 첸니니는 1390년대에(분명한 연도는 알려져 있지 않다)『예술의 서』('공예가의 핸드북' 또는 '전문가 매뉴얼'로 해석할 수 있다)를 썼다. 이 안내서에는 주로 색소를 물감으로 변환하여 젖은 회반죽 벽 — 프레스코 — 이나 마른 화판에 바르는 데 실용적인 지침이 담겨 있다. 오커에서 금속, 부서진 원석에 이르기까지 인간이 경험한 모든 색소가 담겨 있다. 놀랄 것도 없이 『예술의 서』에는 새로운 색을 얻기 위해 색소를 함께 섞는 방법도 설명되어 있다. 예를 들어 초록색을 만드는 방법만 해도 7가지 이상인데 거기에 쓰인 색 가운데 오직 3가지만 "천연"색이다. 테르베르트(녹토, 즉 일반적으로 해록석과 셀라돈석 광물로 구성된 점토), 공작석, 그리고 부식된 구리에서 나오는 푸른 녹이 그것이다. 그 밖의 녹색은 모두 서로 다른 파랑과 노랑의 혼합물로, 웅황에 인디고를 섞은 것에서부터 주석과 납에서 추출한 노란색 지알로리노와 남동석을 섞은 것까지 다양하다.

첸니니가 들려준 자신에 관한 멋진 이야기들에 따르면, 그는 단순한 상인이나 물감 제조업자가 아니었다. 그는 아버지와 함께 자신의 고향인 시에나 서쪽 언덕을 산책하던 중 우연히 동굴에서 괭이로 벽을 긁으면서 "다수의 서로 다른 색소 샘플을 발견했다. 그것들은 오커, 어두운 시노피아와 연한 시노피아, 파랑, 흰색이었다."(오커는 황색 침철석의 변종이었을 것이다. 첸니니는 그것을 붉은 시에나토土라고 불렀을 것이다. 파랑은 남동석과 탄산구리, 흰색은 탄산칼슘이었을 것이다.) 첸니니는 이렇게 말했다. "그 색소는 남자나 여자의 얼굴에 난 상처처럼 풍경을 망친다."

첸니니는 그의 동시대인들이나 교육을 많이 받은 후손들과 달리 색을 개념으로 이해하지도, 구별하지도 못했다. 눈에 보이는 것, 뇌가 만들어내는 것과 그런 색을 체화하는 색소의 개념을 구별하지 못했다. 하지만 그가 거의 옳았던 한 가지는 양감量感, 거리감을 시뮬레이션하는 방법이었다. 1300년대 이탈리아 화가들은 음영을 표현할 때는 어두운 색조를 사용하고, 그 옆에 혼합하지 않은 밝은 색채로 하이라이트를 표현했다. 하지만 '프레스코화에서 의상을 그리는 방법'이라는 장에서, 첸니니는 어떤 색으로 작업하든 그 색은 순색과 다량의 라임 화이트가 섞인 색, 그리고 이 두 가지를 혼합한 색으로 나눌 수 있다고 말한다. 이 작업을 수행하려면 훌륭한 흰색 색소가 있어야 하며, 색소가 있다면 하나의 색깔이 점점 연해져 세 가지 색이 나온다. 순색은 옷에 음영이 약하게 진 부위에 칠하고, 보는 사람의 눈에 더 가까운 부분에는 중간색을 쓴다. 첸니니는 하이라이트를 표현할 때 가장 밝은 색을 사용하고, 그런 다음 빛이 재료에 닿으면서 반사되는 부분에 순색인 흰색을 사용해야 한다고 말한다.

좋은 구상이다. 단 한 가지 문제가 있었다. 음영에 칠한 포화도가 높은 색은 앞으로 튀어나와 보였고, 포화도를 감소시킨 전방의 색은 희끄무레했다. 그리고 예술가들이 사용하는 색소와 물감은 상대적으로 명도가 다양해 색의 조합이 무척 이상해 보였다. 노랑이 파랑 앞에서 위용을 뽐냈다. 관람자 눈에 '더 가깝게' 보여야 할 이미지가 '멀리 떨어져' 보여야 할 부분과 섞여 전방과 후방 이미지가 뒤죽박죽됐다.

당대의 또 다른 예술가 레온 바티스타 알베르티는 완전히 다르게 접근했다. 1435~1436년에 저술한 『회화론』에서 알베르티는 화가들에게 **중간** 지점에 순색을 넣으라고 말했다. 하이라이트는 흰색을 섞어서, 음영은 검정을 섞어서 만들어야 한다고 했다. 하지만 그 방법에도 첸니니의 이론과 비슷한 문제가 있었다. 흰색 또는 검정을 혼합하면 흰색을 증감하든 검은색을 증감하든 어느 방향으로 가도 포화도가 감소해 관람자 눈에는 중경, 즉 커튼이나 의상의 일부, 앞으로 나오거나 뒤로 물러나는 것처럼 보이면 안 되는 중간 거리의 장면이 앞으로 나오는 것처럼 보였던 것이다. 흰색으로 강조된 부분도 마찬가지였다. 알베르티와 첸니니의 분류법에는 상통하는 면이 있었지만 그 이유는 달랐다.

나는 이 현상을 모두 직접 알아보기 위해 루브르박물관의 관련 전시실들을 돌아다니며 오후 시간을 보냈다. 멀찌감치 떨어져서 그림 전체를 살펴본 다음, 안내 요원들이 사진을 찍을 수 있게 허용하는 거리만큼 가까이 다가갔다. 거기서 얻은 결과는 두 가지였다. 하나는 모나리자 앞에서 더 유리한 각도를 만들기 위해 셀카봉을 에페처럼 사용하는 데에만 관심 있어 보이는 다른 관광객들이 날 보며 이상한 표정을 짓는다는 것. 다른 하나는 더 치명적이었다. 한 단어만 계속 반복해 말하다보면 의미와 소리가 따로 놀 듯, 이런 방식을 반복하다보니 그림의 요소들을 총체적으로 볼 수 없었다. 그림 속의 거리감과 조명의 환상적 구조가 깨져버렸다.

한 예로 프라 안젤리코의 1430~1432년 작품인 「성모대관」을 살펴보자. 오른쪽 하단의 무릎 꿇은 성인의 파란 옷자락에 표현된 흰색 하이라이트는 예외이지만, 상대적으로 선명한 파란색 망토와 예복이 그림 속 나머지 요소보다 갑자기 확 다가오고 나머지는 어두운 음영 뒤로 사라지며 희미해지는 느낌을 준다. 군데군데에서 발견되는 분홍색 예복은 캔버스에서 깊이감 없는 어색한 부분, 즉 블랙홀로 변해버렸다. 파올로 베로네세의 「엠마오에서의 저녁 식사」(1559)에서 왼편 시종이 입은 망토의 노란색 하이라이트는 새틴이나 비단이 아니라 1980년대 네온에 더 가까워 보인다. 프라 바르톨로메오의 1511년 작 「시에나의 성녀 카타리나의 성혼」은? 그건 잊어버리자. 화면 왼쪽의 밝은 주황색 토가에 내려앉은 빛은 그림의 나머지 요소들보다 4마일은 더 앞으로 툭 튀어나온 것처럼 느껴지고 다른 색들 중에서도 일부 영역이 앞으로 튀어나온 것처럼 보인다. 내가 볼 때 4색 지도 문제를 해결하려는 이론가의 노력은 화법이라는 측면에서 전부 실패로 돌아갔다.

눈앞이 점점 빙빙 돌기 시작했다. 나는 더이상의 관람을 포기하고 되도록 색이 쓰이지 않은 3차원 작품을 보러 걸음을 옮겼다. 나는 20세기 초반의 칵테일 잔 앞에 섰다.

색채 이론은 화학의 도움을 어느 정도 받고 나서야 명암 대 원근법 문제의 해결책을 제시할 수 있었다. 정답은 색상이 좀더 쉽게 섞이도록 만드는 새로운 종류의 물감으로 밝혀졌다. 15세기에 화가와 색 제조업자들은 아마인유, 호두, 양귀비 등에 색소를 부착시키는 방법을 알게 되었다. 아라비아 수지나 계란 노른자 대신 오일에 색소를 침착시키자 더 윤기 있는 고굴절 페인트가 만들어졌다. 물감의 점도가 달라진 덕분에 예술가들은 색을 섞고 캔버스 위를 거침없이 내달릴 수 있는 완전히 새로운 기술을 발전시킬 수 있었다. 화가들은 얇고 투명한 층을 깔거나, 색 위에 색을 덧칠하거나, 수정을 위해 덮어씌우거나 두껍게 칠할 수 있었다. 붓놀림도 다양하고 선명하게 표현되었다. 그림 자체에도 거리감이 생겼다. 이제 그림은 3차원 작품이 되었다.

1653~1659년의 어느 시기, 영국의 그랜섬 마을에 사는 소년이 작은 공책을 샀다. 그 소년 — 약제사 견습생인 아이작 뉴턴 — 은 공책에 공부 중인 과학에 관한 내용을 기록했다. 그는 직접 작은 작업장을 지어 도구와 장비를 잔뜩 들여놓았고, 존 베이츠의 『자연과 예술의 신비』를 읽으며 책에 언급된 연이나 방앗간 만드는 방법을 공책에 자세히 정리하기도 했다.

뉴턴이 부지런히 적어놓은 내용은 색소로 잉크와 물감을 만드는 데 매우 실용적이고 유용한 방법이었다. '바다색'을 만들기 위해 파란 인디고를 물에 풀고, 푸르스름한 청록색이나 초록빛 공작석으로 만든 녹청색 물감을 첨가한다. 백인의 피부색을 표현할 때는 볼에 연백을 바른 뒤 붉은 납을 점묘로 칠하고 사람이 죽지 않는 한 램프의 검은색이나 엄버로 음영을 준다. 이 경우 희석한 노란색 열매즙 대신 연백을 쓰고 파란 인디고로 음영을 표현한다. 뉴턴은 회색이 검은색과 흰색의 혼합물이라는 것을 알고 있었다.

1661년 케임브리지대학에 입학했을 당시 뉴턴이 색과 빛에 대해 그 이상은 알지 못했을 가능성이 있다. 유럽 일부에서는 이런 지식의 대부분이 비밀에 부쳐지거나 제대로 전파되지 않았다. 하지만 뉴턴은 학생이 된 후 데카르트도 읽고 로버트 보일이 1664년에 저술한 『색에 관한 실험과 고려 사항』을 읽었다. 이 책은 최소한 염색이나 그림에서는 세 가지 기본 원색을 혼합해 모든 색을 만들 수 있다고 강조했다. 그러고 나서 1665년이 되었을 때 흑사병으로 일주일에 수천 명씩 죽어나가자 대학 당국은 수업을 취소했다. 뉴턴은 울스토프에 있는 어머니의 집으로 돌아가 작은 연구실을 구하고 책장을 만든 다음 색과 빛에 관한 현대적 개념을 정립하는 실험에 착수했다.

드디어 프리즘이 등장하는 것이라고 생각하겠지만, 아직은 아니다. 먼저 아이작 뉴턴은 자신의 눈에 거대한 바늘을 꽂아 넣으려고 한다.

그는 눈이 물리적으로 어떻게 작동하는지 알고 싶어했다. 그래서 처음에는 손가락을 사용하다가 나중에는 안구와 안와眼窩 사이에 황동판을 삽입했다! 뉴턴은 눈을 누르면서 그 결과로 볼 수 있었던 것들을 기록했다. "어른거림." 그는 이렇게 썼다. 그 후 뉴턴은 '보드킨'이라는 돗바늘까지 동원했고, 그것을 안구 뒤로 밀어 넣었다. "돗바늘 끝으로 눈을 계속 비비면 동그라미가 가장 많이 보였는데", 바늘을 움직이다가 멈추면 사라졌다. 뉴턴은 또 견딜 수 있을 최대한의 시간만큼 태양을 똑바로 쳐다봤다. 그 후 밝은색 물체는 모두 붉게 보이고, 어두운색 물체는 푸르스름하게 보인다는 것을 깨달았다. 시력이 손상될까봐 두려웠던 뉴턴은 잠시 실험을 중단했다. 그리고 시력이 회복될 때까지 사흘 동안 어두운 방에 틀어박혔다. 그로부터 60년이 지난 1726년, 뉴턴은 조수에게 자신은 아직도 태양의 잔상을 떠올릴 수 있다고 말했다.

그 색깔과 잔상을 보며 뉴턴은 세계에, 그리고 머릿속에 얼마나 많은 색이 존재하는지 의문을 품었다. 압력만으로도 색을 만들어 내고, 물리적으로 '그곳에' 실재하지 않는 색을 볼 수 있었기 때문에 뉴턴은 "광기와 꿈의 본질 같은 것"을 수집할 수 있었다고 썼다. 뉴턴은 빛에서 어떻게 색이 만들어지는지 알기 위해 노력하면서도, 그러한 색에 대한 인식 역시 중요한 요소의 하나라는 것을 깨달았다. 빛은 화학물질뿐 아니라 관찰자의 사고와 함께 어우러져 색을 만들어낸다.

뉴턴은 훅의 저서도 읽고 있었다. 로버트 훅은 런던 부유층이 '실험 철학'에 관한 상호 관심사를 공유하기 위해 결성한 모임에서의 "실험 큐레이터"였다. 1662년 영국인들은 자신들의 모임을 인가받아 왕립학회로 조직했다. 3년 후 훅은 새로운 발명품인 고품질의 현미경으로 관찰한 것을 (그림을 곁들여) 상세하게 기술한 『마이크로그라피아』를 출간했다.

『마이크로그라피아』가 큰 인기를 얻은 것은 훅이 그린 머릿니나 눈송이 같은 그림 때문이었지만, 뉴턴은 공작 깃털과 얇은 유리 조각에서 보이는 영롱한 무지갯빛에 큰 감명을 받았다. 그것은 대기 중 물방울에 빛이 굴절되어 생긴 무지개는 아니었지만 어쨌든 무지개였다. 거기에는 훨씬 더 근본적인 무언가가 작동하고 있었다.

이제 프리즘으로 넘어가보자.

뉴턴은 창문이 하나뿐인 연구실에서 덧문을 닫고 알 파리시처럼 작은 구멍을 뚫어 빛줄기가 좁은 공간으로 들어오게 했다. 그는 프리즘을 설치해 빛이 프리즘을 통과해 방을 가로지르며 — 7미터 — 무지갯빛으로 퍼지게 했다. 그가 기록한 내용에 따르면, 파란색으로 보이는 광선은 빨간색으로 보이는 광선보다 더 많이 굴절되었다. 적절한 투사 거리 덕분에 색은 원형으로 다닥다닥 붙는 대신 길쭉하게 퍼졌고, 뉴턴은 개별적인 색 광선에 또 다른 프리즘을 삽입할 수 있는 충분한 공간을 확보했다.

두 번째 프리즘은 푸른빛을 빨간빛보다 더 많이 굴절시켰다. 하지만 빛이 또 다른 색으로 바뀌지는 않았다. 파란색은 파란색이었고 빨간색은 빨간색이었다. 그리고 분광을 다시 합치기 위해 다른 프리즘을 분광선에 배치하자 또 다른 효과가 나타났다. "여러 프리즘의 빨강, 노랑, 초록, 파랑과 보라색이 한데 모이면서 흰색이 보였다." 뉴턴은 프리즘이 하얀빛을 바꿔서 색을 만들어낸 것이 아님을 깨달았다. 하얀빛은 이미 존재하는 색들을 모두 한데 섞었을 때 나타나는 것이었다.

이 실험은 어려워 보이고 실제로도 그렇다. 나는 고품질 프리즘 두 개를 샀다. 뉴턴과 달리 나에게는 아마존이 있었다. 그리고 뉴턴이 그랬던 것처럼 나도 사무실 창문을 닫았다. 나는 블라인드를 살짝 열어 벽에 간신히 무지개를 드리웠다. 그러나 두 개의 프리즘을 나란히 배치해 색을 분리하는 것은 불가능에 가까웠다. 그건 아무래도 천재만 할 수 있는 일인 듯했다.

서로 다른 색의 빛은 같은 매질을 통과할 때 다르게 굴절되지 않는다는 사실, 그것이 프리즘에서 뉴턴이 발견한 위대한 사실이라고는 할 수 없다. 테오도리쿠스와 그의 동시대인들이 이미 그 사실을 증명했다. 심지어 단색광선을 다른 프리즘에 통과시켜도 변하지 않는다는 사실을 최초로 밝힌 이도 뉴턴이 아니다. 그것을 밝혀낸 것은 요한 마르쿠스 마르시였다. 뉴턴이 알아낸 새로운 사실은 이 모든 색이 어떻게 혼합되는가였다. 뉴턴은 순수한 태양광선, 즉 백색광이 사실은 다른 모든 색깔의 빛이 혼합된 것이며 프리즘은 그 색들을 굴절시켜 분리시킨다는 것을 알아냈다. 또는 뉴턴이 말했듯, 빛은 "변형된 광선들로 구성되어 있는데, 일부 광선은 다른 광선보다 더 많이 굴절된다". 우리 주변의 빛은 아리스토텔레스 이후로 모든 사람이 찾고 있던 "단순한" 색으로 구성되어 있다. 뉴턴은 이 빛의 순서에 붙일 딱 맞는 이름을 생각해냈고, 그것을 "스펙트럼"이라고 불렀다.

뉴턴은 당장은 아무에게도 그 이야기를 하지 않았다. 대신 그는 케임브리지로 돌아갔다. 그는 옛 스승이 쓴 광학 및 색에 관한 작품의 편집을 도우면서도 자신이 새롭게 얻어낸 결과에 대해서는 함구했다. 스승이 은퇴한 후 뉴턴은 루커스 석좌 교수 자리를 이어받았다. 강의가 지루하다는 평가를 받았던 뉴턴은 마침내 프리즘을 통해 알아낸 것들을 조금씩 공유하기 시작했다.

뉴턴의 굴절 수학은 차갑고 낭만적이지 않았지만, 그럼에도 원하는 사람이 있었다. 왕립학회 서기였던 하인리히 올덴부르크라는 독일인의 주 업무는 유럽 전역의 연구자들과 서신을 교환하는 일이었다. (올덴부르크는 네덜란드어, 영어, 프랑스어, 독일어, 이탈리아어, 라틴어에 능했다.) 1664년 그는 학회의 창립 회원인 보일에게 돈을 벌 수 있는 아이디어를 제안했다. 모든 통신문을 구독 전용 뉴스레터에 싣자는 것이었다. 당시 프랑스 저널 『학자 신문』이 막 창간되었는데 편집자들이 올덴부르크에게 기고를 요청했다. 올덴부르크는 대신 조건을 내걸었다. 학회 회의에 초판 ─ 그가 직접 시도해보고 싶은 내용의 초안이나 증거 ─ 하나를 가져와 이 잡지와 유사하지만 "본질적으로 훨씬 더 철학적인 것"을 만들겠다고 한 것이다. 세계 최초의 과학 전문 저널이었을 『철학 논고』는 그렇게 시작되었다. 고작 2, 3페이지밖에 안 되는 1실링짜리 저널이었다.

올덴부르크는 뉴턴이 진행 중인 연구에 대한 이야기를 듣고 뉴턴에게 그 내용을 저널에 싣자고 계속 졸라댔다. 마침내 1672년 2월 뉴턴은 왕립학회 회의에서 소개할 수 있게 그의 작업에 관한 긴 설명이 담긴 편지를 작성했다. 올덴부르크는 누군가가 자신에게 보낸 편지들을 전부 기록으로 남긴다는 전제하에 그달의 『철학 논고』에 착수했다. 올덴부르크는 저널을 구독 모델로 전환했고, 원고는 독점 콘텐츠로 살아남거나 묻히기도 했다.

7년 동안 간행된 『철학 논고』의 기사들은 대부분 보일이 정한 연대순으로 이야기처럼 전달하는 모델을 따랐다. 오늘날 저널이 따르는 서론-가설-방법-실험 결과-결론의 형식은 아직 찾아볼 수 없었다. 뉴턴의 편지는 실험 방법, 아이디어, 그 모든 과정의 즐거움과 발견의 기쁨에 관한 상세한 묘사로 시작한다.

그러다가 뉴턴은 곧 포기해버린다. 절반쯤 지났을 때, 뉴턴은 수학으로 어떤 것도 증명하려 하지 않고 이론만 늘어놓으며 몇 가지 실험에 대해 설명한다. 이것은 "나의 무지개 여행"이 아니었다고. 그럼에도 뉴턴은 세계 최초의 과학 저널을 위해 최초의 과학 논문을 썼다. 바로 색과 빛에 관한 논문이었다.

곧바로 전 세계에서 가장 똑똑한 사람들이 뉴턴을 괴롭히기 시작했다. 로버트 훅은 논문이 발표된 지 일주일도 되지 않았을 때 올덴부르크에게 편지를 써, 뉴턴은 차등적 굴사성, 백색광에 대해 잘못 알고 있으며 빛이 무엇으로 만들어졌는지에 관한 내용도 틀렸다고 말했다. 훅은 이런 실험을 자신도 벌써 해봤지만 대단한 건 아니라고 생각한다고 말했다. 『철학 논고』는 그 후 4년 동안 뉴턴의 실험에 관한 비평들을 발표했고 거기에 대한 뉴턴의 답변도 싣는다.

결국 뉴턴은 올덴부르크와 더 이상 대화하지 않는다. 1703년 훅은 세상을 떠났고, 1년 후 뉴턴은 트집 잡을 사람이 없는 상태에서 『광학』을 출간한다.

뉴턴은 그 두꺼운 책에 많은 아이디어를 새로 추가했다. 뉴턴은 원색에 대해서는 이미 오래전부터 생각해왔는데, 드디어 스펙트럼이 색의 연속이라는 사실을 인정하고 그 연속체를 따라 색이 무한하게 변화하는 단계, 즉 색이 어떻게 바뀌고 어떻게 색 순서가 진행되는지에 대한 해답도 포함시켰다. 그는 또 스펙트럼에는 아리스토텔레스가 말한(그리고 연금술에서 말하는) 7가지 색상 ─ 빨강, 노랑, 초록, 파랑, 보라에 주황과 인디고를 추가했다 ─ 이 있다고 주장했다. 뉴턴은 그 7가지 색을 원 안에 집어넣고 한쪽 끝에 빨간색을, 다른 쪽 끝에는 보라색(비스펙트럼 색인 보라색)을 배치했다. 이것은 기본적으로 뉴턴이 만든 것이다. 현대의 색채 과학 용어로 표현하자면, 색도도색도를 좌표로 나타낸 것를 만들어낸 것이다. 색도도는 색이 혼합되는 방식을 정량화하려는 시도로 한쪽에서 다른 쪽으로 질서 정연하게 움직이는 것처럼 보인다.

뉴턴이 확립한 질서는 현대적인 것으로 무지개처럼 진보해나 갔고, 자연적·물리적 현상에 뿌리를 두었다. 색을 원 안에 그려 넣은 것은 신비로운 피타고라스의 수학적 비율에 호감을 갖는 연금술사들에게 뾰족한 마법사 모자를 기울여 경의를 표하는 뉴턴만의 방식이었을지 모른다. (역사학자들은 뉴턴이 실제로 뾰족한 마법사 모자를 가지고 있었는지를 중요하게 여기진 않았지만, 뉴턴이 색과 그 의의에 관련된 연금술적 개념에 익숙했던 것은 분명하다. 비밀에 부치긴 했지만 뉴턴은 연금술에 대한 다양한 글을 썼고, 그의 트리니티대학 연구실에는 연금술과 일반 실험 재료에 관한 책들도 비치되어 있었다.)

하지만 전형적인 연금술사들과는 달리 뉴턴은 수학을 사용했다. 그는 각각의 색의 굴절 차이를 매우 정밀하게 계산했고, 원주에 따라 — 다시 말해 파이 조각이 큰지 아니면 작은지에 따라 — 원을 다른 비율로 배분했다. 이런 비율은 주관적이다. 물론 신비로운 음악적 관계와도 관련이 있다. 하지만 색들이 서로 어떻게 연관되어 있는지에 대한 생각은, 곧 알 수 있겠지만, 항상 주관적이다. 그 원은 색상 간의 기하학적 관계를 물리적으로 표현했다. 간단히 말해 그것은 색 공간이었다.

좀더 현대적인 색 측정을 뉴턴의 원에 적용하는 데에는 많은 문제가 있다. 자주색은 무지개에 존재하지 않는데도 원에서는 한 공간을 차지해야 했다. 하지만 원에서는 보라와 빨강을 섞었을 때 실제로 보이는 자주색의 범위를 보여줄 수 없었다. 원에서는 '스펙트럼 주황'을 스펙트럼 빨강과 스펙트럼 노랑을 섞은 것과 구별할 수 없다는 것을 보여줄 방법이 없다. 그리고 색이 어떻게 섞이는가 하는 문제에서 가장 골치 아픈 부분일 텐데, 뉴턴은 원의 가장자리에 흰색과 섞이지 않은 색을 넣어 '순색' 색조 — 뉴턴이 그런 용어를 사용한 것은 아니지만 — 를 나타냈다. 그리고 원의 중심에는 흰색 원을 그려 넣었다. 모든 색을 합치면 하얀빛이 나타났기 때문이다. 그 말은 원의 반대편에 있는 두 가지 색상을 조합하면 역시 흰색이 만들어진다는 뜻이기도 했다. 단, 뉴턴이 스펙트럼을 분할할 때 있었던 일부 색상에만 해당되는 이야기였다. 뉴턴은 이렇게 썼다. 그 색들이 '원색'이 아니라면 두 색이 합쳐졌을 때 "약간 희미한 특색 없는 색"이 만들어질 것이라고. 이 책에 그리 도움되는 내용은 아니다. 또 컬러 물감이나 염료가 아닌 색광에만 들어맞기 때문에 약간 혼란스럽기도 하다. 물감이나 염료를 섞으면 하얗게 되는 게 아니라 어두워진다. 그 내용은 나중에 좀더 자세히 알아보자.

하지만 다른 관점에서 보면, 뉴턴의 원은 물리학자와 화가들에게 도움이 되었다. 원의 흰색 중심은 색이 색조 외의 성질을 가질 수 있다는 것을 암시했다. 현대의 색채학자들은 중앙의 포화도가 낮은 흰색에서 파스텔 같은 색조를 거쳐 원둘레의 가장 강렬한 색조에 이르는 이 과정을 채도라고 부른다. 뉴턴의 원에는 빛의 총량이자 제3의 현대적 특성, 가치 혹은 휘도가 없었다. 하지만 그 누구도 완벽할 순 없다.

뉴턴의 원은 물감이 아니라 빛에 관한 것이었지만, 그는 분명 공예가들에게 유용한 무언가를 제공하려고 노력했다. 뉴턴은 자신의 광학 강의에 회화 색채 이론도 추가했고, 만년에는 도자 부문이 색과 색소와 관련된 산업의 하나라는 것을 충분히 이해했다. 1705년, 뉴턴이 조폐국을 이끌 때 그는 영국의 주석 가격 인상에 반대했다. 왜 그랬을까? 많은 이유가 있었지만 뉴턴은 이렇게 주장했다. "주석이 없어서 토기에 유약을 바를 수 없다면 아무 가치도 없다." 주석 유약을 바른 도자기는 광택이 있는 불투명한 흰색을 띠는데, 바로 1700년대 형주 백자에서 볼 수 있는 색이다.

색소 제조자와 예술가들은 자신들의 전통과 아이디어에 뉴턴의 색상 혼합 원을 끼워 넣음으로써 차세대의 작품을 만들어내며 진가를 드러냈다. 뉴턴의 것만 그렇게 한 게 아니었다. 중세 이래로 공예 길드들은 감금된 상태에서 색을 만들고, 섞고, 보는 것에 관한 연금술적이고 실용적인 비밀들을 보유하고 있었는데, 입문자들만이 그 연금술적 지식에 접근할 수 있었다(어린 뉴턴이 베껴 쓰곤 했던 베이츠의『자연과 예술의 신비』는 예외다). 1648년에 설립된 프랑스 왕립회화조각아카데미는 자신들이 축적한 실제 지식에 강력한 방화벽을 구축했다. 학생들은 학교에 나와 살아 있는 모델과 함께 수업을 들어야 했고, 첸니니에게 친숙한 스승과 견습생 간의 관계를 유지하며 종종 선생님들과 함께 생활하기도 했다.

1666년 프랑스는 영국왕립학회에 해당되는 왕립과학아카데미를 설립했다. 이런 새로운 조직들은 지식의 보급을 이어받았고, 과학 출판물이라는 새로운 매체에는 광학, 섬유, 도장, 염색에 관한 새로운 결과가 담겼다.『학자 저널』과 올덴부르크의『철학 논고』에 이어 프랑스의『예술과 직업 묘사』는 색소와 재료 관련 글들을 발표했다. 심지어『물리학과 미술에 관한 정기간행물』이라는 이름의 저널도 있었는데, 이것은 오늘날 도서관 서가에서도 보기 어려운, 물리학과 미술의 결합에 관한 것을 다루었다.

섬유는 산업혁명의 주된 원동력으로 엄청난 경제적 중요성을 갖고 있었기에 잡지의 출판 주기에 맞추어 피드백이 이루어질 정도였다. 염색업자들은 그들의 제품에 색을 입히는 데 사용할 새로운 물질을 더 많이 알아야 했고, 시장에 더 많은 색상의 제품이 출시될수록 그에 대한 수요도 많아져 더 많은 물건을 만들어야 했다.

18세기 전반에는 공예와 관련해 오래된 비밀을 한데 모은 백과 사전이 여러 종 출간되었는데 드니 디드로의 39권짜리 백과사전 『과학, 예술, 직업에 관한 체계적인 백과사전 혹은 사전』도 그중 하나였다. 이 새 출판물의 핵심은 실용적인 색과 색채 과학에 관한 지식을 더 많은 독자에게 전달하는 것이었다.

아이작 뉴턴이 빛과 색을 이해하려고 미친 듯이 달려들지 않았 다면 지식의 확장은 일어나지 않았을 것이다. 그는 스웨덴의 과학 자이자 신비주의자인 에마누엘 스베덴보리에게 자신이 일상에 서 경험한 색은 "세상보다 훨씬 더 밝고 훨씬 더 다양했다"고 말했 다. 뉴턴이 잘못 생각한 부분이 있다 하더라도 색에 대한 그의 설 명 — 혹은 누군가가 색에 관한 설명을 했다는 사실 — 은 색과 자 신의 관계에 관한 인간의 사고방식을 바꾸어놓았다. 뉴턴은 작은 키로 유명했던 그의 오랜 적 훅을 칭송하듯 자신이 "거인들의 어 깨 위에 서 있었다"고 말했다. 하지만 그 빈정거림은 일단 차치하 자. 이 거인들은 알 하이탐, 알 파리시, 그로스테스트, 베이컨, 데카 르트 같은 사람을 의미했다. 색과 빛에 관한 그들의 연구는 뉴턴이 성취해낸 과학적 방법을 문자 그대로 발명하는 바탕이 되었다. 관 찰, 가설, 데이터, 수학적 분석 — 이 도구들은 물을 채운 유리구와 프리즘처럼 무지개의 비밀을 풀어줄 핵심이었다. 색을 문화로 바 꾸려면 과학적 발명이 필요했다.

아리스토텔레스의 무지개, 색, 빛의 세계는 그의 책을 옮긴 번 역가들도 거의 이해하기 불가능한 내용이었다. 그와 그의 동시대인들이 나눈 대화를 알아내려는 도전은 진전을 보이기는커녕 바그다드나 카이로, 파리나 케임브리지의 물리학자들에게는 오를 수 없는 벽처럼 느껴졌을 것이다. 하지만 2000년의 세월이 흐르는 동안 그 벽은 무너졌다. 태양과 태양의 색, 지구 위 땅의 색을 열심히 바라보면서 최초의 과학자들은 세상이 인식할 수 있는 대상이라는 것을 알아냈다. 무지개는 빛과 물질의 색을 이어주는 다리였다.

하지만 이런 과학의 발명과 체계화는 콘월에서 티타늄을 발견한 과학자이자 사제 윌리엄 그리거에게 실망만 안겨준다. 런던 왕립학회에서 그리거의 글을 검토했지만, 그는 실험 내용을 빨리 발표하고 싶은 마음에 1791년 독일 과학 잡지인 『크렐 연대기』와 프랑스 잡지 『물리학 저널』에 자신의 글을 보냈다. 당시 『철학 논고』는 전 세계에서 발행되는 50여 종의 저널 중 독보적인 영문 과학저널이었다. 저널들은 사적인 의사소통을 대체하는 동시에 연구자들이 서로 결과와 가설을 교환하는 주된 매체였다. 대중의 접근은 제한되어 있었지만(이에 대해서는 논란의 여지가 있지만 그 점은 지금도 마찬가지다), 저널은 사람들이 알고 있는 것을 알게 된 방법과 그것에 대해 이야기하는 방식에 변화를 가져왔다.

하지만 애석하게도 『철학 논고』는 한번 출간된 원고는 다른 어떤 저널에도 게재하면 안 된다는 원칙을 고수한 것으로 밝혀졌다. 오늘날의 과학자들은 이 지점에서 그리거가 느꼈을 법한 고통을 이해할지도 모르겠다. 그들은 '잉겔핑거 규칙'으로 그 배타성을 인정한다. 1969년 『뉴잉글랜드 의학 저널』의 편집자인 프란츠 잉겔핑거는 연구자들에게 『뉴잉글랜드 의학 저널』에서는 다른 곳에서 출간된 적 있는 저널을 결코 싣지 않을 것이라고 말했다. 다루기 힘들고 검토되지 않은 작업을 견제하는 것은 1791년이든 1969년이든 마찬가지였고, 배타성과 엘리트 지위도 여전했다는 의미다. 『크렐 연대기』가 실패한 것은 아니었지만 『철학 논고』처럼 되지는 못했다. 그리거는 그런 특별한 종류의 영속성을 그리워했고 그것은 평생 그를 괴롭혔다.

# 4장

# 상품으로서의
# 연백

미국 식민지 시대 초기에는 종류에 상관없이 물감의 가격이 너무 비싸 손에 넣으려면 죽음을 무릅써야 할 정도였다. 알록달록한 옷이나 건물은 죄악시되고 경박하게 여겨졌다. 1639년 토머스 앨런 목사는 집 내부에 페인트칠을 하는 것은 만용이라고 비난을 퍼붓는 매사추세츠주 찰스타운의 이웃들로부터 자신을 변호해야 했다. 그는 전 주인이 그림을 그렸다는 것을 증명해 마을의 비난에서 간신히 벗어났다. 뉴욕은 페인트칠을 좋아하는 네덜란드 정착민이 많아 덜 엄격했지만, 대개 식민지 시대의 집 내부는 마감되지 않은 목재와 회반죽 — 탄산칼슘 혹은 석회 — 으로 꾸며졌다. 보스턴 최초의 교회는 페인트칠을 한 적이 없었을 것이고, 1670명의 매사추세츠주 노동자 목록에는 페인트공도 없었다.

하지만 흰색만 사용한다면 사물에 색을 입힌다는 비난을 피해갈 수 있었을 것이다. 사람들은 석회를 제외하고는 대부분 고대 이집트까지 거슬러 올라가는 색소에서 흰색을 얻어냈다. 바로 연백이다.

연백은 아마 화장품으로 가장 친숙할 것이다. 기원전 362년경 크세노폰이 저술한 『오이코노미코스』에는 연백에 알카넷 염료를 섞어서 하는 화장법이 나온다. 크세노폰 이후 7세기가 지난 기원후 394년, 성 히에로니무스는 한 과부에게 종교적 순결을 유지하고 싶다면 일체 화장을 하지 말라고 충고한다. "기독교도 여성의 얼굴에서 연지와 연백은 어디에 발리는가? 하나는 뺨과 입술의 자연스러운 붉은색을 모방하고, 다른 하나는 얼굴과 목의 흰색을 모방한다. 그것은 젊은 남자들의 열정을 자극하고, 욕망을 부추기며, 정숙하지 못한 마음을 드러낼 뿐이다."

색이 여성의 활동이 되자, 서양 지식인들은 곧바로 색을 배제하고 싶어했다. 사실 형태는 '남성적', 색은 '여성적'이라는 이런 역학 관계가 서구 사상을 지배해왔다. 그리스 세계의 조각과 건축이 대개 다채로운 색으로 이루어지긴 했지만(나중에 더 이야기할 것이다), 플라톤과 아리스토텔레스 모두 형태가 색보다 더 중요하다고 주장했다. 르네상스 초기에는 조각품이 채색 혹은 장식되어 있지 않으면 그것을 제작하거나 소유한 이가 작품을 멋지게 치장할 돈이 없기 때문이라고 생각했다. 하지만 레오나르도 다빈치와 미켈란젤로가 그런 사고를 바꿔놓았다. 두 사람 다 조각은 순수한 형태로만 이루어져야 하며 색은 부가적인 것이라고 주장했다. 예술가이자 작가인 데이비드 배철러는 이것이 서양 디자인과 예술의 역사를 지배해온 정서라고 주장한다.

성 히에로니무스의 명령에도 불구하고 대부분의 유럽 여성은 메이크업 용품들을 포기하지 않았다. 적어도 16세기부터는 "토성의 정령"이라고도 불린 베네치아의 분가루(세루즈)를 주재료로 썼는데, 이것은 연백과 식초의 혼합물이다. 얼굴과 가슴을 창백하게 표현하는 치장법은 유럽 르네상스 시대에 다시 나타나 18세기 말까지 유행했다. 그 결과 베네치아의 연백은 탈모를 유발했고, 엘리자베스여왕 시대의 여성들은 앞머리를 밀어 이마를 넓혀야 했다.

연백은 예술가들에게도 기본 색소였다. 웨스트민스터 궁전에 있는 성 스테판 예배당의 1292년도, 1352년도 그림 예산 항목에도 연백이 포함되어 있었다. 첸니니는 『예술의 서』에서 연백은 흔한 색소지만 야외에서 사용하면 거무스름해질 수 있다고 경고한다. 그래도 연백의 인기는 줄어들지 않았다.

연백은 왜 그렇게 중요했던 것일까? "연백은 그저 물감을 만들 때 사용하는 색이 아닙니다." 워싱턴 내셔널갤러리오브아트 보존부서에서 일하는 바버라 베리가 말했다. 그는 역사에 실재했던 색소를 연구하는데, 2011년 「베네치아에서 온 흰색 납: 창백한 흰색 음영?」이라는 논문을 발표했다. 베리의 설명에 의하면, 입자 크기, 입자 형태의 균질성, 색소 대 고착제(색소를 엉기게 하는 물질) 비율, 고착제의 유형 등 많은 요소가 물감의 작용에 영향을 준다. 입자 크기가 일정하고 모양이 평평하면 붓질을 했을 때 물감은 액체 상태로 남는다. 하지만 붓질을 하지 않으면 고체 상태가 된다. (이를 요변성搖變性이라고 한다.) 베네치아에서 생산된 최고급 연백 물감은 약간의 자외선 굴절을 포함하는 데 적합한 크기의 납작한 육각형 결정체 ― 밝은 흰색에도 아주 적합하다 ― 를 가지고 있었다. 그리고 캔버스 위에 두껍게 재료를 칠하더라도 정밀한 라인을 형성할 수 있을 정도로 요변성이 좋았다. 여러분은 도소 도시의「키르케와 그녀의 연인들이 있는 풍경」(1525)에 나오는 빛의 잔물결이나, 틴토레토가 그린「갈릴리 바다의 그리스도」(1575~1580) 속 예수의 옷에 표현된 하이라이트를 좋아하는가? 그렇다면 당신은 대부분의 사람과 마찬가지로 연백색을 좋아하는 것이다.

북미 식민지들이 점점 번영을 구가하고 자유로워지면서 색 문화도 바뀌었다. 상당수의 사람이 집, 헛간 등 모든 장소를 붉은 황토에 우유를 섞은 '스패니시 브라운'으로 칠했다. 하지만 돈 많은 사람에게 그 정도는 애벌칠에 불과했다. 1710년까지 지역 신문들은 인디언 레드, 올리브 그린, 펌킨 옐로, 그레이, 블루 같은 색의 값비싼 수입 페인트를 광고했다. "실내용으로는 파랑과 초록을 가장 선호했다. 올리브를 섞어 초록을, 검정을 더해 청회색을 만들었다. 페인트칠한 바닥, 도배한 벽, 목공예품 등에서도 선명한 색조를 찾아볼 수 있다. 주택용으로는 흰색, 회색, 진주색, 그리고 석조를 선호했던 것 같다." 1941년 색채 역사학자 파버 비렌은 이렇게 썼다.

사용할 수 있는 색상은 점점 많아졌다. 버밀리언, 버디그리스(녹청색), 엄버 등이 새로 등장했다. 울트라마린, 나폴리 옐로, 네덜란드 핑크도 생겼다. 만약 돈을 지불할 여력만 된다면 금색도 쓸 수 있었다.

간단히 말해 색은 산업화되었다. 새로운 색소가 점점 광범위하게 사용되면서 벽, 직물, 물체로 이루어진 세상의 모습도 완전히 뒤바뀌었다. 페인트와 유백제, 희석제 그리고 기타 색상의 광택제로 널리 사용되는 연백은 그중에서도 큰 부분을 차지했다. 그리고 사람들은 더더욱 연백을 원했다.

이 소원은 거의 이루어졌다. 18세기 말과 19세기 대부분 동안 사람들은 새로운 색과 그것을 만들 수 있는 새로운 방법을 추구하는 데 빠져 있었다. 그 시기는 사람들이 실제로 그 색들을 어떻게 보는지 이해하는 풍요로운 결실을 낳은 시기이기도 했다.

이 질문들은 단지 학문적이거나 이론적인 것이 아니었다. 새로운 색소를 계속 만들고 싶다면 당연히 색소의 화학적, 물리적 특성을 이해해야 한다. 하지만 만드는 방법 외에도 일단 색을 칠하고 난 후 사람들이 그걸 어떻게 볼지도 알아야 한다. 도처에 자연색과 인공색이 있었지만 누구도 그 이유를 설명할 만한 이론적 개념을 정립하지 못했다.


1750년대 중반에도 베네치아는 여전히 가장 순도 높고 비싼 연백을 만들고 있었다. 아마도 화장품용이었을 것이다. 잉글랜드와 네덜란드는 페인트에 사용할 공업용 연백을 만들었다. 그들의 가장 큰 시장 중 하나는 북미 식민지였다. 북미 환경에 적합한 주택에 칠할 적합한 색상은 흰색이었고, 보통 창의 덧문에는 초록색 — 버디그리스, 즉 녹청색이나 인디고와 적황을 섞은 색 — 을 사용했다. 역사학자 존 스틸고는 "의회에서의 자유로운 민주적 색채만큼 완전히 새로운 것이었다"라고 썼다. "봄에는 갈색, 여름에는 녹색, 가을에는 노란색으로 물드는 들판과 대비되는 흰색 페인트칠이 된 주택은 큰 의미를 갖는다. 흰색은 황무지에서 농경지를 일궈내는 과정을 강조한다. 모든 농가가 국가 조직에 중요하다는 것을 선언했다."

특히 영국은 북미로 유입되는 연백의 주요 수입업자였다. 연백 역시 1767년 톤젠드법에 의거해 세금이 부과되던 품목이었고, 이 법은 미국 식민지 개척자들이 대표 없는 세금에 품고 있던 분노를 촉발했으며 독립전쟁이 발발하는 데도 영향을 미친다.

전쟁이 발발하자, 연백은 적이 만든 외국 제품이 되어버렸다. 새뮤얼 웨더릴이라는 필라델피아 목수가 아니었다면 공급이 완전히 끊길 수 있는 상황이었다.

1775년 퀘이커 교도인 웨더릴은 영국과의 싸움에 참전했다. 그는 식민지 개척자들이 만든 최초의 상업용 의류 생산 회사를 공동 설립했고 혁명이 끝나자 필라델피아 공장에 남은 직물과 관련 장비를 전부 매각했다. 그리고 염료를 다른 데서 구입하지 않아도 되게 직접 만들기로 결정했다. 웨더릴 앤 선즈는 이 결심을 회사 편지지 머리에 덧붙였다. "우리는 화학산업과 석유, 색상 산업에 종사합니다." 그들이 판매한 페인트는 마침내 신생국의 벽을 뒤덮었고, 주요 산업 하나가 새로 생겨나는 데 기폭제가 되었다.

1804년, 웨더릴은 연백을 만들기 위해 필라델피아에 공장을 지었다. 하지만 공장은 유럽의 한 연백 제조업체의 스파이였던 노동자가 저지른 방화 때문에 불타버렸다. 1809년 그는 다시 털고 일어나 필라델피아의 세 회사와 합작하여 새 공장을 지었다. 그리고 연백과 연백의 사촌 격으로 가열을 통해 얻어지는 연단의 북미 독점 공급권을 펜실베이니아에 주었다.

영국의 연백 제조업체는 웨더릴의 공장을 불태우기만 한 것이 아니었다. (전해지는 이야기에 따르면 그렇다!) 그들은 오랫동안 사업을 구축해온 데다 고객층이 넓다는 이점을 내세워 가격 전쟁을 벌였는데, 웨더릴이 거의 파산할 정도까지 가격을 낮췄다. 결국 전쟁—1812년 전쟁—이 발발해 다시 한번 영국으로부터의 수입이 중단되고 나서야 웨더릴은 살아남을 수 있었다. 탄환용 외에는 납 사용이 제한되었고 웨더릴은 사업에서 가장 중요한 원료인 납을 사용할 수 없었다. 이에 따라 1813년 웨더릴 가족은 납이 매장되어 있다고 알려진 농장을 구입하여 자체 광산과 용광로를 건설했다. 회사는 일산화납 및 오렌지색 광물을 포함해 염색을 하고 볼연지의 주홍색을 만드는 데 필요한, 납이 주재료인 다른 색소로까지 사업을 확장했다.

연백은 수세기 동안 색의 기술을 뒷받침해왔다. 그렇다고 해서 산업 수요를 공급하기가 쉬운 것은 아니었다.

필라델피아에 있는 웨더릴 공장에서 노동자들은 연괴를 녹인 후 가장자리가 돌출된 3피트 길이의 나무 주걱에 붓는다. 납의 대부분은 흘러나가 재활용되고, 나무 위 금속은 냉각되어 얇은 시트로 변한다. 다른 노동자들은 그것을 느슨한 코일로 말아서 바닥에 식초가 담긴 점토 단지에 넣은 다음 나무판자로 단지를 덮고 20피트 높이로 단지들을 겹쳐 쌓는다. 그렇게 쌓아둔 단지 무더기에는 20~30톤의 납이 들어 있는 셈이다. 그런 다음 노동자들은 그 주변 공간을 신선한 거름으로 채운다.

그러니 좋은 냄새가 났을 리 없다. 특히 거름이 두 달 동안 분해되면서 단지를 데우고 식초를 증발시켜버렸기 때문이다. 여기서부터 화학작용이 시작된다. 식초는 초산으로, 화학식은 $CH_3COOH$이다. 수증기 속에서 뭉근하게 가열하면, 납은 산소와 결합해 산화물이 되고, 탄소와 수소와 결합해 아세테이트가 되며, 마지막으로 거름 속의 탄산과 결합해 탄산염이 된다. 탄산납은 납코일의 잔여물에서 분말 형태의 흰색 침전물이 된다. 젊은 윌리엄 웨더릴이 1824년 펜실베이니아대학에서 발표한 논문에 썼듯, 그 가루를 씻어 말린 다음 아마인유와 섞자 "연백 또는 상업용 연백"이 되었다.

연백과 그것이 만들어낸 색은 일종의 문화적 토템이 되어갔다. 예를 들어보자. 여러분은 허먼 멜빌의 1851년 소설 『모비딕』을 읽어봤는가? 읽었다고 해도 아마 고등학생 때였을 테니 그다지 잘 기억하지 못할 것이다. 그렇다. 재미있고, 이상하며, 당시 미국에서 가장 큰 산업으로 깊이 파고 들어가는 이야기다. 특히 책의 한 장이 내 주장을 뒷받침해준다. '고래의 흰색' 장에서 멜빌은 모비 딕이 왜 흰색인지를 설명하려고 노력한다. 멜빌은 "확실히 예쁜 색이지만 이 색조에는 핏빛의 빨강보다 영혼에 더 큰 공포감을 심어주는 알 수 없는 무언가가 도사리고 있다"고 말한다. 이것은 북극곰의 색이다. 백상아리의 색이다. "복음을 전하는 이들이 묘사한 공포의 왕도 흰 말을 타고 있다."

멜빌이 과장하고 있다고 생각하는가? 그는 알고 있다. "그러나 당신은 말할 것이다. 백색에 관한 연백 같은 장은 겁에 질린 영혼이 내건 백기에 불과하다고. 이스마엘이여, 그대는 우울에 굴복하고 말았구나."

연백에 관한 장이라니. 대단하다. 『모비딕』의 그 장은 말 그대로 흰색이 이끌어간다. 연백이나 항복의 백기처럼 무겁고 위험하다. 모든 색은 특별하지만 흰색은 어떤 색보다 더 특별했다.

하지만 지금 이 책에서 연백에 관한 장은 어떨까? 연백 비즈니스는 여전히 몇 가지 문제를 안고 있다.

1420년대 첸니니가 밝혀냈던 것과 동일한 문제가 최고급 연백에서도 나타났다. 공기에 노출되면 까맣게 변해버렸던 것이다. 1800년대에 이르러서야 화학자들은 그 이유를 밝혀냈다. 석탄 연소로 공기 중에 배출된 유황이 납과 반응하여 색을 변화시킨 것이었다. 그을음이 도색제의 거친 표면에 내려앉으면 상황은 더 나빠졌다.

그 후에는 페인트가 벗겨진다. 페인트를 칠한 지 4개월에서 1년 사이에 연백은 기저에서부터 미세한 백색 가루로 분리된다. 아무도 왜 연백이 이렇게 '백악화'<sub>도장이나 인쇄물이 장기간 외기에 노출되면 안료가 표면에 떠올라 탈락하기 쉬워지는 현상</sub>되는지 분명하게 알지 못했다. 기름 흡착제 내의 지방산 형성에서부터 비누의 형성에 이르기까지 다양한 가설이 나왔다. 그렇다, 바로 손을 씻을 때 사용하는 비누 말이다. 하지만 더 구체적으로 말하자면 유기 화학 용어로 지방산염이다. 1909년, 디트로이트에 있는 ACME의 연백 및 색 작업의 수석 화학자인 클리퍼드 다이어 홀리는 다른 전문가의 말을 인용해 이것은 단점이 아니라 특성이라고 말했다. 자신의 흰색 페인트가 검게 변하는 현상을 낙관적으로 보는 그는 "연백의 백악화로 표면은 새 페인트를 칠하기 좋은 상태가 되기 때문에 못마땅하게만 볼 것은 아니다"라고 썼다.

하지만 이 사업에는 그보다 훨씬 더 큰 문제가 있었다. 연백을 제조하는 사람들이나 어떤 식으로든 오랜 시간 연백에 노출된 사람들은 시름시름 앓았다. 모두 그 사실을 알고 있었고, 안 지도 오래되었다.

고대 로마의 건축가인 비트루비우스는 연백을 만드는 것이 위험하다는 것도, 로마제국이 수도관에 납을 광범위하게 사용하는 게 위험하다는 것도 알았다. (라틴어로 납은 plumbum이다. 그래서 배관 관련 일을 하는 사람들을 플럼버plumber라고 부른다.) 플리니우스는 '사파'로 단맛을 낸 와인을 조심해야 한다고 경고했다. 사파는 납을 댄 그릇에 포도를 넣고 끓여 만든 시럽으로 이걸 마신 사람들은 "두 손이 마비되어…… 팔이 대롱거린다……." 또한 플리니우스는 납 중독으로 인한 말초신경 손상과 수지 쇠약증의 초기 증상이라고 경고했다.

하지만 그런 경고 가운데 어떤 것도 큰 영향을 미치지 못했다. 1994년, 한 연구팀이 그린란드에서 350~620미터 깊이의 빙상 코어를 채취해 납 함유량을 조사했다. 이 범위는 기원전 500년(기술적으로 중금속 퇴적을 확인할 수 있는 가장 먼 과거)부터 고대 그리스와 로마를 아우르는 기원후 300년에 해당된다. 그리고 마침내 그들은 납을 찾아냈다. 북반구 전체에서 검출된 납 성분은 자연 상태에 비해 4배나 많았다. 20세기 중반에 광범위한 유연가솔린 사용으로 확산된 수치보다 그리스와 로마 세계의 납 수치가 15퍼센트나 높았다.

그렇게 사람들은 1700년대 후반의 위협 요소를 확실히 이해했다. 이론의 여지 없이 미국 최초의 과학자인 벤저민 프랭클린은 1786년 편지에서, 그가 어렸을 때 뉴잉글랜드 증류소에서 증류기 헤드와 웜에 납을 사용하는 데 반대하는 법이 통과되었던 것을 회상했다. 그는 10대에 런던 인쇄소에서 일할 때 불 앞에서 납 종류를 가열하지 말라고 들었던 경고에 대해서도 썼다. 그렇게 했다가는 손을 사용할 수 없을 것이었다. 팔이 "대롱거려서". 1767년 그는 파리 납중독 치료 전문 병원 '라 샤리테'에서 치료받은 사람 명단에 왜 군인들이 포함됐는지 질문했을 때를 회상했다. 프랭클린은 "그 군인들이 페인트 제조업체에 염료 빼는 일꾼으로 고용된 적이 있다"는 대답을 들었다. 이제 연백으로 칠해진 미국 집들에서 '유해한 입자와 물질'이 지붕을 타고 물 저장소로 흘러내렸다.

납의 독성은 20세기가 되어서야 완전히 해결되었는데, 이건 정말 특별한 경우였다. 미세한 농도라 할지라도 납은 혈류를 타고 뇌속 뉴런 활동을 관장하는 효소 중 칼슘을 몰아내 신호를 주고받는 능력을 손상시킨다. 그리고 단백질에 달라붙어 효소 활동을 방해한다. 또한 유전 물질의 한 형태로, 아미노산을 세포기관으로 운반해 단백질이 합성되게 하는 전달 RNA를 망가뜨린다. 또 세포 내 강자인 미토콘드리아 안으로 들어가 신진대사를 방해한다. 납은 혈액 속에서 산소를 운반하는 분자 헤마르틴을 합성하는 생화학적 경로를 파괴하고, 특히 중추신경계를 보호하는 세포 아스트로사이트의 발달을 저해한다. 또 신체가 미엘린, 뉴런 주변을 감싸고 있는 말이집을 충분히 생산하지 못하게 방해하고, 혈액뇌장벽을 무너뜨린다. 여기서 배울 점은 이것이다. 뇌가 납에 중독되지 않게 하라.

그렇다면 대안으로는 무엇이 있을까?

1780년 프랑스 화학자가 — 디종 아카데미의 베르나르 쿠르투아 또는 기통 드 모르보일 수도, 혹은 둘 다일 수도 있다 — 납의 대체품을 제안했다. 두 사람 모두 산화아연, 즉 황동 제조 시 생기는 하얀 부산물로 흰 색소를 만드는 방법을 제안했다. 항상 마법처럼 금속에서 나오는 신비로운 하얀 물질에 매료되었던 중세의 연금술사들은 그것을 '닉스 알바'나 '니힐룸 알붐' — "흰 눈", 혹은 연금술에 관심 있는 사람이라면 "어디에도 없는 흰색" — 이라고 불렀다.

쿠르투아와 드 모르보는 납의 독성이 불러일으킨 공포에 자극받은 데다 산화아연은 건강에 유해하지 않다는 게 명백해 보였다. (갓 만들어낸 산화아연을 너무 많이 들이마시면 산화물 떨림 혹은 아연 오한이라 불리는 파킨슨증후군의 떨림 증상이 나타난다.) 산화아연 색소(아연백)는 납 색소(연백)처럼 유황 연기에 노출되어도 거메지지는 않았지만 건조 시간이 오래 걸렸고, 형성되는 막이 얇고 부서지기 쉬웠다. 그래도 간질, 불임, 마비를 야기하지는 않았으니 그 정도는 승리라고 부르자.

하지만 단점이 있었다. 1700년대 후반에 아연백은 연백보다 네 배나 비쌌다. 그래서 큰 인기를 얻지 못하다가 1830년대에 유명 페인트 제조업체인 윈저 앤 뉴턴이 수채화 물감 "차이니즈 화이트"를 만들면서 유행했다. 프랑스 도급업자이자 화가인 E. C. 르클레르는 이를 더욱 대중화하는 데 기여했다.

문제는 르클레르의 고객들이 여전히 연백을 요구했다는 것이다. 그래서 르클레르는 속임수를 썼다. 1847년 그는 벽의 일부만 연백으로 칠하고 나머지는 아연백으로 칠했다. 이 방법이 먹혀들었다는 게 믿기지 않는다. 아연이 주성분인 흰색은 노란색을 띠는 납이 주성분을 이루는 흰색보다 따뜻하고 깔끔한 느낌을 준다.

그는 그 방법으로 위기를 넘긴 것 같다. 얼마 후 연백으로 칠한 부분의 색이 거메지고 가루가 떨어지기 시작했다. 고객들이 불만을 제기하자 르클레르는 '부알라Voilà!'라고 말했을 것이다. (그는 프랑스인이니까 아마 그랬을 것 같다.) 그리고 거메지고 먼지처럼 일어나는 벽에 칠한 것은 납이 들어간 페인트인데, 자신이 아연으로 만든 페인트보다 품질이 떨어진다고 설명했다. 르클레르는 레지옹도뇌르훈장을 수여 받는데, 가장 중요한 것은 아연백으로 정부 계약을 따내 제조가를 훨씬 낮출 수 있었다는 것이다.

미국 기업인들 ─ 가업인 연백이 아니라 뉴저지의 아연백 사업에 뛰어들어 집안의 골칫덩어리였을 새뮤얼 웨더릴의 손자를 포함해서 ─ 은 자신들만의 경쟁 프로세스를 개발해냈다. 대서양 연안에서 또다시 백색 색소를 둘러싼 가격 전쟁이 시작되었다. 1880년까지 색소 사업이 강세를 이어가며 아연백은 미국에서 가장 잘 나가는 금속 기반 색소가 되었다. 아연백은 가정용 페인트로는 그리 마땅하지 않았지만 다른 흰 색소나 컬러 색소와 섞으면 효과가 뛰어났다.

과학의 발달과 함께 점점 더 많은 색소 신제품이 시장에 출시되었다. 이것은 아주 중요했다. 1856년, 화학자 윌리엄 퍼킨은 말라리아 예방에 효과가 있는 대체 키니네를 합성하려고 시도하던 중 우연히 콜타르에서 연보라색 모베인 색소를 합성했다. 이 일을 시발점으로 다양한 색이 폭발적으로 늘어난다. 퍼킨의 시행착오에서 비롯한 접근법은 좀더 의도적인 화학작용으로 이어졌다. 아닐린 옐로와 비스마크 브라운은 1860년대 초에 나온 최초의 "아조(질소를 함유한) 염료"였고, 1868년에는 알리자린 덕분에 안트라퀴논 염료가 나올 수 있었다. 오커와 매더, 프러시안 블루는 잊어라. 이제 세상에는 요오드 스칼렛, 크롬 옐로, 에메랄드 그린, 산화크롬 그린, 망간 바이올렛이 있었다. 19세기, 이제 사용 가능한 색소는 두 배로 늘어났다.

그리고 이런 새로운 색들은 많든 적든, 그리고 용도가 무엇이냐에 따라 달랐지만 모두 흰 색소를 필요로 했다. 모베인은 최초의 합성 유기 안료였다. 모베인은 염료였다. 그건 섬유 같은 다른 유기물에 흡착될 수 있다는 의미인 동시에, 연백이나 아연백에 잘 달라붙는 성질로 페인트의 재료가 되는 염료 '레이크'를 만들 수 있다는 뜻이었다.

화가들은 납과 아연으로 실험을 시작했다. 특히 첸니니와 알베르티가 논쟁했던 견고한 "바탕"에서부터 시작했다. 심지어 빈센트 반 고흐는 같은 그림을 각각 연백과 아연백 두 가지 종류로 그렸다. 그는 동생 테오에게 보내는 편지에서 아연백이 마르는 데 걸리는 시간과 값비싼 비용을 두고 어김없이 불평을 늘어놓았다. 그의 편지에는 물감을 추가 주문하는 내용이 많았는데, 아연백이 든 튜브도 종종 구입 물품 목록에 들어가 있었다.

예술가들이 흰색 색소를 선택할 때 신중을 기해야(그리고 재고

해야) 하는 이유는 많았다. 납이 야기하는 건강 문제에는 크게 신경 쓰지 않는다 해도—사실 그 문제는 색소를 제조하는 사람들에게 더 큰 영향을 미쳤다—연백은 여전히 검게 변하는 경향이 있었다. "하지만 산화아연은 그렇지 않아서 결국 불안정한 색소를 대체하게 되었죠. 적어도 그들은 그렇게 생각했어요." 베리가 말했다.

하지만 아연은 납처럼 필름도 형성하지 않았기 때문에 페인트 제조업자들은 종종 이 두 가지를 함께 섞어 썼고, 특히 외장용으로 사용할 때 그 방법을 썼다. 아연백 페인트에서는 가루처럼 벗겨지는 것보다 더 좋지 않은 현상이 나타났다. 아연백은 햇볕에 탄 피부처럼 바깥층이 벗겨져 "떨어져내린다". 베리가 말했다. "그 점 때문에 사람들이 좋아했죠. 맨 바깥층의 페인트가 벗겨져나가자 마치 새로 페인트칠을 한 것 같아 보였거든요. 하지만 집을 칠할 때는 괜찮았지만 그림을 그릴 때는 문제가 됐죠." 게다가 색도 달랐다. 흰색이라고 다 같은 색이 아니었다. 납은 종이보다 훨씬 하얗고 아연은 좀더 은은한 색이다.

19세기 후반이 되었을 때 여전히 아연백에 대한 수요가 있긴 했지만, 흰색 전쟁에서 승리를 거둔 것은 천년을 살아남으며 더욱더 밝은 세상을 만들어낸 연백이었다. 어떤 추정치에 따르면, 어느 영국 제조업체는 연간 5만 톤을 생산했고, 미국은 7만 톤을 생산했다. 다양한 색으로 채워진 세상은 유독성이라는 비용을 지불해야 했고, 그 청구서의 지불 기한은 점점 다가오고 있었다.

1859년 소설가 찰스 디킨스는 사비를 털어 그의 급진적인 정치·경제 이야기들을 발표하기로 결정했다. 그는 『연중 잡지』를 창간하고 직접 칼럼을 기고한다. 사실 언론인인 내가 볼 때 이건 좀 사기다.

디킨스는 런던에서 가장 디킨스적인 동네에 새롭게 설립된 이스트런던 아동 및 여성 보호병원에서 너새니얼 헤크퍼드라는 의사를 만났고, 그는 디킨스를 안내하기로 한다. 디킨스는 「동양의 작은 별」이라는 글에서 1868년에 있었던 이 방문기를 언급하는데, 이 내용은 『장사와 무관한 여행자 The Uncommercial Traveler』에도 실렸다. 디킨스는 어둡고 초라한 공동주택에 들어갔고, 눈이 적응된 후 — 그곳에서 밝힐 수 있는 불이라고는 작은 요리용 불이 전부였다 — "구석에 놓인 끔찍한 갈색 더미"를 발견한다. 알고 보니 메리 헐리라는 여자가 침대에 웅크리고 있는 것이었다. 디킨스는 요리를 하던 다른 여자에게 침대 위에 있는 사람이 누구인지 물었다.


"여기에 머물고 있는 가엾은 여자예요. 상태가 아주 안 좋아요. 오랫동안 안 좋은 일을 해왔어요. 그런 일은 안 했어야 하는데. 그녀는 하루 종일 반죽을 쳐댔고 밤에도 깨어 있었어요. 납 때문이요."

"뭐라고요?"

"납이요. 선생님. 물론, 여성이 하루 18펜스를 벌 수 있는 곳이라면 신청하고 오래 대기해야 하는데, 그나마 운이 좋아야 일자리를 얻을 수 있죠. 하지만 일부는 저 여자처럼 납에 중독되고, 일부한테는 곧 납 중독 증상이 나타날 거고 일부한테는 나중에 나타나요. 뭐, 아주 가끔은 증상이 나타나지 않는 사람도 있어요. 체질을 감안하면 일부는 강한 체질이고 일부는 약한 체질이니까요. 저 여자는 납에 금방 중독되었는데 상태가 아주 안 좋아요. 귀 밖으로 뇌가 흘러내리는 것 같아요. 그래서 끔찍하게 아파해요."

메리 헐리는 급성 납 중독의 피해자였다. 디킨스의 정보원이 말한 대로 그것은 체질 때문이 아니라 연백 공장에서 근무하면서 공기 중에 가득했던 납 먼지에 만성적으로 노출된 결과였다. 산업화는 골칫거리로 바뀌었다. 너무 심각해서 디킨스 같은 폭로자들이 거기에 대해 글을 쓸 정도였고 선량한 의사들은 직접 저지하려는 노력에 나섰다.

그 의사는 1879년 뉴캐슬로 건너가 더럼대학 생리학 강사가 된 스코틀랜드인 토머스 올리버였다. 뉴캐슬은 산업도시였고, 올리버는 로열 빅토리아 인퍼머리 병원에서 이 지역의 제련, 도자기(납 유약 사용) 및 연백 제조로 인한 납 중독("배관 중독" 또는 "납 중독") 환자를 처음 만났다.

20년 후, 올리버는 연백 산업 종사자들을 위한 정부 보건위원회의 일원이 되었다. 웨더릴의 필라델피아 공장에서 이루어지던 탄산납을 손으로 고착제와 혼합하는 과정은 최신 기술로 훨씬 더 위험했다. 올리버는 (대부분 여성인) 근로자들이 직접 연백 반죽 그릇을 들고 증기로 가득한 방에 드나들면서 먼지, 증기와 밀접 접촉하는 모습을 봤다. 이것이 바로 공장의 다른 어떤 직무 종사자보다 치명적인 납 중독에 걸리는 원인이었고, 그 작업을 한 여성들은 유산과 불임 비율이 매우 높았다.

올리버는 여성들이 이 작업을 하는 것을 금지하는 법을 마련하기 위해 로비를 벌였고 성공을 거둔다. 또한 납 중독 문제뿐 아니라 고용과 보상에 있어 여성들이 받는 성차별 문제를 해결하는 데도 도움을 주었다. 이 일을 계기로 직업보건이라는 개념이 탄생했지만, 여기서 사실상 목표로 삼은 것은 여성들보다 여성들이 잠재적으로 갖게 될 아이들의 건강이었다. 올리버는 1911년 런던 우생학 교육협회 강의에서 이렇게 밝혔다. "내가 납 제조의 위험한 과정에서 여성 노동자들을 해방시키려고 노력해 성공을 거둔 지 거의 20년이 흘렀습니다. 이 일로 오랫동안 제조업자들과 노동계 일부로부터 괴롭힘을 당하긴 했지만, 그건 내가 권고한 내용을 정당화시켰을 뿐입니다." (우생학은 1900년대 초반에는 과학으로 존중받았다.)

올리버는 단순히 여자들을 공장에서 내보내기만 한 것이 아니었다. 그는 개선된 환기 시설과 자동화된 오븐 등 영국 사회가 산업 전반에 걸쳐 더 엄격한 직업 안전 요구 조건을 제정하게 하여 노동자들이 원분말과의 접촉을 줄일 수 있게 했다.

관련 산업으로 이익을 얻는 사람들은 이런 규정들에 맞섰다. 1909년 클리퍼드 다이어 홀리는 저서『납과 아연 색소』에서 납과 관련된 부적합한 직업상의 건강 문제를 제기한다. 홀리는 "화가들도 어느 정도는 납중독 문제를 겪지만 보통은 청결에 대한 의식이 부족하기 때문이다. 청결함을 꼼꼼하게 신경 쓰는 화가는 거의 영향을 받지 않는다"라고 말했다. 그리고 파급력이 컸던 맥시밀리언 토치의 책『페인트의 화학과 기술』1916년 판에서는 연백의 독성을 인정하면서도 연백으로 칠한 표면은 완벽하게 안전하다고 말한다. 토치는 "연백을 만드는 공장 직공들과 이를 사용할 때 부주의한 화가들에게는 분명 중독의 위험이 있다"고 썼다. (이는 아이들이 대기 중에 떠다니는 납 분진에 노출되거나 납 분진 천지인 땅에서 놀거나 혹은 낡은 벽에서 떨어진 납 조각을 먹지 않는 경우에만 해당되는 이야기다. 납은 로마 시대 시럽인 사파를 섞은 것처럼 달콤한 맛이 난다.) 토치는 이렇게도 썼다. "좋은 공장이라면 근로자들이 마실 물에 요오드화칼륨을 넣는 정도의 건강 대비책을 마련하는 것으로도 충분하다." 디킨스의 글이 얼마나 큰 영향력을 발휘했으면 40년이 지난 후에 토치가 독자들에게 공포를 조장하는 기사를 무시하라고 말해야 할 필요를 느꼈겠는가. 디킨스가 "동쪽의 빛나는 별"이라고 부른 것은 잘못 말했거나 조롱 섞인 표현이었을 것이다. 디킨스는 단편 소설에서 런던의 연백 공장에서 일어난 비극과 미국 공장들이 위험에 대처하는 독창적인 방법에 대해 설명하면서 "동쪽의 빛나는 별"이라는 표현을 썼다.

제조사들은 납의 수익이 워낙 높았기 때문에 인명 피해가 생기는데도 납을 포기하려들지 않았다. 그들은 납을 미화하려고 애썼다. 그들은 당시 갓 제정된 순식량약품조례 Pure Food and Drugs Act를 활용했다. 페인트 라벨에 '불량' 무연화 페인트를 멀리하라는 경고를 쓰지 못하게 해달라고 정부에 요청한 것이다. '더치 보이' 로고 ― 현재 셔윈 윌리엄스 컴퍼니 하면 떠오르는 브랜드 ― 는 순수하고 납으로 가득한 선의를 가진 내셔널 리드 컴퍼니의 보증 덕분에 1907년 세상의 빛을 본다. 유럽 국가들이 제1차 세계대전이 발발하기 10년 전부터 납 사용을 금지하기 시작한 데 반해 미국은 1970년대 후반이 되어서야 이 조치를 따른다. 1907년 미국의 광산들이 생산한 납은 33만 1000톤으로, 그중 거의 3분의 1이 직접 백색 색소를 제조하는 데 쓰였다. 모두가 더 나은 무언가가 필요하다는 것을 알았지만 아무도 대안을 갖고 있지 않았다.

이제 우리는 시간을 좀더 거슬러 올라가 과학자들이 화가들에게 최신 정보를 전달하는 시대로 가보려고 한다.

1704년 뉴턴이 『광학』을 출판하던 해, 제임스 크리스토퍼 혹은 야코프 크리스토펠로 알려진 야코프 크리스토프 르 블롱은 정교한 전면 컬러 유화로 색을 재현할 수 있는 간단한 방법을 개발했다.

르 블롱만 컬러 인쇄로 알려진 기술을 연구하고 있던 것은 아니었다. 그 역사는 적어도 1300년대부터 시작되었고, 각각 다른 색 잉크를 칠한 여러 장의 판으로 이미지를 만든다는 생각은 1500년대가 시작된 첫 10년으로 거슬러 올라간다. 하지만 르 블롱의 방식은 충격이 적고 우아했다. 그는 그림을 빨강, 파랑, 노랑의 세 성분으로 나누었다. 르 블롱에게는 특별한 재주가 있었다. 그는 세 가지 색 잉크를 각각의 오목 금속판에 발랐다. 잉크는 물리적으로 서로 섞이지 않았다. 단지 서로 가까이 놓기만 했는데도 그 세 가지 색상은 원화의 모든 색을 모방해냈다.

거의 그랬다. 하지만 곧 르 블롱은 그 색들이 충분히 진하지 않다는 것을 깨달았다. 세 가지 색만 섞어서는 어두운 그림자나 밤하늘을 설득력 있게 표현할 수 없었다. 그래서 그는 검정 잉크 판도 추가했다. 기본인 종이는 흰색을 사용했다. 1704년경 르 블롱이 발견하고 1719년 영국에서 특허를 획득한 메조틴트라는 이 과정은 오늘날 컬러 인쇄와 거의 같은 방식으로 이루어진다. 아마 색깔을 CMYK 체계로 표현하는 것을 들어본 적이 있을 것이다. 시안, 마젠타, 옐로, 블랙 잉크가 종이에 작은 점으로 찍히면서 서로 혼합되어 왜 그런지 몰라도 빨강, 파랑, 초록의 색조를 만들어낸다. 그리고 다른 모든 색도 만들어낸다.

여기서 "왜 그런지 몰라도"가 매우 중요하다. "기계적" 혹은 "광학적"으로 혼합된 세 가지 색상 ― 즉 색소가 혼합되는 것이 아니라 서로 인접해 있는 점들이 어우러져 새로운 색상을 생성한다는 뜻이다 ― 은 왜 그런지 몰라도 뉴턴이 스펙트럼에서 본 색을 만들어낸다. 다시 말해 모든 색을 만들어낸다는 뜻이다.

이제 르 블롱은 뉴턴을 이해했다. 1725년 저서 『콜로리토』에서 르 블롱은 색소와 같은 물질의 색을 혼합하여 만들어내는 검정과 "손으로 만질 수 없는" 다른 종류의 빛이 어우러져 만들어내는 흰색을 정확하게 구분했다. "흰색은 집광集光 또는 빛의 과잉이다. 검정은 깊은 숨김 또는 빛의 결여다."(강조는 르 블롱이 한 것이다.)

그러면 두 가지 범주로 나누어볼 수 있다. 첫째, 그는 오늘날 우리가 첨가 색이나 방출 색이라고 말하는 것, 뉴턴이 한 가지 빛깔에서 (최소) 일곱 가지 빛깔로 굴절된다고 말한 색을 얻었다. 둘째, 르 블롱의 특허는 색소에서 나오는 감산색 또는 반사색을 사용한 것으로, 잉크를 표면에 도포하면 빛이 반사되어 보인다. 이미 장인들이 수천 년 전부터 해왔던 것처럼, 르 블롱은 그중 세 가지 색만 가지고 완전한 팔레트를 만들어냈지만 사용하면서 너무 많은 빛을 흡수한 색은 검게 변했다.

르 블롱은 자신의 특허에서 생각지 않게 논쟁거리를 만들었다. 이후 150여 년에 걸쳐 예술가, 화학자, 물리학자, 생리학자들은 이 문제를 놓고 논쟁을 벌였다. 이 실험은 실제로 세 가지 기본 색상만으로도 가능했다. 그렇다면 무지개의 스펙트럼 색은 무엇일까? 7가지 ─ 혹은 보라색까지 8가지 ─ 색이 있다는 뉴턴의 의견에 동의하지 않더라도 무지개가 3색 이상을 가지고 있다는 것은 분명하다. 그렇다면 어마어마하게 다채로운 세상을 만들기 위해 이 모든 색상을 재현하는 가장 좋은 방법은 무엇일까?

비판. 당시에 구할 수 있었던 12개의 색소를 함께 섞으면 점점 더 엉망진창이 되어 진흙 같은 색이 만들어지는데 어떻게 하얀색을 만들 수 있을까? 진짜 하얀 무언가를 어떻게 만들 수 있을까?

그에 관한 답들을 안다고 르 블롱에게 딱히 도움이 되는 것은 아니었다. 그의 복사 인쇄 사업은 영국 특허를 받은 직후 실패했다. 일단은 수요를 맞출 수 없었고, 그는 훨씬 더 폭넓은 고객층을 가진 과학 잡지와 해부학 교과서보다는 상대적으로 고급 시장인 유화 복제품 시장에서 일하기를 고집했다.

분명히 르 블롱은 3색 인쇄와 관련한 기술적 문제를 전부 — 또는 몇 가지 — 해결하지 못했다. 하지만 잡지 사업이 심각한 곤경에 처했고 전자 화면이 일상생활의 모든 부분에 침투해 있는 — 잉크 양과 어떤 페이지에 찍어야 하는지 등을 모두 디지털로 제어하는 — 현재에도 이런 작업은 계속되고 있다. 세 가지 색판이 모두 티 나지 않게 잘 섞일 수 있도록 줄을 맞추거나 프린터 언어에서 "등록" 상태로 유지시키는 방법을 찾기 위해 기울인 노력은 색과 관련 없어 보이는 다른 부분의 혁신으로 이어졌다.

한 예로 1902년 브루클린에 있는 새킷빌헬름 인쇄·출판 회사는 고품질 컬러 출력에서 문제를 발견했다. 새킷빌헬름은 보통 한 색상씩 용지를 인쇄했다. 그러나 열과 습도가 달라지면서 용지 크기가 인쇄 도중에 약간 바뀌어 비등록 상태가 되는 바람에 프린터를 폐기해야 하는 경우까지 발생했다. 습도가 높은 날에는 인쇄를 완전히 중단해야 했다. 그래서 새킷빌헬름은 컨설팅 엔지니어인 윌리엄 티미스를 데려왔고, 그는 중요한 것이 — 위대한 지적 도약 같은 것이 아니라 — 습도 조절이라는 것을 깨달았다. 티미스는 이 문제의 해결책을 알지 못했다. 그래서 그는 송풍기와 히터를 제조하는 버펄로 포지라는 회사에 연락해 윌리스 하빌랜드 캐리어라는 젊은 엔지니어를 고용했다. 바로 캐리어가 냉각수를 채운 파이프의 코일 위로 공기를 불어 넣을 방법을 찾아낸다. 이 기술은 완벽하진 않았지만 새킷빌헬름 공장 내부의 상대 습도를 20퍼센트까지 낮췄다. 세계 최초의 에어컨 시스템이었다. 색을 만드는 기술이 없었다면 현대적인 실내 온도 조절 장치도 탄생하지 못했을지 모른다.

르 블롱이 인쇄한 해부도 중 현재 전해지는 것은 거의 없다. 아마 가장 유명한 것은 회반죽으로 만든 실물 크기의 음경일 것이다. 길이는 10.5인치이고 높이는 약 8인치로(음경이 아니라 인쇄물이 그렇다는 것이다) 1721년 출간된 『임질의 증상, 특성, 원인, 치료법』에 나온 것으로 추정되지만, 구글 북스에서 다운로드할 수 있는 판본에는 이미지가 실려 있지 않은 것 같다. 원본 삽화는 암스테르담에 있는 암스테르담 국립박물관 웹사이트에 게시되어 있는데, 미리 경고하자면 해당 음경은 갈라서 활짝 펼쳐놓은 모습이다. 이 책은 의학 교과서용으로 윌리엄 콕번이라는 의사가 쓴 것이다.

그다지 성공적이었다고 할 수는 없지만 르 블롱은 색을 공부하고 사용하는 사람들의 공통 질문에 답하려고 노력했다. 왜 색을 혼합할 때 때로는 어두워지고 때로는 하얘질까? 자연이 만들어내는 색이 일곱 가지에서 셀 수 없을 정도에 이르는데, 그걸 딱 3가지 색만으로 전부 재현해낼 수 있다면 스펙트럼은 왜 있는 것일까? 표면에서, 그리고 자연에서 색상이 어떻게 작용하는지에 관한 이 질문들의 해답을 찾는 일은 점점 더 시급해졌다. 과학자들은 이 세계에서 빛이 어떻게 작용하는지, 사람의 신체는 어떻게 작동하는지, 왜 산업화와 중산층의 증가에 따라 재생산된 색에 대한 수요가 늘고 더 폭넓은 색을 요구하게 되었는지 밝혀내려고 애썼다. 돈을 많이 벌수록 사람들은 더 컬러풀한 옷과 벽, 예술품과 제품들을 원했다.

그 모든 것을 어떻게 만들 것인가에 관한 이론은 불완전했다. 거기에는 한 가지 핵심 요소가 빠져 있었다. 바로 눈이다.


그 힌트는 바깥에 있었다. 1777년, 직물 염료용으로 몇 가지 색을 발명한 조르주 지로 드 장티이 파머라는 염료업자가 『색상과 비전 이론』이라는 책을 출간했다. 하지만 아무도 관심을 두지 않았다.

파머와 존슨이라는 사람 사이의 대화가 적힌 이 소책자는 무모하게도 뉴턴을 반박하고 완전히 새로운 색채 이론을 제안한다. 파머의 이론에 따르면 흰색 표면은 빛을 반사하고 색칠된 표면은 빛을 흡수한다. 빨간 물체는 빨간 광선을 흡수한다. 빨강, 노랑, 파랑은 예술가와 장인들도 이해한 것처럼 원색이다. 이 색들을 섞으면 보라, 초록, 주황이 된다. 그리고 파머가 흰색 천을 인디고(진한 파랑), 코치닐(빨강), 웰드(진노랑)로 연속해서 염색하는 실험을 통해 증명한 대로 모든 원색을 혼합하면 검정이 된다. 직물은 파랑에서 보라로…… 그다음 검정으로 변했다.

반사와 흡수에 관한 설명이 잘못된 것은 차치하고라도, 그는 색소를 첨가하는 것이 최종적으로 만들어지는 색의 총 밝기를 줄이는 방법이라고만 설명한다. 그것은 모두가 알고 있는 내용이었다. 하지만 그때 파머에게 (아마 우연이었을 것이다) 천재적인 발상이 떠올랐다. 그는 세 가지 원색만으로 세상의 모든 색을 만들 수 있다면 세상의 모든 색을 보기 위해서는 세 가지 원색만 볼 수 있으면 된다는 결론을 끌어낸다. 그 점에서 보면 인간 눈의 해부 구조도 비교적 잘 이해된다. 파머는 안구 뒤쪽에 있으며 혈관으로부터 산소와 영양분을 공급받아야 하는 망막이 실제로는 "세 가지 광선과 유사한 세 가지 입자"로 만들어졌으며 각각의 입자는 자체 광선에 의해 움직인다고 추측했다.

실제로 그 추측은 들어맞았다. 파머는 기본적으로 정보에 입각해 추측하고 색각의 메커니즘을 밝혔다. 망막은 다른 세 종류의 빛에 민감한 세 종류의 광수용체를 가진 삼색형 색각이라는 것이다. 빛의 물리적 세계, 색의 화학적 세계, 눈과 뇌의 생물학적 세계를 연결한 것은 이번이 처음이었다.

색채 이론에 관한 책을 쓴 후, 파머는 더 질 좋은 빛을 만들어내기 위해 파란 색조 유리로 램프를 발명하는 데 뛰어든다. 그는 코펜하겐에서 은퇴했고, 거의 잊혀갈 즈음 역사학자들이 그가 활동 초기에 주장했던 행운의 이론을 재발견했다.

역설적이게도 사람들이 색을 어떻게 보는지 이해하려고 노력하지 않았던 그가 삼색형 색각이라고 불리게 될 것을 발견한 공로를 인정받은 것이다. 그는 이해하지 못하는 사람들을 이해시키려고 노력했다.

조지프 허다트는 과학사에서 매우 흔히 발견되는, 연구하고 싶어하는 성직자 중 한 명이었다. 1777년 ― 파머가 소책자를 출간한 해 ― 허다트가 쓴 편지가 『철학 논고』에 발표되었다. 컴벌랜드의 해리스라는 제화공에 관한 이야기였는데, 그는 다른 모든 사람이 보는 색을 똑같이 보지 못했다. 허다트가 쓴 내용에 따르면, 그는 무지개를 봤고 무지개가 여러 색깔인 것은 알았지만 "그 무지개의 색을 말하지는 못했다". 그의 두 형제도 마찬가지였다. 그들의 시각에는 그들이 다른 색 세상을 봤다는 것을 알려주는 무언가가 있었다. 하지만 그게 뭔지는 아무도 알지 못했다. 어쩌면 그들의 뇌가 다르게 작용했거나 혹은 눈이 다르게 작용한 것일 수도 있었다.

그들만 그런 것이 아니었다. 20년 후, 원자 개념이 화학에 도입되기 10년 전, 영국의 화학자 존 돌턴은 『맨체스터 문학 철학 협회 회고록』에서 자신이 색을 보는 방식에 뭔가 문제가 있다고 인정했다. 돌턴은 "촛불 옆에서 우연히 무늬제라늄의 꽃 색깔을 관찰하기 전까지는 내 시각이 특이하다는 사실을 전혀 납득할 수 없었다"라고 썼다. "그 꽃은 분홍색이었지만 낮에는 꼭 하늘색처럼 보였다. 하지만 놀랍게도 촛불 아래서 색이 바뀌었다. 그때는 파란기가 전혀 없었고, 빨강이라고 부를 수 있는 것이었다." 제화공 해리스의 형제가 그랬듯 돌턴의 형제도 똑같은(잘못된) 방식으로 꽃의 색을 봤다.

돌턴은 이것을 연구 주제로 삼아 자신이 본 것을 다른 사람들이 연구 보고한 내용과 비교하기 시작했다. 그는 공책에 여러 색의 실크 실을 붙여놓았는데 진한 녹색이라고 쓴 실이 자신에게는 파란색으로 보인다는 데 주목했다. 녹색이라고 붙인 양모 천은 짙은 적갈색으로 보였다. (돌턴이 직물을 기준으로 삼은 것이 놀라운 일은 아니었다. 맨체스터는 자동 베틀과 염료가 넘쳐나는 전형적인 산업혁명 공장 도시였다.) 빨강, 주황, 노랑, 초록은 모두 그에게 "노란색"이었고, 빨강은 갈색빛을 띠었다. 그외의 것은 모두 파란색이었다. 돌턴은 대부분의 사람이 뉴턴의 스펙트럼에서 여섯 가지 색을 본다는 것을 깨달았다. 인디고와 바이올렛은 아무도 구별하지 못했다. 그런데 그는 어땠는가? "최대 두세 가지 색밖에 보이지 않았다."

돌턴은 허다트의 편지에 언급된 해리스의 형제 한 명과도 연락을 취했는데, 그는 돌턴과 매우 흡사하게 색각을 묘사했다. 결국 돌턴은 이와 비슷한 증상을 겪는 스무 명의 사람을 찾아냈는데 모두 남자였다. 돌턴은 자신이 예전에 말한 대로 몇몇 색깔이 자신이 보지 못하는 색의 조합으로 이루어져 있기 때문이 아닐까 의심했다. 진홍색은 빨강과 파랑을 모두 포함하지만 돌턴은 파란색만 볼 수 있었다. 그것은 눈이 특정한 색을 받아들인 다음 그 색들을 결합한다는 의미였다.

하지만 어떻게 가능한 것일까? 돌턴이 파머의 추측을 몰랐다는 것을 염두에 두자. 돌턴은 안구를 채우는 젤라틴 물질인 유리체가 손상되어 자신이 보지 못하는 색을 흡수하는지도 모른다고 생각했다. 돌턴이 사망한 후 조지프 랜섬이라는 의사가 그의 한쪽 눈의 유리체를 검사했다. 하지만 유리체는 투명했다. 랜섬은 다른 눈의 뒷부분을 잘라내어 그것으로 빨강과 초록색 물질을 봤다. 그것도 정상적인 색을 갖고 있는 것으로 보였다. 유리체 때문이 아니라면 돌턴 눈의 어떤 부분이 색을 보지 못했던 것일까?

결국 그 질문에 대한 답은 또다른 천재가 찾아낸다. 그 역시 처음에는 시각을 전혀 염두에 두지 않았지만 말이다. 토머스 영 ― 17세가 되기 전에 뉴턴의 『프린키피아』와 『광학』을 읽었고, 여러 언어를 구사했으며, 21세에 왕립학회 회원이 되었던 케임브리지의 천재 ― 은 원래 소리에 관심이 많았다.

1797년 케임브리지에 있는 이매뉴얼대학에 입학한 영은 음향학을 공부하려고 했다. 그는 소리가 공기의 파동을 타고 이동한다는 것을 알고, 액체와 연기 같은 매개물 안에서의 파동을 관찰하기 시작했다.

영은 그 파동을 뉴턴이 유리에 눌린 렌즈 가장자리와 물 위 비눗방울, 기름의 무지갯빛에서 본 것과 같은 반짝거림으로 설명할 수 있다는 것을 깨달았다. 영은 그 파동이 겹쳤을 때 서로 간섭하는 현상을 관찰했다. 하지만 그 방식은 두 가지로 서로 달랐다. 보강 간섭은 두 개의 마루 또는 두 개의 골이 만날 때 발생했으며, 합쳐 질 때 간섭이 높아지거나 깊어졌다. 상쇄 간섭은 하나의 마루가 하 나의 골과 만날 때 발생했고 그들은 서로를 부분적으로 또는 전부 상쇄시켰다. 영은 빛의 속도와 뉴턴의 굴절 측정을 이용해 "1초당 기복"에서 다른 색의 빛의 주파수를 계산해냈다. 무언가의 주파수 와 속도를 알면 파장을 계산하는 데 필요한 모든 수치를 얻어낼 수 있었다.

영은 공예가의 원색으로 만든 삼색 공간을 연구해 뉴턴 스펙트 럼의 수학적 기초를 마련했다. 그는 이런 수치, 즉 초당 기복이 원 색뿐 아니라 그 사이의 모든 색상 혼합에 해당된다는 것을 깨달았 다. 우주의 빛의 수학과 우리 주변 표면의 색을 이어주는 연결 고 리는 바로 눈이었다.

1801년 11월의 한 강연에서 영은 다음과 같은 연관성을 밝혔 다. 빛은 파동으로 만들어졌고, "다른 색에 대한 지각은 진동의 빈 도에 따라 달라진다". 파장은 사실상 연속체이며 본질적으로 무 한대의 색상을 생성할 수 있다. 따라서 망막에서 인식할 수 있는 색상의 수는 세 가지뿐이지만 그 파장들을 혼합하면 — 다른 두 개의 파장을 하나는 더 많게 하나는 더 적게 계속 양의 변화를 주 면 — 가능한 모든 순열을 만들 수 있다. 색각은 컬러 인쇄와 근본 적으로 동일한 원리로 작동한다. 세 가지 기본색인 빨강, 노랑, 파 랑의 수용체만 있으면 된다. "민감한 신경 미세 섬유는 세 부분으로 구성될 수 있다." 영은 설명했다. "각각의 부분이 기본색 하나에 해당된다."

이 이론은 백색광과 유색광의 관계, 눈이 색을 인지하는 방법뿐만 아니라 보너스로 돌턴의 색맹까지 설명해준다. 영은 그것 역시 추론해냈고 빛이 파동과 입자 모두처럼 작동할 수 있다는 것을 증명하는 데 기여했다. 그는 로제타스톤 나폴레옹의 이집트 원정 부대가 발견한 지중해변 로제타 마을의 화강섬록암 비석. 고대 이집트 상형문자, 아랍 민용문자, 그리스문자로 프톨레마이오스 5세의 공덕을 기리는 내용이 새겨져 있다 의 번역을 돕는 일을 포함해 뛰어난 과학적 경력을 쌓은 후, 이례적으로 이른 나이에 사망한다. 이제 다른 연구자들이 그 길을 이어갈 차례였다.

그 가운데 한 명이 제임스 클러크 맥스웰이었다. 그는 케임브리지 최초의 실험물리학 교수이자, 물리학자들이 전자기학을 설명할 때 현재까지도 사용하는 방정식을 1864년 논문에서 내놓은 인물이었다. 하지만 맥스웰은 이미 1849년에 재미 삼아 색 디스크 회전 실험을 했다.

프톨레마이오스와 알 하이탐이 색이 어떻게 혼합되는지를 밝혀낼 때 사용한 방법과 같았지만 맥스웰은 혁신적인 방법을 새로 추가했다. 그는 빨강, 초록, 파랑 종이―그는 그 색들을 주홍색, 초록색, 울트라마린이라고 불렀는데, 충분할 정도로 근접했다―를 끼워 넣거나 서로 겹치도록 접어, 주어진 시간에 각 색이 보이는 총량을 정확하게 구분할 수 있게 했다. 원판 가운데는 같은 분량의 검은색과 흰색 종이를 두었다. 원판을 돌리자 가운데에는 회색이,

가장자리에는 색상이 나타났다.

맥스웰은 눈에 보이는 각 색의 양을 숫자로 표시했는데, 그 세 개의 숫자는 팽이가 회전할 때 생성된 최종 색과 동일했다. 방식만 다를 뿐 이것은 영의 이론이었다. 맥스웰은 세 가지 원색의 양을 변화시켜 거의 무한에 가까운 수의 색을 만들어냈다. 결국 맥스웰은 영의 의견에 동의했다. 망막은 세 가지 감각 모드를 가지고 있는데, 세 개의 센서가 빛의 세 파장을 더 많게 혹은 적게 결합하면서 온갖 색을 만들어낸다.

맥스웰은 그것을 증명하기 위해서는 색을 정상적으로 보는 사람이 아니라 그렇지 못한 사람들의 색 관찰을 정량화할 필요가 있다는 것을 깨달았다. 즉 돌턴이나 해리스 형제 같은 색맹자들은 영의 센서 중 하나가 없는 것이 분명했다.

맥스웰은 적록색맹에도 여러 종류가 있다(결여된 광수용체 종류에 따라 적색맹자는 빨강을 못 보고, 녹색맹자는 빨강을 보기는 하지만 녹색으로 인식한다)는 사실을 몰랐지만, 이것은 별문제가 되지 않았다. 맥스웰은 색 공간 다이어그램을 그렸고, 각 꼭짓점에 빨강, 초록, 파랑으로 채워진 삼각형을 놓았다. 팽이 회전 상판에 빨강, 초록, 파랑을 칠하는 것과 같은 원리였다. 삼각형 내부에서 색의 양이 많건 적건 상관없이 색의 위치는 본래 원색의 위치와 같다. 이것은 다른 모든 색이 색의 가장자리를 따라 혼합된 것이거나 내부에 존재한다는 의미였다. 그런 다음 그는 그 색들에 각기 다른 양의 빛을 비추는 기계를 만들었다. 그는 한 색을 골라 삼각형에 표시한 뒤, 색맹인 사람에게 보여주었다.

맥스웰은 그 사람에게 다른 색들도 보여주었다. 실험 대상이 첫 번째 목표 색을 구별해내지 못할 때마다 맥스웰은 그의 삼각형에 색을 표시했다.

그 결과 그는 하나의 패턴을 발견했다. 맥스웰은 표시한 부분들을 삼각형의 빨간 모서리까지 직선으로 그었다. 맥스웰이 아무리 붉은빛의 양을 늘리거나 줄여도 파랑과 초록의 비율이 동일하게 유지되는 한, 피실험자에게는 색이 변하지 않는 것으로 나타났다. 맥스웰은 "보통 눈의 경우에는 3개, 오로지 3개의 색상 요소만 가진다"라고 썼다. "색맹은 이중 하나가 없다." 맥스웰의 설명대로 그 사람은 '2색형 색각'이었고, 대부분의 사람은 '3색형 색각'이다.

이 내용은 색각 작용 원리의 토대를 마련하는 데 중요하다. 1장에서 언급한 고세균의 사람 버전이라고 할 수 있겠다. 인간의 망막은 맥스웰이 말한 대로 '색의 원소'를 가지고 있다. 그것은 바로 옵신으로, 빛과 색을 구성하는 무언가와 그것을 인식하는 정신 사이의 생물학적 인터페이스다. 이 옵신은 발색단이라고 불리는 구조에 연결되어 페인트와 염료에 색을 부여하는 물질처럼 발색단에 색을 입힌다.

맥스웰이 그의 결론을 『철학 논고』에서 발표하던 것과 거의 동시에, 오토 위트라는 독일 화학자는 빛과 물리적인 색인 염료 사이의 연결 고리를 만들어내 이 문제를 다른 방향에서 설명했다. 위트는 발색단이 색소를 흡수하는 게 아니라 반사하면서 색소와 작용한다는 사실을 알아냈다.

위트는 퍼킨이 모베인(모브)을 가지고 씨름하다 뭔가 공통점이 있다는 사실을 알아낸 이후 새로운 염료들이 발명되었다는 것을 깨달았다. 그 염료들은 6개의 탄소 원자 고리 — 벤젠이라고도 불린다 — 로 만들어졌거나 그 고리들 가운데 2개가 결합해 만들어진 것이었다. 그리고 그 구조에는 항상 특정 그룹의 원자들이 결합해 있었다. 두 개의 질소가 서로 결합해 있거나 탄소와 산소 또는 단 두 개의 탄소가 결합해 있는 식이었다. 단순한 작용기<sub>유기화합물의 성질을 결정하는 원자단</sub>가 염색 분자들의 색을 다양하게 만들었다. 위트는 이것을 색체 운반원, 발색단이라고 불렀다. 전체적인 구조는 색원체, 즉 색 제조기라고 불렀다. 이것들은 분자와 분자 조각으로, 빛과 상호작용하면서 눈으로 볼 수 있는 색이 된다. 발색단에 관한 발상은 곧 색을 만들 때 퍼킨이 운 좋게 모베인에서 아이디어를 얻었던 것처럼 우연에 기댈 필요가 없다는 것을 의미했다. 그것은 이론이었고, 유기 화학자들이 분자 구성 요소에서 새로운 염료와 색소를 만들 수 있는 기반을 제공했다. 아무도 염료에 있는 발색단이나 눈에 있는 무엇이 어떻게 빛의 변화하는 파형과 상호작용하는지 정확히 알지 못했고, 이 모든 이론은 20세기 초에 물리학의 다른 내용들과 함께 다시 새롭게 쓰인다. 그러나 쏟아져나오는 새로운 색소들을 뒷받침해주는 흰색 색소와 이를 인지하는 눈 사이의 연관성은 새로운 다채색의 세기가 열릴 것임을 암시했다.

한 가지 사소한 문제가 있었다. 이건 색맹들에게도 마찬가지였는데 모든 색이 모든 사람에게 다 똑같아 보이지 않는다는 것이었다. 아리스토텔레스가 자수가가 다른 빛으로 자신의 작품을 비춰 봤을 때 일어나는 일에 관해 말했듯, 사람들도 상황에 따라 자신이 바라보는 대상을 다르게 볼 수 있다. 그 힌트는 새로운 색과 그것을 요구하는 문화 사이의 매우 복잡한 상호작용 속에 들어 있었다. 빛의 물리, 색의 화학, 눈의 생리를 이해하는 것만으로는 충분하지 않았다. 사람들은 주변 조건, 상황, 세상에 대한 자신의 생각에 기반해 색을 본다. 다양한 색은 다양한 사람들을 담아낸다.

5장

# 만국박람회

1889년 파리 만국박람회—19세기 후반 파리에서 열린 5개 만국박람회 중 하나—를 찾은 방문객이라면 진짜 쥘 베른식 스팀펑크를 목격했을 것이다. 가스램프가 만들어낸 파리의 불빛 한가운데에 엔지니어 구스타브 에펠이 설계한 공업용 금속 탑이 우뚝 서 있었다. 토머스 알바 에디슨의 새 발명품인 축음기는 모든 가정에서 녹음된 음악을 듣는 미래를 보여주었다. 조르주외젠 하우스만이 건설한 대로大路와 현대적 하수 시설은, 솔직히 말해, 이를 갖추지 못한 대부분의 산업도시가 불쾌하게 생각될 정도였다.

　미국인들은 여기에 열광했다. 1889년 워싱턴주가 연방에 가입하면서 미국은 대륙을 가로질러 뻗어나가라는 '명백한 운명'19세기 중반에서 후반의 미국 팽창기에 유행한 이론으로, 미합중국은 북미 전역을 정치·사회·경제적으로 지배하고 개발하라는 신의 명령을 받았다는 주장을 완성했다. 크리스토퍼 콜럼버스가 신세계에 도착한 지 400년이 되기 몇 년 전 부유하고 영향력 있는 지배층 백인들은 이제 그들이 지배하는 대륙을 위해 축하 파티를 열기로 했다. 위원회가 조직되었고, 자금 모금도 이루어졌다. 1893년, 인구 면에서 지리적 중심지이자 철도의 요충지인 시카고가 유럽 국가들과 경쟁하여 미국의 우위를 내세울 수 있는 만국박람회 개최권을 따냈다.

이 박람회 — 콜럼버스 만국박람회 — 는 미국의 근대주의를 과시하기만 한 것이 아니었다. 쉽게 말해, 박람회는 문화적 우위를 표현하기 위해 디자인과 색을 도구로 삼았다. 당시 올리가리히의 지지를 받던 백인 남성들은 문자 그대로, 그리고 은유적으로 박람회를 흰색으로 물들였다. 그들은 북미 대륙이 성취한 이 명백한 운명이 다른 이들보다 일부 사람들에게 더 명백하게 드러날 것이라는 메시지를 고의적으로 보내고 있었다. 그 운명은 양복 입은 백인들의 것이었다.

무엇으로 색을 만들고, 사람들이 어떻게 색을 보는지 과학자들이 더 많이 밝혀내고 기술 전문가들이 그 색들을 보여주는 새로운 방법을 개발하면서, 만국박람회는 지난 2000년간 플라톤, 아리스토텔레스, 다빈치, 미켈란젤로가 치열하게 벌여온 '형태 대 색' 전쟁의 대리전 양상을 띠었다. 이 전쟁은 팔레트 위에서 남성성에 관한 몇 가지 위험한 생각을 인종에 대한 식민지 시대의 잔인한 사고와 뒤섞어버렸고, 용케 흰색을 만들어낸다. (문자 그대로나, 비유적으로나 정확히 그렇다.)

결말을 누설하자면 결국 색이 승리한다. 색이 보유한 두 가지 비밀 무기 덕분이다. 하나는 눈이 빛으로부터 색을 처리하는 방식에 따른 기술이고, 다른 하나는 인간의 사고가 모든 것으로부터 색을 조합하는 방식을 새롭게 알아냈기 때문이다.

먼저 무대배경을 보자. 1800년대 후반 시카고는 이미 산업, 단백질, 중서부라는 지리점 이점, 미시시피강 동쪽에서 가장 큰 산등성이로 유명했다. 만약 미국인들이 유럽인들이 자신들을 무시한다고 생각했다면, 시카고 사람들은 동부 사람들에게서 그런 기만적이고 엘리트인 체하는 시선을 두 배는 더 느꼈을 것이다.

만국박람회 투자가들은 시카고의 디자인을 살리고 싶어했고 운 좋게도 시카고에는 세계 최고의 건축가들이 있었다. 그중에서도 위대한 시카고 건축가인 대니얼 버넘과 존 루트가 선택을 받았다. 이들은 당시 무려 10층으로 세계 최초의 초고층 건물 가운데 하나인 몽톡 빌딩을 지었다. 뉴욕의 일류 디자이너들이 여전히 유럽 보자르 스타일의 컬리큐 건축을 하는 동안, 버넘 앤 루트사는 미래 건축의 새 얼굴이 되었다.

투자가들은 추가로 프레드릭 로 옴스테드와 그의 파트너인 헨리 코드먼을 현장에 투입했다. 옴스테드는 미국 전역을 무대로 활동한 인물로 보스턴 '에메랄드 네클리스' 공원과 뉴욕 센트럴파크를 설계했다. 심지어 20년 전부터 시카고의 공원 공간을 구상해 왔다. 시카고 만국박람회를 호숫가에서 개최하자고 제안한 이는 옴스테드였다. 그가 추천한 장소 중 하나는 루프 시카고의 다운타운 업무중심 상가지역 북쪽이었는데, 지역 철도 사장은 그곳까지 연결하는 새 노선을 건설할 수 없다며 거부했다. 옴스테드와 버넘은 군말 없이 예전에 옴스테드가 공공장소 입지로 추천했던 다른 곳으로 부지를 변경했다. 잭슨 파크 습지의 사구였다.

이로 인해 버넘, 루트, 옴스테드, 코드먼은 박람회장 건설을 위해 대대적인 바닥고르기 작업과 발굴 작업을 해야 했지만, 덕분에 육로와 수로 둘 다 이용해 모든 건물에 접근할 수 있었다. 박람회장의 중심부에는 특정 주제별 물품이나 전시회를 한데 모은 '건축의 전당'이 설치될 예정이었다. 루트는 디자인에 다양한 스타일과 색을 채택하고 싶어했다. 회의가 진행될 때 루트는 다른 남자들이 여러 가능성에 대해 이야기할 때 주로 메모하고 드로잉하는 역할이었지만, 결국 네 사람은 전당과 주요 수경 시설 주변 건물들을 모두 동일한 스타일로 짓자는 데 동의했다.

건축의 전당은 진중한 분위기의 건물이 될 것이었다. 파리의 유리-금속으로 만든 건축물처럼 싸구려 같은 느낌이나 카니발 같은 경망스러운 분위기는 안 될 일이었다. 절대 안 될 일이었다! 루트는 고딕-무어풍의 적갈색 건물을 기본으로 하여 몇 가지 아이디어를 제시했다. 이 중에는 끝부분에 박공을 넣고 지붕을 대부분 유리로 만든 150미터가 넘는 팔각탑과 분홍색 화강암으로 지은 예술 궁전도 있었다. 1890년 루트는 아내에게 보낸 편지에서 이렇게 말했다. "다만 두려운 건 너무 훌륭해서 진짜가 아닌 듯 느껴지는 것이라오." 루트처럼 재미의 가치를 알고 있던 옴스테드는 박람회장 본관 중간 지점에서 서쪽으로 이어지는 구역에 좀더 다양한 놀이, 즉 놀이기구와 볼거리, 춤, 음식, 생생한 타문화 박물관이 있는 전시관을 만들자고 제안했다. (프랑스 만국박람회 때 이와 비슷한 구역이 있었다는 것을 생각해낸 옴스테드는 이 지역을 '미드웨이 플레이슨스'라고 부르자고 제안했다. 그리고 사람들이 앞으로 이와 비슷한 유흥 시설을 볼 때마다 플레이슨스라고 부르길 바랐다. 하지만 오늘날에는 다들 미드웨이라고 부른다.)

영국과 프랑스가 크리스털 팰리스 같은 거대한 철제 프레임과 유리 상자 창고에 박람회를 쑤셔 넣은 식이었던 반면 콜럼버스 만국박람회는 그렇지 않았다. 건물 정면은 오스만 남작이 개조한 파리 혹은 런던의 리젠트 스트리트만큼이나 엄격한 통일성을 보였다. 박람회는 다른 만국박람회가 그랬듯 일시적이겠지만 이 건물들은 영원해 보였다.

하지만 이게 정확히 무슨 의미일까? 완고함, 영속성, 진지함과 같은 개념 말이다. 건축은 모든 것을 실행에 옮기는 일이다. 건물들은 어떤 스타일을 취할까? 서로 어떻게 상호작용할까?

건물들은 어떤 색을 입을까?

1883년 루트는 「순수한 색의 예술」이라는 에세이에서 다채로운 외장에 대한 확고한 뜻을 내비쳤다. 그는 시각예술가와 건축가들이 어떻게 색이 서로 유기적 관계를 맺고 사람들이 그 색을 어떻게 보는지를 이해하기 위해서는 건축업자의 묘기에 의존할 게 아니라 색 이론, 광학, 심리학을 공부해야 한다고 썼다. 그것은 미적 이유에서만이 아니라 건축과 디자인에서 색을 좀더 진정성 있게 표현하는 데 필요하기 때문이다. 예를 들어 건축을 할 때 원재료—나무나 벽돌, 지역의 다양한 돌—를 회반죽이나 페인트, 벽지로 뒤덮는 것은 근본적으로 바람직하지 않다. 색상 이론과 광학을 공부하면 재료의 실제 고유색을 건물에 통합시킬 방법을 알 수 있었다. 그런 색을 무시하는 것은 구조물 재료와 구조물 사용자를 존중하지 않는 행위였다. 루트는 "과학을 예술로 탄생시키려면 반쯤 마비된 광학 신경을 충격요법으로 되살려 새롭고 진정한 시력을 가져야 한다"고 썼다.

이것은 재료의 진정성을 요구하는 최초의 모더니즘을 위한 항변이었다. 여기에서 루트는 광학 및 정서적 효과를 얻기 위한 체계적인 방법으로 원재료의 색, 페인트 및 색소를 활용하는 이른바 다색채색법(폴리크로미)을 주장했다. 루트는—건물의 본재료, 건축, 의도를 숨기지 않고—진짜 색을 유지하고 장식적으로 흐르지 않는 유일한 방법은 색의 과학을 단호하게 추구해가는 것뿐이라고 생각했다.

시카고의 다색주의는 실용적이기도 했다. 이미 도시의 건물들은 1870년대 초부터 유별나게 다채로웠다. 그것은 재료 본래의 자연스러운 색을 존중해서라기보다는 도시를 시커멓게 만드는 요인인 급증하는 산업 시설과 가축 사육장에서 나오는 검댕, 대기 중

오염물질들을 씻어내고 싶은 마음이 컸기 때문이다. 거칠게 깎은 회색 사암은 깔끔하지 않았고, 미술 교육을 받은 건축가들이 좋아했던 소용돌이무늬, 톱니무늬, 낮은 돋을새김 등을 통해 오염의 잔재를 지워내겠다는 생각은 끔찍했다. 하지만 유약을 바른 테라코타라면? 젖은 천으로 닦기만 하면 된다. 그렇지만 흰색이 얼룩을 더 돋보이게 한다는 사실은 아주 뛰어난 디자이너가 아니라도 아는 것이다.

박람회의 전체적인 색 구성을 결정하는 게 시급한 일은 아니었다. 박람회는 국가적인 차원의 큰 행사였기 때문에 버넘은 대대적인 작업으로 제때 일을 끝마치려면 더 많은 건축가를 영입해야 한다는 것을 깨달았다. 확신이 부족해 보일 수 있었지만 버넘은 전혀 개의치 않고 시카고학파 건축가들이 경쟁 상대로 여기는 오만한 뉴욕, 보스턴 출신의 건축가들을 데려왔다. 어쨌거나 박람회의 타당성에는 도움이 되는 일이었고, 어쩌면 그의 명성도 높여줄 수 있었다. 결국 그들에게 명령을 내리는 사람은 버넘이었다. 동부 출신 건축가들은 처음에는 조금 주저했지만, 결국 매킴, 미드, 화이트 등 권위 있는 회사들의 보자르 예술 전문 건축가들이 합류했다. 전통주의자이며 야심에 찬 나이 든 거장들이 시카고로 오고 있었다.

말 그대로 그들은 그렇게 했다. 1891년 1월, 버넘은 시카고에서 모인 동부 출신 건축가들의 기획 회의와 현장 견학을 맡았다. 루트는 자신이 선호하는 다색채색법, 오리엔탈풍 스타일로 일하도록 건축가들을 설득하는 데 이미 실패한 뒤였고 건강도 좋지 않았다.

추운 토요일, 건축가들은 잭슨 파크 주변을 천천히 산책했고, 이튿날 다 함께 시카고 골드코스트에 있는 루트의 집에서 저녁 식사를 했다. 당시 루트는 눈에 띌 정도로 아파 보였다. 월요일, 의사는 폐렴 진단을 내렸고 건축가들이 경과를 기다리는 동안 버넘은 루트의 집에서 밤을 보냈다.

목요일 밤, 루트는 세상을 떠났다.

버넘의 한 전기 작가는 "그는 동료가 죽은 채 누워 있는 방 아래서 몇 시간을 서성이며 혼잣말을 했다"라고 썼다. "그는 초자연적인 힘을 비난하는 것 같았다. '나는 열심히 일했어. 이번 일을 성사시키고 우리가 세상에서 가장 위대한 건축가가 되길 계획하고 꿈꿔왔다고. 그와 함께 그 꿈을 공유하며 목표를 향해 나아가고 싶었다고. 그런데 그가 죽다니. 제길! 제길! 제길!' (…) 그는 주먹을 흔들며 잔인한 운명을 저주했다."

건축가들과의 만남은 일주일 더 이어졌지만 전망은 암울했다. 루트가 죽은 뒤 모든 게 다시 평범한 수준으로 돌아갔다. 버넘이 초빙해온 동부 출신 건축가들은 회의 전에 공모하여 주요 건축물을 모두 은행이나 미국 의회의사당 같은 신고전주의 스타일로 만들자고 했다. 기본적으로 로마 신전의 모습으로, 혹은 적어도 그들이 로마 신전은 이렇게 생겼다고 생각하는 대로, 즉 꼭대기에 구불구불한 장식이 들어간 기둥, 열주로 향하는 넓은 계단, 얇고 끝이 뾰족한 지붕 따위 말이다. 예술 궁전, 음악당, 여성관에서 모두 유럽 박람회에서 보여준 패기 넘치는 쥘 베른식 미래가 아니라 이름

뿐인 로마의 영광을 보여주는 과거를 기념하려는 것이었다. 루트라는 괴짜 악마가 어깨에서 사라지자 버넘은 위대한 기념비적 개념에 굴복하고 동의한다.

핑크색 화강암 박공은 잊어라. 그들은 메인 플라자인 명예의 전당에 있는 모든 건물을 같은 스타일로 지을 뿐 아니라 코니스—지붕 바로 아래에 있는 장식용 선인 균일한 모서리—의 높이까지 통일하기로 했다. 엄격한 규칙성이 적용될 것을 알리는 시작이었다.

하지만 그 건물들은 임시 건물이었다. 화강암이나 대리석 대신 유럽 만국박람회에서 선호했던 조립하기 쉬운 금속과 유리 프레임으로 된 건물들이 들어섰다. 건물 파사드는 강도와 성형성 면에서 평가가 높았던 스태프, 즉 회반죽과 유리섬유 혼합물로 장식했다. 콜럼버스가 미국에 도착하면서 촉발되어 400년 동안 눈부시게 이루어낸 것을 과시하기 위한 박람회였다. 건축가들은 건축물의 파사드에 제국과 산업을 문자 그대로 예증하는 위엄이 드러나길 바랐다. 그것은 역사의 미화whitewhashing였다.

실제로도 말 그대로 화이트워싱, 즉 백색 도료로 건물을 치장했다. "우리는 색에 대해 이야기했고 마침내 '전부 완벽하게 흰색으로 만들자'고 생각했습니다." 나중에 버넘은 이렇게 밝혔다. "누가 제안했는지는 기억이 안 나요. 종종 그렇듯 여럿이 함께 떠올렸을 수도 있고요. 어쨌든 결정은 내 몫이었습니다."

박람회 건축가들은 고대 로마가 흰색이었다고, 혹은 자신들의 생각은 그렇다고 믿어 그 부분을 재현하고 싶어했다. 그리고 19세기 후반까지의 흰색은 인종과 계급에 관한 편견에 스며들어 있던 청결 개념과도 분명 관련되어 있었다. "보건운동"은 미국과 유럽 전역의 도시에서 콜레라 같은 질병이 발병하지 못하게 막기 위한 공중보건상의 노력, 공원, 햇빛과도 연관이 있었지만, 한편으로는 그러한 전염병을 가난이나 유색인종과 결부시키는 경향을 보였다. 세면용품 마케팅은 그런 이미지를 구축하는 데 한몫했다. 비누는 정제 지방으로 만들어졌고, 19세기 대부분에 프록터&갬블P&G에서 출시된 제품 중 녹색과 갈색 제품은 가장 인기가 없었다. 1878년 P&G가 "99.44퍼센트 순수"하다는 흰색 저가 비누를 내놓자 판매량은 급증했다. 도그 휘슬은 일부 수용자에게만 효과를 발휘하나, 이것은 도그 휘슬이라기보다는 아주 노골적인 선전이나 다름없었다.

당시 디자이너들은 모두 침묵했지만 적어도 몇 명은 우려했다. 1892년 4월, 파리 만국박람회장을 방문한 옴스테드는 철거하지 않고 남아 있는 건물들이 다양한 색으로 치장되어 있다는 사실에 주목했다. (심지어 에펠탑은 원래 아랫부분이 짙은 적갈색이었는데 위로 올라갈수록 색이 옅어져 더 높아 보이는 효과가 났다.) 옴스테드가 집에 보낸 편지에는, 미국의 콜럼버스 만국박람회가 상대적으로 "거창한 의례"처럼 보일까 우려하는 마음이 드러나 있다.

그는 전체가 백색으로 구성된다는 것을 크게 걱정했다. 옴스테드는 이렇게 썼다. "맑고 푸른 하늘과 푸른 호수를 배경으로 우뚝

솟은 거대한 백색 건물들이 시카고의 여름 햇빛을 받아 빛나고, 박람회장 안팎에서 반짝이는 물결이 너무 압도적으로 느껴지지 않을까 두렵소." 그는 정원사를 시켜 조용히 나무와 풀을 더 추가했다. 건물을 좋아하지 않는 수동적이고 공격적인 조경사를 대하는 고전적인 방식이었다.

1890년 12월부터 시작된 박람회 계획안은 매우 옴스테드다운 ― 석호와 직선의 공원을 구불구불하게 잘라내고, 도로와 다리는 아르누보 스타일로 만들었다 ― 안이었다. 하지만 한 달 후 루트가 죽자 길과 다리들은 모두 곧게 펴졌다. 그런 가운데 남서쪽 모퉁이에 새 건물이 하나 들어선다. 기차역 근처인 그곳에는 농업전시관이 들어설 예정이었는데, 서로 위치를 바꾼 것이었다. 그 건물 부지로 딱이었다. 그 새로운 건물은 교통전시관이었다.

모든 건축가에게는 특정 건물이 배정되었는데, 교통전시관은 시카고를 주무대로 활동한 또 한 명의 건축가인 고층건물의 아버지, 루이스 설리번에게 돌아갔다. 그는 파트너인 당크마르 아들러와 함께 시카고의 오디토리엄 빌딩을 설계했는데, 이 건물은 호텔 로비 뒤쪽과 주변을 극도로 다채로운 벽감과 통로로 가득 메웠고 유색 배경 위에 아라베스크 문양으로 금색 페인트를 칠했다. 버넘은 애들러와 설리번에게 음악당을 맡기려고 했지만 오디토리엄 빌딩이 완공된 후, 그들은 똑같은 틀에 갇힐까봐 우려했다. 그래서 설리번은 교통전시관 ― 명예의 전당에서 벗어나려는 단순한 도전을 넘어 신고전주의 패권의 주체가 되지 않으려는 노력을 보여준다 — 을 하겠다고 요청했다.

오디토리엄 빌딩이 색의 향연을 구연한 것이라면 교통전시관은 잭슨 파크에 펼쳐지고 있는 고대 로마식 장난감에 대항하는 전면적인 혁명이었다. 설리번은 그런 움직임을 주도할 훈련을 막 마친 상태였다. 설리번은 오리엔탈풍과 보헤미안 스타일을 선호했는데, 가장 중요한 것은 미셸 외젠 슈브뢸이라는 프랑스 화학자의 색 규칙을 따랐다는 것이다.

파리 13구에 위치한 작은 박물관인 고블랭 갤러리는 프랑스 왕이 쓸 가구를 만들기 위해 1662년에 설립되고 1699년 유럽 최고급 태피스트리를 만들기 위해 재구성된 된 고블랭 공방의 전시실이다. 오늘날 갤러리에 전시되고 있는 물품도 대부분 거대한 태피스트리다. 벽에 걸린 6미터가량 폭의 태피스트리들은 명화 복제품으로 그다지 대단한 것은 아니었지만, 때로는 원작 화가들의 도움을 받아 지난 세기에 제작되었다.

나는 그곳을 방문했을 때 정문으로 가는 계단을 내려가기 직전 놀라울 만큼 큰 세 마리 새가 선명한 진홍색으로 묘사되어 있는 것을 발견했다. 새들은 모두 원 안에 들어 있었는데, 두 마리는 밝은색에서 점점 어둡게 표현되어 있고 한 마리는 그와 반대로 표현되어 있었다. 500평방피트에 걸친 산불을 보는 것 같았다. 어두운 빨강이 보라색에 가까운 반면 밝은 빨강은 완전히 다르게 빛나고 있다.

최대한 가까이 다가가보자. 팔길이의 두 배 정도 떨어진 곳에서 보면 「고블랭의 밤」('천상의 고블랭'이라고도 한다)에서는 더 많은 일이 벌어지는 중이다. 조각가 뱅상 보랭이 2016년에 만든 이 작품은 한두 가지의 빨강을 사용한 게 아니라 37가지 다른 색조의 실을 엮어 만든 것이다. 가까이에서 살펴보니 어두운 빨강 부분은 녹색이 점점이 들어간 암적색과 마젠타가 혼합되어 있다. 인접한 더 밝은 부분은 옅은 회색이 들어간 주황과 분홍색으로 직조되어 있었다. 멀리서 보는 색은 표면에서 얼마 안 떨어진 곳에서 보는 색과는 별 상관이 없다.

부분적으로 보면 갤러리에 있는 모든 태피스트리가 그런 식이었다. 공예품으로서 태피스트리는 캔버스에 색칠하는 것보다는 컴퓨터 스크린을 디자인하는 것에 더 가깝다. 색실을 씨실과 날실로 엮을 때 둘 중 한쪽 실만 밖으로 살짝 드러난다. 그 픽셀에 가까운 점들이 모여 하나의 이미지로 결합되는 것이다. 실은 각각의 색으로 염색되어 있지만 직조할 때 색소가 혼합되는 것은 아니다. 프린터와 비슷하게 직조공도 눈이 색을 섞는 방식에 의존한다. 고블랭에서 근무한 화학자 미셸 외젠 슈브뢸은 1839년의 저서 『색채 대비의 법칙 그리고 그림, 건물 장식, 모자이크 작업, 태피스트리와 카펫 직조에서의 적용』에서 색에 대한 아이디어를 이론적으로 체계화했다. 제목은 꽤나 장황하지만 무슨 뜻인지 여러분은 이해할 것이다.

뱅상 보랭은 슈브뢸의 이론을 실제로 활용해 색을 섞어 직조하려고 했다. "고블랭에서 태피스트리를 제작해달라는 요청을 받고, 그곳의 오랜 장인정신을 깨우며 색채대비에 관한 활기를 되살릴 필요가 있다고 생각했습니다." 그는 내게 보낸 이메일에서 이렇게 말했다. 나는 '색채 동시 대비의 법칙과 유색 물체의 배합 법칙'만 이야기하는 겁니다. 슈브뢸의 충고가 나머지 부분에도 전부 먹혀든 것은 아니었으니까요.:)"

마지막 이모티콘은 슈브뢸의 조언이 전적으로 실용적이지 않은 것에 대한 실망을 표시한 것처럼 보였다. 앙제에서 태어난 슈브뢸은 1803년 프랑스 자연사박물관의 영향력 있는 화학자에게 자신을 소개하는 편지를 들고 파리에 도착했다. 슈브뢸은 그 화학자의 조수가 되었고, 그 후 10년 만에 스타 화학자로 거듭났다. 그의 주요 연구 분야는 지방脂肪이었다. 슈브뢸은 현재 화학자들이 "지방산"이라고 부르는 것을 발견했고, 새로운 양초와 비누 제조법들을 내놓았으며 마가린 발명의 길을 열었다. 그 연구를 바탕으로 중요한 책 두 권도 집필했다.

그런 성과 덕분에 그는 샤를 10세의 관심을 끌었다. 그즈음 토머스 영이 어떤 원리로 눈이 색을 볼 수 있는지 밝혀냈고, 합성 콜타르에서 색소가 만들어지려면 아직 반세기는 더 있어야 한다는 사실을 기억하자. 방직紡織에 적용하기 위해서는 천연 유기 염료의 화학적 성질을 이해하는 것이 꼭 필요했다. 그래서 샤를 10세는 슈브뢸을 고블랭 공방의 염색부 책임자로 삼았다. 고블랭 공방은 지난 100년간 일관되지 않은 염색제 문제로 몇 차례 실패를 겪었고 이를 해결하기 위해 노력해왔다. 이곳의 명성은 왕가의 자부심과도 직결되었다. 고블랭이 사용하는 직물 염색에는 원모原毛, 화학 및 색상 분류에 관한 심층적인 지식이 필요했다. 프랑스에서 가장 유명한 화학자가 기꺼이 맡을 만한 일이었다.

슈브뢸은 새 사무실로 이사할 시간도 내지 못했던 터라 불만이 있는 고블랭 직조공들이 그의 집에 찾아와 밖에서 기다리곤 했다. 그들은 검은색으로 염색한 양모 샘플 색이 잘못되었다고 말했다. 슈브뢸은 샘플을 자신의 작업실로 가져가 런던과 빈에서 가져온 검은색 양모와 대조하며 색상을 테스트했다. 하지만 염색약이나 염색약이 양모에 흡수된 방식에는 아무 문제가 없었다. 뭔가 다른 문제가 있는 게 분명했다.

슈브뢸은 마침내 새로운 아이디어를 떠올렸다. "직조공들은 검은색의 활기가 부족하다고 불평했는데 그건 옆에 있는 색 때문이었다." 그는 나중에 이렇게 썼다. "그것은 색채대비 현상 때문이었다." 문제는 염료 색이 아니라 주변의 대비되는 색이었다. 미술사학자 조르주 로크가 쓴 것처럼, 눈이나 뇌에서 인지하는 색은 옆에 위치한 색에 따라 달라진다.

이런 아이디어는 1000년 동안 색채 과학의 뒤꼍에서 논의되던 내용이었다. 토머스 영은 색광 연구를 통해 사람들이 보는 색이 항상 색의 파장과 일치하는 것은 아님을 알아차렸다. 표면에 색광이 비치면 그 표면 색이라고 당연히 여겼던 것이 달라진다. 하지만 관찰자는 어느 정도는 원래의 색을 볼 수 있다. 그것은 "색 항상성"이라고 불리는 성질 때문에 가능한데 영은 그것에 대해서는 전혀 알지 못했다.

어떻게 파장과 망막이 색각의 이런 현상학적 특성을 설명할 수 있는 것일까? 슈브뢸은 그 문제를 실험으로 해결할 수 있다는 것을 알았다. 그는 다양한 색을 나란히 놓고 그 효과를 관찰하기 시작했다. 그리고 기본적으로 서로 다른 두 가지 색을 옆에 두거나 같은 색이더라도 명도가 다른 두 가지를 함께 놓아두면 뇌가 그 차이를 과장한다는 것을 발견했다. 눈이나 두뇌는 한 가지 색상에 다른 색의 보색을 추가한다. 즉 빨강 옆에 있는 파랑은 초록에 가까워 보이고, 빨강은 노랑에 가까워 보인다. 빨강과 초록, 파랑과 노랑은 왜 보색이 되는 것일까? 아무도 그 이유를 알지 못했다.

슈브뢸은 실제로 상보성을 도구로 활용할 수 있는 방법을 찾아냈다. 그는 관찰한 내용을 '색채 동시대비 법칙'으로 체계화하고, 그 원리를 세상에 널리 전파하기 시작했다. 한번은 어느 부유한 남자가 벽지 제조업자에게 돈을 지불하기를 거부한 일이 있었다. 녹색 바탕에 들어간 회색 무늬가 그의 집 벽에서는 불그스름하게 보였기 때문이다. 제조업자는 그 남자를 고소했고 슈브뢸이 증인으로 법정에 섰다. 그가 흰 시트를 잘라 녹색을 덮자 회색으로 보였다. 그리고 그 회색은 괜찮아 보였다. 슈브뢸이 내놓은 솔로몬의 해결책은 이것이었다. 회색에 약간의 초록을 섞어 빨강으로 인식하는 부분을 중화한다.

슈브뢸은 이 새로운 규칙들을 전부 책에 담았다. 과학자들뿐 아니라 모든 이에게 과학적인 혹은 최소한 거의 과학적인 색 이론에 대해 생각할 기회를 제공하기 위해서였다. 항상 한 가지 색 옆에 다른 색을 배치하는 태피스트리 제작자들이 색의 작동 방식에 관한 그의 설명에 얼마나 많은 관심을 기울였을지 짐작할 수 있다. 직물은 패턴의 예술인 동시에 색의 예술이기도 하다.

일부 화가들도 관심을 보였다. 프랑스 낭만주의 화가 외젠 들라크루아는 슈브뢸의 강의 노트를 사서 보색 삼각형을 스케치했고, 자신의 1840년 작 「십자군의 콘스탄티노플 입성」에서 그 개념을 적용했다. 1880년에 카미유 피사로는 그림에서 주조색의 보색을 사용하기 시작했고, 광택이 없는 노란색 종이에 보라색 프레임을 씌운 에칭을 선보였다. 1883년까지 그는 흰색 프레임에 예술작품을 전시했는데, 이는 슈브뢸이 직접 제안한 것이나 다름없었다.

인상파 화가들은 자신들이 실제로 보고 있는 것을 재현하기 위해 특이하거나 예상치 못한 색을 사용한 것으로 유명하다. 아니, 그보다는 본능적이고 충동적인 성격으로 훨씬 더 유명했을지도 모르겠다. 클로드 모네는 보색을 알고 있었다. 단지 특별히 신경쓰지 않았을 뿐이다. 모네 같은 인상파 화가들은 슈브뢸의 연구 내용에 관해 알았을 수도 있다. 하지만 그들이 상호보완성에 대한 아이디어를 접했다면 그건 샤를 블랑 ─ 여기서도 이름 결정론 사람은 자신의 이름과 관련 있는 분야를 좋아하고 잘 수행한다는 가설. 블랑blanc은 프랑스어로 흰색을 의미한다을 볼 수 있다 ─ 이라는 비평가의 글에서였을 것이다. 그는 과학자가 아니었지만 바보였다는 것은 분명하다. 그는 형태냐

색이냐라는 전쟁에 참여한 또 한 명의 전사였다. 블랑이 쓴 것으로 여겨지는 것 같은데 가장 유명한 의견은 드로잉이 '절대적'이며, '상대적'인 색상보다 우월하다는 것이다. 블랑은 이렇게 쓰기도 했다. "예술에서 드로잉이 남성적 측면이라면 색은 여성적 측면이다."

색채 과학이 이루어낸 발전 가운데 어떤 것 덕분에, 하루 중 서로 다른 시간대에 루앙 대성당을 관찰하는 등 지독한 연구 끝에 작품을 탄생시킨 모네 같은 인상파 화가들이 유연성을 갖게 되었다면 그것은 이 두 가지일 것이다. 첫째, 더 많은 색소를 활용할 수 있었기 때문이다. 둘째, 주석과 납으로 만든 새 튜브 덕분에 유화물감 휴대가 가능해져 미술도구를 야외로 가지고 나가 변하는 빛과 색을 그릴 수 있게 된 것이다. 광범위하게 진행되어왔던 '형태 대 색' 전쟁에서 색이 승리했다는 증거는 이것이다. 대부분의 인상파 화가들이 빛과 그림자 안에서 형태를 만들어낸 다음 색을 적용하는 키아로스크 기법(명암법)을 포기하고, 선을 선호하는 성향상 먼저 색을 사용해 형태를 만든 뒤 흰색 하이라이트를 칠하는 쪽을 택했다는 점이다.

그러나 얼마 후에 등장한 신인상주의 분파는 모두 슈브뢸의 영향을 받은 이들이었다. 1884년 폴 시냐크는 고블랭의 슈브뢸을 방문했고, 1년 후 조르주 쇠라를 그곳에 데려가 슈브뢸의 조수를 만났던 것으로 추정된다. 충분히 가능한 일이다. 시냐크와 쇠라의 색채분할법에 매우 중요한 '시각혼합', 즉 보는 사람의 눈에 작은 점들이 합쳐져 색으로 보인다는 견해 ─ 그 유명한 점묘법 ─ 는 슈브뢸의 아이디어에서 비롯된 합리적인 추론처럼 보인다. 미시적으로 보면 이것이 망판 인쇄 ─ 르블롱 삼색 인쇄판의 현대적 버전 ─ 의 기본 작동 원리다. 잡지에 등장하는, 볼 수 있는 모든 색이 담긴 모든 색역의 그림들은 대개 점들이 아주, 아주 가깝게 모여서 이루어진 혼합체다.

슈브뢸은 원색에 인접한 색상이 그 원색의 보색이 가지는 일부 특성을 가질 수 있다고 지적했다. 심지어 그는 책에 원색을 동그랗게 그리고 그 주변에 보색의 음영을 그려 넣는 이런 효과를 과장한 색판까지 삽입했다. 하지만 화가들이 일부러 그렇게 색을 칠해야 한다는 뜻은 아니었다. 사실 슈브뢸은 그렇게 칠한 색이 상당히 보기 싫다고 생각했다. 슈브뢸이 회화에 어떤 영향을 끼쳤든, 그의 책이 대상으로 삼은 것은 장식예술, 특히 그의 전문 분야인 직물이었다. 패션 디자이너들은 슈브뢸의 색에 관한 아이디어를 받아들였고, 여성을 주 대상층으로 삼아 일반 관심사를 싣는 잡지의 과학 기사는 많은 관심을 끌었다. 1850년대에 그의 저서가 영어로 번역 출간되면서 그는 미국에서 가장 많은 판매 부수를 기록한 여성 잡지『고디의 여성용 책과 잡지』만큼이나 유명한 과학계의 셀럽이 되었다. 1855년 4월, 이 잡지의 한 기사에서는 옷과 집 안 장식품을 고를 때 슈브뢸의 아이디어를 이용하라고 독자들에게 조언하기까지 했다.

비평가와 예술 이론가들도 번역된 그의 책을 읽었다. 그들이 미국 건축과 디자인에 백합의 흰색 같은 신고전주의 예술을 도입하는 것에 반대 의견을 낸 데에는 슈브뢸의 아이디어를 받아들인 영향도 있었다. 이제 형태 대 색의 전쟁은 종반전을 향해 치닫고 있었다.

1893년 5월 1일 개막한 콜럼버스 만국박람회에는 1200만~1600만 명의 방문객이 다녀갔다. 1890년 미국의 인구가 약 6300만 명이었으니까 외국인 방문객을 제하더라도 미국인 6명 중 1명이 이 박람회를 봤다는 의미이다. 그들이 얻은 것은 조지 B. 구드가 만든 용어인 '실물 교수'였다. 스미스소니언협회 서기보인 구드는 박람회장과 전시관에서 볼 수 있는 모든 물체를 코드화하여 표현하는 방법을 개발했다(물리적 공간에 있는 물리적 존재를 분류하는 일종의 듀이 십진분류법과 같은 시스템이다). 물질로 이루어진 그 존재가 미드웨이의 문화전시관이든 명예의 전당에 있는 건물이든 세상에 대한 것들을 가르쳐줄 것이다.

설리번의 교통전시관 역시 구드식으로 코드화된 대상으로 가득 차 있었지만 명예의 전당에 있는 여느 건물들과는 완전히 달랐다. 서로 다른 40가지의 빨강과 파랑, 노랑, 주황, 진초록으로 채색된 아치가 죽 늘어서 있는 이 전시관은 지그재그, 장미, 다이아몬드, 메달, 하늘을 나는 날개 달린 천사들 그림으로 장식되어 있었다. 마치 에콜 데 보자르(프랑스 국립미술학교)의 손길이 거쳐간 듯했다. 이 모든 것의 중심은 중앙 출입구인 황금 현관이다. 현관은 커다란 직사각형 안에 6개의 동심원 아치가 겹겹이 쌓여 있는 형태로, 직사각형은 노란 광택의 래커를 칠한 알루미늄이었으나 그 위에서 빨강, 노랑, 주황이 넘실댔다. 설리번은 이 색들이 관람객 눈에 "수많은 컬러의 향연이 아닌 한 폭의 아름다운 그림"으로 비치기를 바랐다.

버넘은 박람회로 유명 인사가 되었다. 나중에 도시계획의 도시미화운동이라고 불리는 그의 구상은 시카고, 샌프란시스코, 워싱턴 D.C., 클리블랜드, 덴버에 설계된 그의 차기작에서도 드러난다. 워싱턴 유니언 스테이션, 아쉽게도 철거된 맨해튼의 구펜실베이니아 역에서도 그의 신고전주의 건축물을 볼 수 있다.

설리번은 그 어느 것도 원치 않았다. 버넘은 근본적으로 루트의 신비주의를 떨쳐버리고, 무채색인 흰색과 베이지를 제국 권력의 상징으로 하는 보자르 예술을 끌어안았다. 하지만 설리번은 그의 초월적이고 지적 조상이 만들었던 것과 같은 토착 예술 형태를 만들고 싶어했다. 루트가 신뢰할 수 없는 원료를 사용했다고 비난했던 것만큼이나 설리번은 그리스·로마식 명예의 전당이 마음에 들지 않았다. 설리번에게 로마의 영광을 보여주는 것은 모두 반역사적 파사디즘이었다. 말 그대로 거짓된 겉치레, 근본적으로 부정직하고 어리석은 것이었다.

박람회가 끝난 지 불과 3년 후인 1896년 설리번은 사람들에게 자신의 그런 생각을 밝히고 다녔다. 설리번은 『리핀콧 매거진』 기사에서(그는 모더니스트의 경구 "형태는 기능을 따른다"를 본떠 "형태는 늘 기능을 따른다"고 말했다) 박람회에 참여했던 다른 건축가들이 "외국 정신병원에 갇혀 수갑을 차고도 젠체하며 거들먹거리는 꼴"이라고 비난했다.

경력은 내리막길을 걷고 알코올중독으로 고생하고 있을 때 쓴 것으로 보이는 1922년 자서전에서 설리번은 훨씬 더 멀리 나간다. 그는 버넘이 의도적으로 작업을 망쳤다고 주장했다. 그는 '속임수'라는 단어를 썼다. "크게, 멋지게, 때려눕혀라!" 설리번은 이렇게 썼다. 박람회 관람객들은 "그들이 무얼 가지고 있는지도, 진실이라고 믿었던 것이 사실은 끔찍한 재앙이라는 것도 모른 채 전염병에 걸리고도 즐거워하며 떠났다……. 부패한 재료를 능수능란하게 팔아치우는 상술과 손잡은 대단히 봉건적이고 지배적인 문화에서 판치는 사기꾼의 노골적인 과시주의."

그렇다고 온통 비난하기만 한 것은 아니었다. 조경에 대해서는 칭찬하기도 했다. 그러나 학자들은 다음 발언을 설리번의 최종 의견으로 받아들인다. "만국박람회로 입은 피해는 최소 반세기 동안 지속될 것이다. 미국인의 정신 구조 깊숙이 침투해 심각한 치매 병변에 영향을 미칠 것이다."

건축 평론가 루이스 멈퍼드는 20세기의 첫 20년을 아우르는 이 박람회가 볼품없고 허식만 가득하다고 비난하며 이렇게 평했다. "바실리카를 교회로, 또는 신전을 현대 은행으로 만든 거대한 형태의 매우 애매모호한 정체성을 보여주었다." 신뢰와 영속성을 전달하려던 시도는 본질적으로 사기다. 그 지역 상황에 맞는 지역 고

유의 양식으로 설계하고 그 고장에 풍부한 자재를 사용했다면 좀 더 기능적이고 주변 환경과 진실한 관계를 형성하는 건물을 만들 수 있었을 것이다. 사용자들을 대표하는 건물이 될 수 있었을지도 모른다. 하지만 박람회나 그 이상의 신고전주의는 멈퍼드의 평대로 겉치레에 불과했다. "만국박람회 건축물은 비례가 정확하고, 디테일이 우아하며, 건물들끼리 조화를 이루지만, 그럼에도 살아 있는 건축물의 복제품에 불과했다."

어쨌든 특히 건축물의 채색은 완전히 잘못되었다는 비난을 면치 못했다. 흰색을 신고전주의와 엮은 것은 자충수였다. 루트도 그 사실을 알았을 것이다. 박람회를 전부 백색으로 물들이기로 하면서 버넘은 의도적으로 또는 실수로 편의를 정확성과 맞바꾼 셈이다.

사실 그리스·로마의 건축과 조각은 오늘날 보아도 하얗다. 하지만 고고학자들이 구석기시대의 붉은 오커를 연구하면서 우려했듯, 흰색은 예술가와 건축가들이 실제로 작업에 사용한 색이라기보다는 시간과 세월이 흐르면서 화석 인공물로 변한 결과다. 1748년 베수비오 화산 주변에서 고고학적 발굴이 시작되면서 표면이 채색된 물건들이 다수 발견되었다. 얼마 후 영국의 고전주의 건축가 제임스 스튜어트와 니컬러스 리벳은 아테네 아크로폴리스에서 별다른 관심을 끌지 못했던 위쪽 구석에서 채색된 벽들을 발견했다.

19세기 초에 콜럼버스 만국박람회를 창조해낸 신고전주의자들을 키워낸 것은 바로 에콜 드 보자르다. 그들은 건축학도들에게 에트루리아, 그리스, 로마 건물들을 드로잉하고 재구성하게 했는데 여기에는 색도 포함되었다. 1800년대 중반부터 예술가와 건축가들은 그리스를 여행하며 아테네와 그 외 지역에 산재한 거대한 사원들의 유물을 그리고 묘사하기 시작했다. 건축가들은 파리에서 그들의 작품을 전시했는데 건물과 조각품에는 생생한 색이 입혀져 있었다. 그 색들에는 오커의 갈색-노랑-빨강도 있었지만, 수은 황화합물인 주홍색, 그리고 계관석鷄冠石이라고 불리는 황화비소 화합물에서 추출한 빨강도 있었다. 고대 그리스인들은 웅황에서 옐로, 청록색, 이집션 블루를 얻었다. 이런 발견은 19세기 초까지도 큰 신뢰를 얻었고, 고고학자 앙투안 크리소스톰 콰트르메르 드 캥시가 그 기법을 묘사하기 위해 "폴리크로미polychromy", 즉 다색채색법이라는 용어를 처음 사용하기도 했다.

200년 전의 고고학적·역사적 증거를 눈앞에 두고도 완고한 고전주의자들은 그리스 예술에 원색이 사용되었다는 사실을 이따금 믿지 못했다. 1805년 예술가 에드워드 도드웰은 아테네의 파르테논 신전 서쪽에서 적황색을 봤지만 그건 단지 유물에 묻은 "오커 색이 오래되어 변색된 것"이라고 썼다. 하지만 화가 라우런스 알마 타더마가 1868년 작 「자신의 친구들에게 파르테논 신전의 프리즈를 보여주는 피디아스」에서 파르테논 신전을 다양한 색으로 묘사했을 때, 그림이 불러일으킬 수 있는 것 가운데 최고의 파장을 불러일으켰다. 알마 타더마는 고대 그리스의 일상생활을 그리는 걸로 유명했는데, 이 작품은 5세기 조각가 피디아스가 파르테논 신전을 장식할 돋을새김 작품을 친구들에게 보여주는 모습을 묘사했다. 실제 프리즈는 현재 대영박물관에 전시되어 있다(알마 타더마가 활동할 때도 전시되고 있었다). 그것은 '고대 그리스 대리석 조각' 중 하나였고 아주 하얬다. 하지만 타더마의 그림에서는 다채로운 색을 띠고 있다. 메타 버전이기는 하지만 피디아스가 친구들에게 자신의 작품을 보여주는 모습을 묘사한 타더마의 그림이 공개됐을 때, 조각가 오귀스트 로댕은 가슴에 손을 얹고 단언했다. "저 건축물들은 채색된 적이 없다." 실재하는 고전 건축물과 조각이 다양한 색깔로 채색되었다는 것은 역사적으로 입증 가능한 사실이었지만, 로댕이 자신의 선조에 대해 갖고 있는 생각을 부정하는 실존적인 위협이나 다름없었다. 아마 그는 「생각하는 사람」처럼 생각을 좀더 했어야 할지도 모른다.

그럼에도 시카고 전시회가 열릴 무렵 미술사학자들은 그런 사실을 전시에 반영하기 위해 애썼다. 『하퍼스 뉴 먼슬리』지에 실린 한 기사는 "이전 세대에게 친숙했던 완전한 다색채색법"을 소개하면서 현재 아테네에는 오랜 세월로 색이 흔적만 남거나 대리석 패턴이 풍화되어 아래쪽 색소층만 남은 유물들뿐이라고 주장했다. 박물관은 이 주제로 수많은 전시를 기획했다. 이 가운데 1892년 시카고 전시회가 있었고, 버넘과 그의 팀도 그 전시회를 보러 갔을 것이다. 도시 미화 계획에 따라 파리를 재건한 건축가들은 말 그대로 채색된 고대 조각과 건축을 동시에 연구하고 있었다. 버넘과 그의 팀은 최근의 학술서들이 고대 세계가 생생한 색으로 칠해졌다는 사실을 보여주고 있다는 것을 알았어야 했다. 하지만 그들은 순백의 길을 밀고 나가기로 한다.

이런 맹목성은 미학적일 뿐 아니라 정치적이고 은유적인 맥락에서 비롯된 것이었다. 대관람차, 테슬라, 에디슨의 발명품, 크루프 포砲, 무빙워크, 회전문, 미국 국경에 관한 프레더릭 잭슨 터너의 강의 등 박람회는 전부 산업적, 문화적 우위와 관련되어 있었다. 박람회의 메시지는 분명했다. 20세기의 운명은 이미 결정되었고, 다윈주의는 사회현상에 적용될 것이다. 단색의 도시들은 문자 그대로, 그리고 그곳에 실제로 살았던 사람들의 다양한 배경을 폄하하는 의미에서 아름답다.

옴스테드의 미드웨이 플레선스는 부분적으로 그 메시지와 대비되었다. 그곳은 실생활에서만큼이나 다양한 색으로 만들어졌다. 버넘 팀이 전시장 문화 공간에서 추방한 카이로 거리, 무어의 궁전, 아메리카 원주민, 관능적인 댄스 팀 리틀 이집트의 거리이기도 했다. 하지만 그것만으로는 박람회 나머지 부분에서 전달하려는 메시지(상징적으로나 문자 그대로나)와 균형을 잡기에 부족했다. 다호메이 사람들이 만든 이 임시 마을은 반아프리카 선전의 근원이 되었고, 유명한 노예해방론자 프레더릭 더글러스가 박람회에서 연설을 했음에도 아프리카계 미국인을 다룬 전시품들은 백인들로만 이루어진 심사위원회에서 승인을 받아야 했다. 1893년 '콜럼버스 만국박람회에서 유색인종 미국인을 찾아볼 수 없는 이유'라는 제목을 단 팸플릿이 정치적 논란을 불러일으켰다. 아프리카계 미국인들은 잭슨 파크 발굴 작업에도 참여했는데, 대다수가 풀먼 침대차 회사 노동자였다. 하지만 이들은 박람회 자체 경비대 "콜럼버스 경비대"에는 합류할 수 없었다. '여러 인종, 여러 성별이 섞인 혼란스러운 미드웨이' 대 '보수적이고 명백하게 흑백이 분리된 명예의 전당'이라는 "실물 교수"는 미국의 미래가 남성과 백인의 것이라고 말했다.

적어도 그건 의도적으로 계획한 일이었을 것이다. 하지만 이 모든 미래지향적 기술과 세심한 기념비적 전시물은 결국 훨씬 더 복잡한 메시지를 투영하고야 만다.

동굴 벽이나 고대 그리스 건물과 조각상에서 색에 대한 암시, 내포적 의미를 찾는 고고학자들은 이렇게 말할 것이다. 색은 일시적인 것이라고. 콜럼버스 만국박람회의 건축물도 대부분 사라졌다. 박람회장이 화재로 전소된 후에도 해체되지 않은 예술 궁전은 현재 시카고에서 사랑받는 과학산업박물관으로 남아 있지만 그 외에는 작은 화장실밖에 남아 있지 않다.

하지만 콜럼버스 만국박람회가 어떤 모습이었는지 아는 사람이 있다. 바로 UCLA의 건축사학자 리사 스나이더다. 이 박람회는 이미 과거로 사라져 대부분 그 자취를 알 수 없지만, 스나이더가 20년 이상 구축해온 3차원 모델 디지털 도플갱어로 그의 노트북 안에 살아 있다.

스나이더가 박사과정에 있을 때, 그녀는 건축가들이 아이디어를 주고받기 위해 사용하는 단면도, 평면도, 입면도가 그 분야의 역사를 가르치기에 형편없다고 생각했다. 스나이더는 실제 장소가 아직 존재하지 않거나 더 이상 존재하지 않더라도 가상으로 방문할 수 있는 인터랙티브 환경이 마련된다면 접근하기가 더 나을 거라고 생각했다. 스나이더는 말했다. "콜럼버스 만국박람회에는 정말 다양한 규모, 건물, 경험이 담겨 있어요." "동영상이 나오기 전이라 비디오 자료가 없기 때문에 어쩔 수 없는 선택이었어요. 우리에게는 정적 이미지와 다른 자료들이 있긴 하지만 없는 자료도 많거든요. 그래서 더 완벽하다고 생각했죠." 스나이더는 설리번에 관한 석사 논문을 썼고, 교통전시관은 그녀가 가장 좋아하는 건물 중 하나였다.

그러고 나서 그녀는 실리콘 그래픽스 오닉스 2를 가동했고 — 여러분이 1997년에 활동하는 컴퓨터그래픽 전문가였다면 정말 감탄했을 것이다 — 원래 비행 시뮬레이터용으로 개발한 소프트웨어를 구동했다. 하지만 재구성은 컴퓨터 조작보다 더 오랜 시간이 걸린다. 만약 주관적인 정보만 있거나 시간이 흐면서 바래거나 변색되었을 색 정보만 가지고 있다면 그 정보를 어떻게 받아들여야 할 것인가?

출발점은 지도 위, 박람회 좌표 시스템에서 삼각 측량된 잭슨 파크의 정확한 위도와 경도였다. 대니얼 버넘의 프로젝트 보고서는 유용했다. 그의 저서 중 여덟 번째 권이자 마지막 권은 박람회

지도책이었다. 당시 학술지에서 입면도와 단면도를 얻을 수 있었다. 하지만 색은 그야말로 도전이었다. 당시 사진들은 당연히 흑백이었고, 박람회를 기록한 화가들 ― 윈즐로 호머, 찰스 C. 커런, 토머스 모런 ― 은 주로 신고전주의적 풍경에 초점을 맞췄다. (아이러니하게도 콜럼버스 만국박람회에 전시된 예술품 가운데 드가, 모네, 그리고 다른 인상파 화가들의 작품이 있었다.) "수채화, 착색된 흑백 이미지, 랜턴 슬라이드 등이 많았어요. 다들 주관적으로 내린 판단이기 때문에 이를 감안해서 받아들여야 해요." 스나이더가 말했다.

가장 유용한 정보는 오히려 잘 알려지지 않았던 자료에서 얻었다. 영국인 건축가 배니스터 플레처는 박람회 디자이너들과 몇 달동안 시간을 보내며 일기를 썼다. "그가 설리번과 교통전시관 색에 관해 묘사한 내용은 정말 놀라워요." 스나이더가 설명했다. 황금 현관이라고 불린 교통전시관 출입구는 블루 워싱한 그린 실버로 뒤덮여 있었다. 또 관광객으로 박람회를 찾은 어느 물리학자는 자신이 찍은 사진을 자비 출판했는데, 건축물의 웅장한 모습 전체가 아니라 클로즈업된 장식품과 물건들 위주의 사진이었다.

스나이더는 몇 가지 실험적인 접근을 시도했다. 그는 설리번이 박람회 이후에 다채색을 적용한 작품들 가운데 현존하는 건축물 ― 시카고 증권거래소 거래장 ― 이 당시에 사용한 컬러 이미지를 연구한 후, 자신이 가지고 있던 색상 정보를 폐기했다. 그런 다음 결과로 남아 있는 흑백 이미지들과 교통전시관의 흑백 정보들을 비교해 뭔가 파악하지 못한 것이 있는지 알아내려 했다. "그 방법은 아니라고 인정해야 했죠." 스나이더가 말했다.

스나이더의 가상 박람회는 교육 도구로 사용되었고, 좋은 반응을 얻었다. 특히 박람회의 실제 흔적, 즉 박람회가 어떤 모습이었는지를 보여주는 생생한 사례를 경험하면서 학생들은 더 좋아한다. 눈에 보이지 않는 역사와 직접 연결되는 경험인 것이다. 또 스나이더는 국립인문진흥재단으로부터 재정 지원을 받아 가상 박람회에 더 나은 인터페이스를 보완해 이용자들이 다운로드할 수 있게 했다. 이렇게 해서 강의실에서도 그가 만든 모델 속을 비행하며 통과하거나 궁금한 부분에 주석을 달기도 하고, 공유하고 있는 3D 공간에서 바로 프리젠테이션도 할 수 있게 되었다.

스나이더는 이렇게 말했다. "어느 시점이 되면 인공지능을 투입해 군중의 한 명으로 상호작용할 수도 있을 겁니다. 하지만 그건 다른 누군가가 해야 할 연구 과제예요." "건축물과 그들이 보여준 정확성 면에서 저는 이미 목표에 도달했다고 생각해요."

그가 최대한 많은 자료를 바탕으로 건물을 정확히 묘사해낼 수 있었던 것처럼, 박람회를 시각적으로 기록한 연대기들은 화이트시티의 색에서 중요한 또다른 부분인 불빛을 다루는 데 도움이 된다.

박람회가 열렸을 때, 밝은 전기 조명은 이미 도시의 기본 시설이었다. 뉴욕시가 처음으로 건물에 전등을 설치한 것은 1880년이고 로스앤젤레스는 1881년에 두 번째로 설치했다. 300년 동안 안정적이었던 인공조명의 가격은 1800년에 급속도로 떨어졌고, 그후로 계속 하락해왔다.

콜럼버스 만국박람회가 밤에 열리고 관람객을 위해 조명을 밝힌 최초의 만국박람회는 아니었다. 하지만 대규모 전기 불빛을 활용한 전시 ─ 토머스 에디슨과 제너럴 일렉트릭, 니콜라 테슬라와 웨스팅하우스가 벌이는 싸움에서 우위를 점하기 위한 전투 ─ 가 특히 이목을 끌었던 것은 분명하다. 도시의 첫 조명은 깜빡거리는 고전압 전등이었다. 그후에 질소를 가득 채운 전구 안에 전기가 흐르는 텅스텐 필라멘트가 등장했는데, 이 전구들은 페르시아의 빛의 신 이름을 따서 '마즈다'라고 불렸다. 하지만 시카고박람회는 14년 된 기술을 사용했고, 이후 모든 것이 바뀌어버린다. 바로 백열등이었다.

백열등은 에디슨이 대중화시킨 기술로, 금속 필라멘트가 진공관 안에서 가열되면서 매우 생생한 빛을 발산한다. (실질적으로 박람회 조명을 담당한 웨스팅하우스는 자신들만의 백열등을 만들었지만 에디슨의 기술을 보유한 제너럴 일렉트릭에 대적하지 못했다.) 햇빛에는 가시광선의 모든 파장이 거의 동일한 양으로 포함되어 있지만 뉴턴이 밝혀냈듯 인공조명은 그렇지 않다. 대부분은 스펙트럼의 붉은 쪽으로 치우치는 경향이 있어 자외선과 보라색 쪽에는 적고 적외선 쪽으로 더 많이 향한다. 그래서 특히 백열등이 뜨거운 것이다. 하지만 백열등에는 이른 아침의 시원한 블루톤이 들어 있지 않아 불빛이 더 따스하게 느껴지고, 깜박거림이 거의 없는 난로의 불꽃을 보는 듯한 느낌을 준다.

콜럼버스 만국박람회에서 인공조명은 삭막한 신고전주의식 건물들에 색을 입혀 거의 편안함이 느껴질 정도로 만들었다. "수많은 백열등 불빛이 코니스와 박공벽을 따라 반짝인다." 한 방문객은 이렇게 썼다. "큰 분지를 에워싼 벽의 꼭대기가 불빛에 그 윤곽을 드러낸다. 인문전시관 꼭대기에서 밝혀진 서치라이트는 거대한 원을 그리며 넓게 펼쳐진 빛 무리를 가른다." 건물 안 조명이 켜지면 분지 안의 거대한 분수대 세 개가 하얗게 빛났다가 분홍빛으로 변했다가 그다음에는 푸른빛으로 반짝거린다. 대관람차는 환하게 빛난다. 제조업전시관은 불빛으로 가득했다. 한 가이드북의 설명을 보자. 분수대에는 "반짝이는 은빛 포물선 반사경이 달린 38개의 90암페어 프로젝터 램프가 계속해서 바뀌는 물줄기를 집중적으로 부드럽게 비춘다".

콜럼버스 만국박람회를 찾은 관람객들이 그곳을 흰색 도시로만 경험한 것은 아니었다. 건축물의 겉은 대부분 흰색이었을지 몰라도 그 위를 비추는 빛과 사람들의 눈에 반사되는 빛은 다채롭고 활기가 넘쳤다. 전기가 흐르고 밝은 조명이 들어오는 20세기는 이렇게 시작됐다. 시카고에서 수십만 명의 사람이 도시와 밤, 빛과 색에 대한 교훈을 얻었다. 형태 대 색의 전쟁에서 색상 대비라는 이상한 효과는 색의 입장에서 볼 때 힘을 증폭시키는 계기가 되었지만, 갈등을 종식시킨 비밀 무기는 빛이었다. 도시의 건물이 어떤 색이든, 도시를 규정하는 것은 인공조명 색일 것이었기 때문이다.

불과 몇 년 후 뉴욕 버펄로에서 열린 1901년 범미박람회 — 다음 장에서 다룰 세계의 일부 — 에서는 말 그대로 야간 조명 쇼에 초점을 맞춘 다채색 건축물을 선보였다. 방문객들은 그곳을 레인보 시티라고 불렀다.

그것은 20세기 패션, 디자인, 과학에서 색의 표지로 남는다. 표면과 빛, 빛과 표면. 연극 무대에서는 1600년대 초반부터 색조명을 사용해왔고, 1890년대의 인기 댄서 로이 풀러는 댄서들과 얇게 비치는 옷감으로 만든 다양한 색의 의상을 입고 무대에 올라 아래서부터 비추며 각양각색으로 변하는 스포트라이트 속에서 빙글빙글 돌며 춤을 추었다. 색조명은 소극장을 넘어 브로드웨이로 옮겨갔고, 새로운 세대의 연극 무대 디자이너들도 함께 활동 무대를 옮겼다. 예를 들어 노먼 벨 게디스는 색조명을 수용한 비非브로드웨이 출신 디자이너였으며, 벨 게디스 팀의 프로덕션 디자이너들은 최초의 산업디자이너가 되었다. 그들은 시장이 항상 신제품에 목말라하며 회사들은 항상 그 물건들 — 대륙 간 교통을 지배했던 기관차부터 상대적으로 최신품인 자동차, 가정 내 편의 도구에 이르기까지 — 을 팔고 싶어한다는 사실을 이해했다. 디자인 관련 저술가 레이너 배넘이 1965년에 관찰한 것처럼, '위대한 도구'에 대한 숭배는 미국의 본질적 특성이다. 하지만 그에 필요한 기술이 항상 뒷받침되는 것은 아니다. 올해 새로 나온 기계라고 항상 작년 것보다 성능이 더 좋은 것은 아니다. 게다가 오래된 냉장고나 라디오라도 잘 작동한다면 새것을 살 이유는 없다. 단, 디자이너들은 모든 기기의 외장을 바꾸는 법을 배웠다. 처음에는 형태 ─ 1920년대에는 '유선형' 디자인이 유행했다 ─ 였고, 그다음에는 물론 색이었다. 벨 게디스는 엔지니어들이 작년과 똑같은 제품만 만들어내더라도 이듬해에 다른 제품 라인을 내놓을 수 있는 방법을 기업에 전수했다.

색조명, 테라코타나 벽돌 같은 건축 재료, 직물에 사용할 밝은색 새 염료, 벽에 바를 생생한 컬러 페인트, 베이클라이트처럼 색이 바래지 않고 모양을 쉽게 만들 수 있는 재료들이 탄생했다. 그리고 마침내 나타난 플라스틱을 1928년 『새터데이 이브닝 포스트』지는 '색채 혁명'이라고까지 일컫는다. "우리는 콜타르와 다른 수많은 물질의 끈적끈적한 어둠으로부터 다수의 새로운 색조를 해방시킨 화학자들에게 감사해야 한다." 잡지는 매우 격앙되어 이렇게까지 말한다. "우리는 새로운 색조를 효과적으로 전달하고 칙칙한 세상을 밝히는 현대의 래커 페인트용 염기와 용제를 정밀하게 만들어낸 그들에게 경의를 표해야 한다." 10년 후 영화관에서 개봉되는 「오즈의 마법사」에서 도러시가 흑백의 캔자스에서 테크니컬러의 오즈로 옮겨가는 장면은 단순한 환상이 아니었다. 실제로 일어난 일이다. 모두의 눈앞에.

하지만 미래의 밝은 전등을 가장 밝게 빛나게 하고 새로운 페인트와 코팅을 가능하게 해줄 무언가는 아직 모습을 드러내지 않고 있었다. 모든 혁명에는 원년이 있는 법, 여기서 그 혁명은 바로 새로운 흰색이었다.

6장

# 티타늄 화이트

완전 망했다. 월터 리우도 알고 있었다. 그는 아내 크리스티나와 아들과 함께 소파에 앉아 있었고, 집은 FBI 요원들로 북적거렸다. 요원들은 오린다(샌프란시스코 교외)에 있는 리우의 집과 인근에 있는 그의 사무실, 델라웨어에 있는 그의 사업 파트너의 집을 수색할 수 있는 영장을 가지고 있었다. 여름날 아침의 시작으로는 생지옥이 따로 없었다.

그 요원들은 수개월 동안 조사를 이어왔고, 무엇을 찾아야 하는지도 잘 알았다. 티타늄 원자 하나에 두 개의 산소 원자가 달라붙은 이산화타이타늄이라는 화학물질 제조와 관련된 것, 즉 전 세계 소수의 회사만이 채굴할 수 있는 물질로, 지구에서 가장 하얀 색소를 만들 수 있는 것이었다. 월터 리우는 중국의 한 광업 대기업에 그 색소를 제조할 공장을 지을 수 있는 방법을 안다고, 중국이 전 세계에서 관련 산업을 지배하도록 도울 수 있다고 호언장담했다.

여기에는 두 가지 문제가 있었다. 첫째, 리우와 그의 회사 USAPTI는 그런 공장을 지을 수 있는 방법을 몰랐다. 둘째, 확실히 부족한 자신의 지식을 메우기 위해 리우는 공장을 어떻게 지어야 하는지 아는 사람으로부터 도면을 훔쳐냈다. 그것은 미국의 화학 대기업 듀폰 코퍼레이션의 도면이었다. 듀폰이 그냥 넘어갈 리 없었다. 듀폰은 FBI에 연락했다.

2010년 FBI가 듀폰의 전화를 받았을 때는 정말 아무도 이산화타이타늄이 뭔지 몰랐다. 과장이 아니다. 당시에는 색채 과학과 기술 분야에서 이산화타이타늄의 활약이 훨씬 미미했다. 하지만 FBI는 중국 정부가 미국의 기술 지식을 손에 넣기 위해 풍부한 자금을 마련하여 여러 프로그램을 대대적으로 운영하고 있다는 것을 잘 알고 있었다. 의회가 산업스파이방지법을 통과시킨 이후 15년 동안 그 사실은 널리 알려져 있었다. FBI는 당시 중국이 탐내던 괴짜 엔지니어들의 고도의 기술 지식재산권 분야에 집중하기 위해 팰로앨토에 작은 지사를 열었다. "52제곱킬로미터 이내에서 수많은 연구개발이 이루어지고 있습니다." 리우 사건 당시 팰로앨토 사무실을 운영했던 케빈 펠란이 말했다. (그는 이후 다른 곳으로 전근했다.) "이런 사건을 어떻게 다루어야 하는지, 그리고 그런 사건이 있는지 알기 위해 이 사무실을 차렸죠." 규모는 작았지만 팀은 이례적으로 다양한 경력의 인물들로 꾸려졌다. 만약 여러분이 FBI 요원을 생각할 때 군인처럼 짧은 머리를 한 건장한 백인 남성을 떠올린다면 그게 바로 펠란의 모습이다. 하지만 그의 사무실 인력은 성별로도 거의 고르게 나뉘었고, 여섯 명의 요원은 구조공학에서부터 유도에 이르기까지 다양한 전문 지식을 보유하고 있었다. 첨단 기술 수사관들로 이루어진 엘리트 팀이었다. 그랬기 때문에 듀폰의 유능한 정보 부서에서 리우가 중국 정부 산하 회사에 산업 기밀을 팔고 있다는 사실을 알았을 때, FBI는 펠란의 팰로앨토 지사에 도움을 요청했다.

생각해보면 리우는 꽤 훌륭한 채용 대상이었다. 말레이시아에서 가난하게 자란 그는 오클라호마대학에서 전기공학 학위를 받았다. 1990년대 후반에 아내의 고향인 중국으로 갔고, 그를 위해 마련된 만찬 자리에서 정부 대표들은 리우에게 중국에서 정말로 산업화하고 싶어하는 기술 목록을 건넸다. 리우는 자신이 이산화타이타늄 공장 건설 노하우를 갖고 있다고 말했다.

정부 대표단이 미끼를 물자, 리우는 집으로 돌아와 미끼를 낚을 낚싯대를 만들려고 했다. 그는 자신이 약속한 일을 해낼 수 있는 사람이 필요했고, 결국 현실에 불만을 품은 전직 듀폰 엔지니어 두 명을 찾아냈다. 그중 한 명은 정말로 이산화타이타늄 공장을 설계한 사람이었다. 두 사람 모두 듀폰과 인연을 끊고 리우의 계획에 합류하려고 할 만큼 상황이 좋지 않았지만, 리우의 계획이 쉽지 않으리라는 걸 알고 있었다. 리우가 그들 중 한 명과 통화한 후 한 메모에 따르면, 그들은 리우에게 충분히 경고했다. "최고의 기술을 훔쳐낸다 해도 그 일에 착수할 인력과 유지 보수 전문가들 없이는 성공하지 못할 거요." 이렇듯 리우는 절대 해서는 안 되는, 음모를 꾸민 증거를 남기는 실수를 저질렀다.

다시 리우 부부의 거실로 돌아가보자. 펠란의 요원들은 베이 지역의 아시아 조직범죄 전담반과 델라웨어 팀의 도움을 받아 리우의 공범인 전 듀폰 엔지니어들이 누구인지 알아냈고 그들의 위치도 파악했다. 또 중국 화학회사 대표들이 훔친 계획서를 받기 위해 미국에 입국하는 날짜도 알아냈다. 수색영장을 발급받을 수 있는 증거는 충분했다. 그리고 지금은 태평양 시각으로 오전 6시, 동부 시각으로 오전 9시였다. 요원들은 위에서 아래로, 해안에서 해안으로, 조직 전체가 뛰쳐나갈 준비를 마쳤다. 펠란이 말했다. "수천 명의 담당자와 보안 감시팀, 수많은 요원이 대기하고 있다가 일이 벌어지면 전원 돌진하는 거죠."

오린다 현장에는, 본인의 설명에 따르면, 30건 이상의 수색에 참여한 10년차 베테랑 신시아 호가 있었다. 중국계 미국인으로 중국어와 광둥어에 능통한 호는 오랫동안 아시아 조직범죄를 수사해왔다. 그녀가 찾아야 할 물건은 언제나 귀중품 보관소 열쇠 아니면 포르노그래피였다. 어쨌든 이번 사건에서도 호는 크리스티나의 지갑과 부엌 바닥에서 귀중품 보관소 열쇠와 비슷하게 생긴 열쇠 세트를 발견했다. 호는 리우 가족이 볼 수 있도록 열쇠를 들고 집에 금고가 있는지 물었다.

월터와 크리스티나는 서로를 한참 바라봤다. 크리스티나가 일어나서 호 쪽으로 걸어가자 월터가 조용히 만다린어로 무언가를 말했다.

리우 가족과 가장 가까이 있던 에릭 보즈먼 요원만 그 말을 들었다. 백인인 보즈먼은 그때까지 리우 가족에게 영어로만 이야기했다. 하지만 그는 중국에서 몇 년 동안 학교를 다닌 데다 법률 사무원으로 일해 만다린어에 능통했다. 그는 월터가 한 말을 다른 요원에게 전했다. "당신은 모른다고 해. 아무것도 모르는 거야."

그러고 나서 얼마쯤 시간이 흘렀을 때, 크리스티나가 아침을 먹으러 외출해도 되는지 물었다. 현장에 있던 요원들은 서로를 쳐다보고는 정말 좋은 생각이라고 재빨리 동의했다. 크리스티나가 나간 후, 호는 펠란에게 전화를 걸어 그들이 알아낸 것을 말했다. 펠란은 감시팀에게 그녀를 미행하라고 지시했다. "안타깝게도 그곳은 베이 지역이었고 러시아워였어요." 펠란이 말했다. "그들은 그녀를 놓쳤고, 찾았다가 다시 놓쳤어요. 그러다가 그녀를 오클랜드 시내에서 따라잡았는데, 정말 악몽이 따로 없었죠."

펠란은 미행을 담당한 요원 크리스 화이트를 휴대전화로 호출했다. 그들은 크리스티나가 은행으로 갈 거라고 생각했다. 하지만 어떤 은행일까? 리우의 집에 남은 요원들은 56개 이상의 은행 계좌 관련 서류를 발견했다. 한 분석가는 보안 감시팀이 크리스티나를 놓친 곳에서 20개 블록 내에 있는 모든 은행 목록을 신속하게 작성했고, 그녀가 계좌를 가지고 있을 확률이 높은 지점의 순위를 매겨 일종의 매트릭스를 짰다. 전부 다 확인하기에는 목록이 너무 길었지만 화이트는 한번 해보기로 했다. 펠란은 그에게 크리스티나 리우의 사진을 이메일로 보냈고 화이트는 목록에 있는 은행으로 가서 그녀를 본 사람이 있는지 물었다.

화이트는 몇 번 허탕을 친 후 한 은행을 찾았다. 한 창구 직원이 그녀가 그곳에 왔었고, 자신의 대여 금고에 들어갈 수 있는지 물었다고 말했다. 짐작대로 그녀는 열쇠를 잃어버렸다고 말했다. 창구 직원은 그녀에게 들어갈 수 있지만 나중에 다시 오라고 대답했다.

화이트는 펠란에게 전화를 걸었고, 요원들은 새로운 영장을 받았다. 또 다른 요원은 샌프란시스코 시내에서 차를 몰고 간신히 베이브리지를 건너, 호가 기다리고 있던 오클랜드 은행에 도착했다. 은행은 크리스티나의 금고 번호가 006번이라고 알려주었다. 호는 크리스티나의 지갑에서 찾은 열쇠로 금고를 열었다. "10개 정도의 외장하드, 미국 화폐 1만 1600달러, 싱가포르 화폐 약 1만 달러, USAPTI와 1개 이상의 중국이 체결한 1700만 달러 상당 계약의 일부 분배금, 2011년 1월 6일 자로 판강 그룹 티타늄 인더스트리 주식회사에 발송된 USAPTI 송장, 그리고 이산화타이타늄 염화물 공정 프로젝트의 엔지니어링 설계 작업 비용인 미화 178만 달러가 들어 있었다."

정말 심각하지 않은가?

이 사건과 관련해 크리스티나는 보호관찰 3년, 월터는 징역 15년을 선고받았다. 연방 배심원단은 그와 또 다른 공범에게 산업스

파이법 위반으로 첫 유죄판결을 내렸다. 월터가 거래에서 벌어들인 수백만 달러 가운데 대부분이 사라졌다. 현재 중국에서는 저품질의 티타늄 베어링 광석을 고급 염화물 공정을 거쳐 고품질 이산화타이타늄 색소로 바꾸는 산업이 번창하고 있다. 이는 우연이 아닐 것이다.

컴퓨터 칩 디자인이나 소프트웨어, 생명공학이 아니라 색을 만드는 기술 때문에 벌어지는 범죄는 수백만 건에 달한다. 색은 시시하다고 생각할지 모르겠다. 그러나 이산화타이타늄 색소는 (업계 관계자로서 오랫동안 그 수치에 일조해온 레그 애덤스에 따르면) 전 세계적으로 180억 달러에 이르는 큰 사업이다. 2019년 전 세계 생산량이 610만 미터톤이었다. 그것으로 모든 벽에 바르는 거의 모든 페인트를 만든다. 이산화타이타늄 색소는 종이, 도자기, 플라스틱, 알약, 화장품, 사탕에도 들어간다. 다른 색의 표면을 더 잘 커버하고, 더 밝아 보이게 한다. 우리는 그것으로 만든 물건들을 갖고 있고, 먹어왔고, 그것 때문에 세계가 더 나아졌다고 생각한다. 사람들이 이 물질을 대량 생산하는 방법을 알아내는 데는 오랜 시간이 걸렸지만, 알아내고 난 후 세상은 순식간에 바뀌었다.


윌리엄 그리거 신부는 콘월의 물레방아 밑에서 나온 희한한 검은 모래의 정체를 알아내기 위해 21가지의 화학 실험을 했다. 그는 그 결과를 『크렐 연대기』에 썼고, 출판물로도 발표했지만 아무도 관심을 두지 않았다. 새로운 결과가 나왔다 하면 우르르 몰려드는 과학자들이 힐끗 보고 어깨 한번 으쓱하면 잊히는 다른 수많은 논문처럼 그의 논문도 사라져갔다. 그리거가 사용한 혼란스런 철자와 번역도 결코 도움이 되지 않았다. 1791년 그는 마나칸(제분소 옆에 있던 그 표지판에 쓰여 있는 이름)을 쓰면서도 'Manaccan'과 'Menachan'을 혼용했고, 그가 쓴 논문의 독일어, 프랑스어 번역본과 그리거가 실제로 이를 발견한 다음 썼던 개인적인 글에서도 menaccanite(메나카나이트), menakanite, manacanite, menackanite, menachanite가 혼용되어 있다. 어떤 사람들은 '메나신menachine'이라고 부르기도 했다. 게다가 그 이름이 검은 모래를 지칭한 것인지 아니면 그 안에 들어 있는 미지의 광물이나 원소를 지칭한 것인지도 분명하지 않았다. 심지어 그리거는 자신의 연구가 결론에 이르지 못했다는 것을 인정했다. 그가 실제로 제분소에 간 것도 1794년이 되어서였다.

1795년 획기적인 내용이 발표됐지만 그리거가 해낸 것은 아니었다. 정량 분석 화학의 발명가이자 우라늄을 발견한 존경받는 화학자 마르틴 클라프로트는 붉은 숄(흑전기석)이라고 불리는 헝가리 광물 샘플을 열심히 살펴봤다. 그는 붉은 숄에 있는 것이 사실 새로운 원소인 '특이하고 뚜렷한 금속 물질'의 산화물임을 알아냈다. "우라늄을 명명할 때 그랬던 것처럼 이 금속 물질의 이름도 신화에서, 특히 지구의 맏아들인 티탄의 이름에서 따오려고 한다. 이 새로운 금속은 티타늄이라고 부르겠다." 그는 이탤릭체와 대문자로 *TITANIUM*이라고 썼다.

그 후 1797년, 클라프로트는 콘월의 메나카나이트에 대해 알게 되었다. 그는 그리거의 친구에게서 샘플을 받아 비교 분석을 했고 자신이 한발 늦었다는 것을 인정했다. 클라프로트는 그리거의 '(잘못 표기한) 메나차나이트'가 자신의 '산화타이타늄'이라는 것을 신사답게 인정했다. 하지만 약간 마음이 상했는지 다른 에세이에서는 그리거를 "맥그레거"라고 잘못 쓴다.

그로부터 약 100년이 지나 엔지니어 오귀스트 J. 로시가 이 이상한 원소를 처음 접했을 때 적어도 그 원소는 이름을 가지고 있었다.

티타늄은 지각에서 아홉번째로 흔한 원소다. 좀더 깊이 들어가보고 싶다면 인간의 근육도 0.0325퍼센트는 티타늄으로 구성되어 있다. 그러니까 로시도 이미 그 전에 티타늄과 접촉했을 것이다. 알아차리지 못했을 뿐.

로시가 티타늄을 처음 주목한 것은 뉴저지 분턴에 있는 용광로 앞에서였다. 프랑스인인 로시는 열여섯 살에 대학을 졸업했으며, 스무 살에 유럽을 떠나 뉴욕으로 가서 엔지니어가 되었다. 그는 1864년경 분턴으로 갔다. 처음에는 공원을 조성할 땅의 측량사로 일했고, 다음에는 분턴 제철소를 운영하는 철도회사에서 일했다. 제철소 관리자들은 그가 화학과 금속공학에 대해 잘 안다는 말을 듣고 그를 제철소 실험실 직원으로 고용했다.

제철소에는 문제가 있었다. 최고의 강철은 탄소와 철로 만들어지지만 분턴에 공급되는 원료는 뉴저지 모리스 카운티에서 생산된 것으로 티타늄 함유량이 1~2.5퍼센트 정도에 불과했다. 당시에는 티타늄을 함유한 광석으로 강철을 만들 수 있다고 생각하는 사람이 거의 없었다. 적어도 아주 훌륭한 강철은 만들 수 없을 거라고 생각했다. 로시도 마찬가지였다.

당시 뉴저지주에서 활동하던 지질학자 조지 쿡은 티탄을 함유한 지역 철광석 ― 윌리엄 그리거가 콘월의 하천 바닥에서 발견한 것과 같은 물질인 일메나이트 ― 에 대해 광범하게 글을 썼다. 그게 취미가 되어 로시는 어디에나 있는 쓸모없어 보이는 원소에 관한 정보를 닥치는 대로 읽었다. 그리고 용광로에서 이례적으로 티타늄 함량이 높은 완벽한 상업용 강철을 만들어내는 데 성공한다.

나중에 로시는 다른 직장으로 옮겼지만, 1880년대에 에케르트라는 한 사업가가 당시 폐업 상태였던 분턴 제철소를 임대했다. 여전히 용광로 바닥에 녹은 상태로 남아 있는 물질로 '철 스토브'를 만들기 위해서였다. 에케르트는 '용광로 잔재물'에 티타늄 함량이 2퍼센트인 철광석을 추가할 계획이었다. 하지만 그는 성공하지 못했다. 그러자 그는 티타늄을 탓하며 제철소 전 소유주의 사유지 지분을 요구하는 소송을 제기했다.

전 소유주 측에서는 로시를 데려왔고, 로시는 예전 기록을 가지고 있었다. 로시는 분턴에서 그 티타늄 2퍼센트의 광석으로 완벽한 품질의 철을 만들어낼 수 있었다고 말했다. 그 증언으로 전 소유주는 소송에서 승소했고 로시는 돈과 신용을 얻는다. 이후 그는 뉴욕에서 컨설팅 엔지니어로 일한다. 그는 티탄 광석을 제련하는 특수 전문 지식을 갖고 있었고, 사업은 잘 풀렸다. 당시는 산업혁명이 한창이었고 철의 수요는 높았으며 북미 지역 광석에는 티타늄 함량이 풍부해서 어떤 지역에서는 그 비율이 25퍼센트나 되었다. 그 광석을 다룰 방법을 안다는 건 매우 유용한 조건이었다.

다른 이들도 시도했다. 1840~1858년까지 아치볼드 매킨타이어가 애디론댁산맥에서 용광로 몇 기를 운영하며 티탄 광석을 철로 바꾸려고 시도했다. 이어 그의 손자 제임스 맥노턴 역시 용광로와 땅, 채굴권을 물려받고 다시 같은 시도를 한다. 1890년 맥노턴은 로시를 만나러 갔다.

가능했을까? 물론이다. 영국 스톡턴-온-타인 용광로는 티타늄 함량 35퍼센트의 광석을 이용해 철을 만들어 상을 타기도 했다. 하지만 사용 가능한 금속 1톤당 슬래그가 4톤이나 나오는 등 소모적이었다. 로시는 용광로 속 재료를 조정하면 생산성을 향상시킬 수 있을 거라고 생각했다. 그는 맥노턴을 설득해 애디론댁에 올라가 옛 설비를 살펴보게 했다. 로시는 거기서 용광로뿐 아니라 용광로의 작동 방식을 설명하는 기록들로 가득한 낡은 철제 상자도 발견했다. 그 자료들을 손에 넣은 로시는 버펄로에 직접 작은 용광로를 지었다.

얼마 후 맥노턴은 사망했지만, 로시는 자신의 경험을 바탕으로 또다른 아이디어를 떠올리고 맥노턴의 조카들을 설득했다. 티타늄은 용광로의 골칫거리가 아니었다. 로시는 티타늄이 더 나은 강철을 생산하는 데 도움이 된다고 생각했다. 더 뜨겁고 강력하며 제어하기 쉬운 용광로가 필요했을 뿐이다. 로시에게는 전력이 더 필요했다. 1890년대에 그것은 전기를 의미했다.

이 부분을 아주 세세하게 다룰 생각은 없다. 하지만 분자는 전기 혹은 전하의 아원자 운반체인 전자 때문에 서로 뭉친다. 그들은 특정한 수치, 특정한 거리만큼 떨어져 원자핵의 궤도를 돌고, 외부 궤도에서 전자가 더 들어갈 공간을 가진 원자와 과다 전자를 가진 원자가 충분히 가까워지면 결합한다. 전자 궤도가 합쳐지면 분리되었던 원자들은 하나의 분자가 된다. 상이한 원자들은 서로 다른 종류의 원자를 선호한다. 예를 들어 철은 산소를 사랑하고, 모든 물질은 탄소와 결합하기를 좋아하는데, 탄소는 바람둥이처럼 최대 네 개 물질과 결합할 수 있다. 모든 종류의 다른 원자에 온갖 방식으로 달라붙는 탄소의 능력은 "유기화학"을 더욱 유기적으로 만든다.

전기를 무언가에 흘려보내려면 회로, 전자가 통과할 수 있는 고리, 즉 입구와 출구가 필요하다. 가장 간단하게는 배터리처럼 전자가 음극이라고 불리는 구조에서 바깥으로 흘러나와 양극이라고 불리는 구조로 다시 흘러 들어간다. 전기화학에서 원자에 전자를 더하면 전하가 '환원'된다. 전자는 본래 음전하를 가지기 때문이다. 반대로 전자를 제거하면 일반적으로 산소가 달라붙기 때문에 물질이 '산화'된다.

전자의 흐름을 조작하면 본래 잘 달라붙지 않는 모든 종류의 원자를 결합시키거나 시간과 물리학이 영구적으로 붙어 있다고 한 분자를 분리시킬 수도 있다. 팟! 알루미늄에 끈적끈적하게 붙어 있는 산소를 벗겨내면 가벼운 초강력 금속을 얻을 수 있다. 팟! 이 산화규소와 탄소는 탄화규소, 즉 최초의 합성 연마제인 카버런덤이 된다. 팟! 소금은 나트륨과 염소로 바뀌어, 의류용 표백제와 성장하는 도시의 상수도를 깨끗하게 해주는 염소를 제조할 수 있게 한다.

그 팟! 하고 터지는 전기를 세상에서 가장 값싸게 살 수 있는 가장 좋은 장소는 나이아가라폭포였다. 사람들이 54미터 높이에서 물이 떨어지는 힘을 제분소나 다른 공장에 사용하기 시작한 것은 1759년이었지만, 전기 터빈을 돌리고 발전기를 가동하기 시작한 건 1870년대에 이르러서였다. 세기가 바뀔 무렵, 캐나다와 미국의 소수 회사들이 수십만 마력, 약 290메가와트의 전력을 퍼다 쓰고 있었다. 금속과 화학물질 제조업은 새 세기의 바퀴에 기름칠을 해줄 기적 같은 산업이었지만 많은 전력을 필요로 했기에 신생 기업들은 나이아가라가 만들어내는 전력을 얻기 위해 갖은 애를 썼다. 그곳은 산업혁명기의 실리콘밸리였다. 당시 미국전기화학협회 회장이 말했듯이 나이아가라의 전기 제조 능력은 "연금술사들도 꿈꾸지 못한 환상"을 가능케 했다.

그래서 1899년에 로시는 나이아가라폭포로 갔다.

그가 좁은 헛간에서 작은 전기 용광로를 가지고 무엇을 하는지 아무도 알지 못했다. 지역사회에서 그의 이야기를 듣고 사람들이 소문을 퍼뜨리기도 했다. 로시는 자신이 용광로에 불을 지피고 아내가 제품의 금속 분석을 하는 모습을 구경하는 방문객들을 막지는 않았다. 하지만 뭔가 새로운 것을 시도하는 그의 모습은 조금 이상해 보였다.

그는 흑연이 함유된 벽돌로 용광로를 만들었다. 그 흑연, 즉 탄소가 그에게는 음극이나 마찬가지였다. 그 방법으로 로시는 충분히 뜨겁고 제어하기 쉬운 용광로를 얻었고, 최소한 4분의 1 티타늄이 함유된 강철을 만들었다. 그는 그것에 '페로 티타늄'이라는 이름을 붙였고, '경이로운 합금'이라고 홍보하며 1912년 말까지 판매를 시도했지만 성공하지 못했다.

1908년 로시는 다른 것에 주목했다. 두 개의 산소 원자가 티타늄 원자 한 개와 결합하자 제조 공정에서 부산물로 눈부신 흰색 분말이 만들어진 것이다. 그때 좋은 생각이 떠올랐다. 젤크스 바크스데일의 1949년 표준서인 『티타늄』에 따르면, "로시는 이 재료를 샐러드 오일과 섞은 뒤 그 혼합물을 브러시로 바르는 실험을 했다. 이것이 화학적으로 제조된 이산화타이타늄을 흰 색소로 사용한 최초의 사례다."

역사적인 순간이었다. 로시는 당시 색소 사업을 지배하던 대기업들이 휘두르는 헤게모니의 폐해에 대해 잘 알고 있었다. 이후 10년 동안 로시와 그의 파트너 루이 바르통은 티탄철 사업과 색소 제조 공정을 끊임없이 개선했다. 그들의 색소는 약간 노란색을 띠었지만 액체 티타늄에 황산칼슘이나 황산바륨을 첨가하자 불투명도가 높은 훨씬 훌륭한 색소가 만들어졌다. 칼슘을 섞으면 약간 크림색을 띠었다. 그들은 흔한 광석인 일메나이트에서 이산화타이타늄을 추출하는 새로운 방법을 개발해 특허를 받았고, 1916년에 이산화타이타늄 색소를 대규모로 생산할 수 있는 공장을 지었다. 부서진 벽돌 굴뚝이 지붕 위로 삐져나온 철로 옆 낡은 헛간에서 그렇게 새 산업이 탄생했다.

1918년, 로시는 퍼킨 메달 — 최초의 합성색소인 모베인을 발견한 윌리엄 헨리 퍼킨의 이름을 딴 상 — 을 수상했다. 로시는 수상 소감에서 색소에 중점을 두고 연구했다고 말했는데, 그 표현은 어떤 면에서 적절한 것이었다. 로시는 이산화타이타늄이 하얗고 부드러운 분말로 "하얀 티타늄 색소를 만드는 데 직접 사용할 수 있다"고 말했다. 그 색소는 오일과 결합하면 연백이나 아연백보다 더 커버력이 좋고 검게 그을리지도, 분말화되지도 않았다. 로시는 그 전 과정에 대해 특허를 받았다.

원료만 충분히 공급받을 수 있다면 이산화타이타늄 색소를 직접 생산할 수 있었다. 그들에게 필요한 것은 원료였다.

그때 그들은 플로리다에 대해 알게 되었다.


세계에서 가장 큰 티타늄 광산은 아프리카 본토와 마다가스카르를 나누는 해협 너머에 자리한 모잠비크에 있다. 2011년 당시 켄메어 리소스 소유였던 모마 광산은 이산화타이타늄이 함유된 100만 톤에 이르는 광석(농축 일메나이트, 루타일, 지르콘)을 선적했다. 이들은 해안의 숲을 파헤치고 15미터 깊이에 축구장 네 개 크기만 한 인공 연못 바닥에서 귀중한 흙을 파내버리고 황무지만 남겨놓았다. 모마의 현재 주인인 거대 광물회사 리오틴토는 전부 복구하겠다고 약속했지만 이 약속은 지켜지지 않는 것 같다. 유사한 광산―준설 작업으로 파헤쳐진 연못들―이 호주 해안과 중국 전역에 산재해 있다.

모마와 비교하면 플로리다의 광산들은 작아 보인다. 하지만 여기서 이 모든 사업이 시작되었다. 애디론댁의 광석 매장량은 강철을 만들기에는 무리 없었지만 로시가 색소 사업에 뛰어들 정도로 충분한 양은 아니었다. 1913년, 엔지니어 두 명이 로시와 그의 파트너에게 필요한 광물이 가득한 동북부 플로리다의 모래를 조사한 결과를 알려주었다. 1922년까지 로시는 나이아가라 용광로에 필요한 재료들을 잭슨빌 근처의 해안에서 공급받았고, 이후 그 사업을 운영하던 회사는 이를 리조트 개발업자에게 넘겼다.

하지만 해안 채굴 작업이 중단되었다는 것이 남아 있는 광석이 없다는 이야기는 아니었다. 1989년 미국 광산국이 시행한 조사 결과, 미국에서 가장 가치 있는 티타늄 함유 광물이 매장되어 있는 곳은 트레일 리지라고 한다.

현재 광산을 제멋대로 파헤치고 있는 기계는 곧게 뻗은 소나무 벽 뒤에 가려 도로에서는 보이지 않는다. 이 나무들은 높이가 약 12미터에 지름이 약 1.5미터로, 이 지역의 또다른 주요 산업인 종이를 만드는 데 안성맞춤이다.

우측 진입로로 방향을 틀자 저 멀리 광산의 시그니처인 기계들이 보인다. 건설 중인 4층짜리 공장 옆에는—벽도 없이 검정 대들보와 기계만 놓여 있는 것이 스팀펑크라는 은유를 만들기 위한 것 같다—45도 각도로 돌출된 두 개의 거대한 파이프에서 시커먼 진흙이 포물선을 그리며 발사되고, 순수 액체 고스가 쌍둥이 아치를 그리며 뿜어져 나온다. 모르도르『반지의 제왕』에 등장하는 나라에 맥도널드가 있다면 이렇게 생겼을 것 같다.

이 광산은 윌리엄 그리거가 흙 속에 든 새 원소를 발견한 콘월에서 6400킬로미터 정도, 오귀스트 로시가 이 원소를 순수 흰 색소로 바꾸는 법을 알게 된 전기 용광로에서 약 1600킬로미터 떨어져 있다. 이곳은 산허리나 산꼭대기로 들어가는 터널이 아니다. 그보다는 흐르는 호수에 가깝다. 불투명한 갈색-검정 물로 가득한 연못 위에 줄로 묶은 거대한 기계 두 대가 떠 있다. 일종의 준설선, 예인선으로 두꺼운 탯줄 같은 것으로 습식 제분기에 연결되어 있는데, 문 쪽에서 보면 모르도르의 맥도널드가 보인다.

짧은 버전. 준설기가 연못 바닥에서 진흙—실제로는 '모래 슬러지'라고 부른다고 들었다—을 빨아들여 제분기로 보낸다. 기계에서는 진흙의 3퍼센트를 추출하는데 그중 티타늄을 함유한 광물은 3분의 1밖에 되지 않는다. 나머지는 대부분 석영 모래로, 진흙 속에 있다가 작업기 뒤로 토출된다. 작업기는 앞으로 나아가며 이 과정을 반복한다.

이 정도가 최대한 순하게 이야기한 것이다. 물론 그렇게 간단한 건 아니다. 하지만 영리하다.

"우리는 시간당 1500톤의 모래를 퍼올립니다. 잘하면 한 시간에 45톤의 농축물을 만들 수도 있죠." 듀폰의 티타늄 사업장을 소유한 케무어스의 광산 담당 매니저 필 폼비어가 말했다. 그는 덩치가 크고, 가슴팍이 넓으며, 수염을 길렀다. 화학 기술자인 폼비어는 37년 동안 그 회사에서 일했고, 내가 방문한 이후 승진했다. 또 폼비어는 흙밭이나 금속 격자로 만든 길 위를 나보다 훨씬 더 편하게 걷는다. 아마 나보다 전기절연 안전 신발에 더 익숙한, 사이보그이기 때문일 것이다. "제 몸속에 티타늄 골반 두 개가 들어 있는데, 둘 다 플로리다 지르콘으로 주조한 거예요." 폼비어가 말했다. (나중에 그는 자신의 사이보그 골반에 쓰인 지르콘이 어디서 생산됐는지는 모른다고 인정하고 다시 걸어갔지만 농담치고는 썰렁했다.)

모든 게 계획대로 진행되면 준설 전과 후의 땅은 거의 똑같아 보인다. 땅의 소유주가 누구든 목재는 팔아버린다. 케무어스는 남아 있는 것을 치우고 표토를 긁어내 연못을 둘러싼 둔덕 안으로 밀어 넣는다. 일을 마친 준설기와 제분기는 다음 작업지로 이동하고, 불도저는 표토를 제자리로 밀어 넣고, 토지 소유주는 소나무를 더 심을 수도 있다. '삶'을 "상업 면에서 생산적인 땅"으로 규정한다면 이것이 라이프사이클이다.

폼비어는 둔덕을 오르면서 이 모든 과정을 설명해주었다. 그동안 불도저는 깊은 자국을 내며 부드러운 토양을 사정없이 파헤치고, 준설기가 시끄럽게 쿵쿵거리는 소리가 귀마개를 뚫고 들어온다. 우리는 제분기 뒤쪽 파이프에서 솟구치는 진흙의 분수를 바라

본다. 진흙은 아래로 철퍼덕 떨어져 다시 연못으로 스며든다. 지질학에 잔인한 부분이 있다면 내장이 파헤쳐지는 듯한 이 장면이지 않을까?

홍적세 초기나 중반쯤, 현재 플로리다와 조지아의 중간에는 습지나 늪이라고 불리는 곳이 있었다. 이곳은 오늘날의 조지아주 제섭에서부터 오케페노키(아마 당시에는 석호였을 것이다)와 잭슨빌을 지나 현대 플로리다반도의 중심부로 이어지는 사구 때문에 동쪽 바다와 분리되어 있다. 그 사구는 플로리다-조지아 국경이 만드는 한쪽으로만 휘어지는 이상한 곡선을 따라 이어지다 대서양에 닿는다.

오케페노키에서 플로리다 스타키까지 약 160킬로미터에 걸쳐 펼쳐진 1.6킬로미터 폭에 60미터 높이의 언덕을 제외하면 현재는 긴 모래톱이 많이 남아 있지 않다. 그다지 높지 않은 모래톱이 눈에 띄는 건 나머지 주변 지형이 워낙 팬케이크처럼 평평하고 해수면과 높이가 같기 때문이다. 트레일 리지는 한때 사구였던 몇 안 되는 지형 중 하나다.

대부분은 지질학자들이 풍성사風成沙라고 부르는, 선사시대의 초목이 압축된 단단한 토탄층이다. '풍성'은 홍적세의 바람과 바다가 늪의 꼭대기에 있는 사구를 밀어낸 다음, 꼭대기 층을 침식시켰다는 뜻이다. 토탄은 늪지대를 채운 식물들의 잔해다.

광물 함유량이 풍부한 이런 종류의 모래 퇴적물은 호주, 인도, 마다가스카르 등 전 세계 해안선의 경제적 원동력이 된다. 이 광물들은 풍화와 침식을 거치며 하천과 강을 따라 해안으로 흘러들고 그곳에서 밀도에 따라 분류된다. 가장 무거운 것들은 (해적들이 싸움을 벌이거나 '지쳐 쓰러지는') 모래톱 바닥으로 내려간다. 파도는 다른 물질을 싣고 와 먼저 와 있던 것들과 섞어버리고, 무거운 광물은 해변 위쪽에 가라앉고 가벼운 물질은 다시 파도에 휩쓸려나간다. 이 퇴적물들이 수천 년 혹은 수백만 년 후에는 사구나 숲처럼 보일 수도 있지만, 땅속으로 들어가보면 어둠과 빛을 번갈아 쌓아놓은 듯 겹겹이 쌓인 회색빛 광물의 미세한 지층을 볼 수 있다. 그중 일부가 지르콘, 일메나이트, 루타일이다. 마지막 두 가지는 이산화타이타늄의 광물 형태다.

우리는 둔덕을 뛰어올라 수상 플랫폼에 톱니 모양의 타원형 고리로 느슨하게 고정된 구불구불한 다리로 내려갔다. 발을 옮길 때마다 다리는 위아래로 흔들리고 물은 거의 젤라틴처럼 보인다. 수면은 20센티미터 정도 길이의 떠다니는 막대기들로 덮여 있다. 준설기가 퍼올려 내장을 빨아들이고 뒤로 뱉어낸 나무뿌리의 잔해다.

덥지만 산들바람이 불어온다. 습기가 봄 소나기처럼 뺨에 어렴풋이 닿는다. 습식제분기 뒤편에서 뿜어져나오는 진흙이 바람에 날려 우리 쪽으로 작은 방울을 튀긴다. "아, 이런, 우리 꼴 좀 봐요." 폼비어가 내 오른팔을 가리키며 말했다. 팔을 내려다보니 진흙이 주근깨처럼 박혀 있다. 아, 미안, "모래 슬러리"다. 내 보안경의 오른쪽 렌즈도 비슷하게 얼룩져 있다. 동부 플로리다의 광물들로 몸 오른쪽에 온통 점묘화를 그려놓은 것 같다.

습식제분기는 연못 가장자리에서 불과 9미터 정도밖에 떨어져 있지 않지만, 다리가 디즈니랜드 롤러코스터처럼 이리 휘고 저리 휘는 바람에 거기까지 가는 데 몇 분이나 걸린다. 이런 유연성은 중요하다. 준설기와 제분기가 움직이므로 연결이 끊어지지 않게 길도 늘어나야 한다. "200미터의 통로"라고 폼비어는 말한다. "가장자리에서 30미터가 떨어져 있든 200미터가 넘게 떨어져 있든 상관없어요."

제분기 내부에는 지하 온수기 크기의 탱크가 들어 있다. 사실 그것은 거의 1000개에 달하는 나선형 섬유 유리 코일로, 두 개가 함께 원통형 공간을 차지하고, 나란히 붙어 서로를 보완한다. 마치 반대 방향으로 꼬인 나선형 계단이나 DNA 구조 같다. 여기서 중요한 것은 회사가 원하는 광물이 입자 크기, 비중(특히 중량), 전도성, 자기력 등에서 서로 다른 특성을 가진다는 점이다. 이것은 미네랄 겨에서 미네랄 알갱이를 분리하는 데 필요하다.

첫 번째 단계는 중력만으로 작동된다. 큰 암석들을 걸러내는 거대한 회전 드럼이 작은 입자들만 제분기 꼭대기까지 끌어올린다. 이산화규소의 가벼운 입자들이 미니 나선형 워터슬라이드처럼 생긴 코일을 타고 내려와 바깥쪽으로 미끄러진다. 나선형 안을 들여다보면 여러 다른 색으로 '차선'이 나뉜다. 밖으로 나가고 싶어 하지 않는 것들은 뒤로 돌아간다.

제분기의 나선은 점차 좁아지고 좁아진 커브는 앞에서 뒤로, 위에서 아래로 움직이며 가벼운 입자와 무거운 입자를 연속으로 분리해낸다. "거칠"었던 나선은 "깔끔"하고 "미세"한 입자로, "이산화타이타늄 함유량이 1퍼센트에서 3퍼센트로, 9퍼센트로, 27퍼센트로 바뀝니다". 폼비어가 말한다. 그게 바로 습식제분기가 만들어내는 것, 그가 "습식제분기 농축액"이라고 부르는 것이다. 길이가 21킬로미터에 이르는 15센티미터 폭의 유연한 파이프가 시간당 40톤, 분당 500갤런, 초당 10피트로 이 과정을 이어간다. 파이프라인을 따라 위쪽에 늘어선 송전선이 부스터 펌프를 계속 가동시킨다. 작은 오두막 안에 자리 잡은 펌프는 모두 냉장고만 한 크기로 미니 굴뚝 청소기처럼 둥근 금속 브러시 네 개가 달려 있다. 펌프는 이 지역에 잦은 뇌우 때문에 전 작업 과정이 차질을 빚지 않도록 전기를 일부 분산시킨다.

준설 작업은 1년 365일 24시간 이어진다. 2주에 한 번씩 6명의 남자가 이 모든 장비를 끄고 유출 배관, 전기 케이블, 담수 공급 배관 등을 모두 차단한다. 준설기가 150여 미터씩 앞으로 이동하기 때문이다. 그래서 육지에 있는 장비도 함께 움직이며 이를 따라잡아야 한다. 준설기는 계속 그렇게 일하면서 트레일 리지를 따라 올라가고, 방향을 돌리고, 다시 계속 움직인다. 불도저는 다음으로 연못이 될 지역을 준비하고, 평평하게 만들고, 표토를 밀어내고, 전원과 수도 연결 준비를 한다. 그 뒤에서는 더 많은 불도저가 식물을 심을 자리에 표토를 다시 밀어 넣는다.

하지만 광물 모래는 계속 움직인다. 다음 정거장은, 선사시대 늪지대에 남아 있는 유기 물질을 제거하기 위해 20퍼센트 수산화나트륨 — 양잿물 — 용액으로 청소하는 자동화 시설이다. 그 유기물 쓰레기는 광물의 전자기 특성을 감소시키기 때문에 다음 단계로 넘어가려면 이 과정이 꼭 필요하다. 깨끗해진 쓰레기는 6미터 높이의 펌프와 경사로에서 끝으로 떨어진다. 파도가 물러간 직후 모래사장을 발로 밟았을 때처럼 축축한 덩어리들이 퍽 소리를 내며 땅으로 떨어진다. 그 덩어리들이 거대한 원뿔형 더미를 만들어낸다.

다음으로 15미터 높이의 다른 스팀펑크 공장인 "건식 광물 제분소"까지 차를 타고 이동한다. 그곳은 열차가 다니는 선로로 둘러싸여 있다. 제분소 꼭대기에서 흙은 두 세트의 거대한 테이블 위에서 선별되어 내보내지는데, 브로브딩내그의 파우더 체는 훨씬 더 미세한 불순물을 분리한다. 알갱이가 쌀처럼 생겼다고 해서 '쌀알'이라고 부르는데, 제분소 뒤의 인공 언덕에 쌓여 있는 폐기물이 바로 이 '쌀알'이다. 시장을 찾을 수 있다면 판매할 수도 있을 것 같다.

여기서 또 다른 기발한 비트가 시작된다. 걸려져 나오는 것은 광물 혼합물을 함유한 후춧가루처럼 보인다. 티타늄을 함유한 것들은 전도성이 있고 다른 것들은 그렇지 않다.

그래서 이 모든 것이 혼합된 미세한 알갱이는 호퍼를 통해 V자 모양의 통에 버려진다. 그중 몇십 개의 통 위에는 폭이 13센티미터가량 되는 롤러가 얹혀 있다. 롤러는 DC 전원에 연결되고 한쪽에 브러시가 달려 있다. 다른 쪽에는 와이어가 달려 AC에 연결된다. 와이어와 롤러 사이에서 발생한 전기스파크 아크와 티타늄을 함유한 광물이 롤러에서 와이어 쪽으로 말 그대로 점프해 내려오고 아래쪽 컨베이어벨트로 떨어진다. 다른 것들은 롤러에 달라붙어 다른 컨베이어로 털려 나간다.

이 과정을 몇 번 반복하면서 전부 잘 털려 나갔는지 확인한 다음, 그 분말에 자석 롤러를 통과시킨다. 그러고 나면 제분기 바닥에 분말이 두 줄기로 남는다. 폼비어는 자석 주위의 문을 열어 분말을 한 움큼 집는다. 그가 장갑 낀 손을 내게 내민다. 슈거파우더만큼 고운 회색 가루가 반짝거린다. "이게 티타늄 광물입니다." 폼비어가 말했다.

정말이지 꽤 사랑스럽다.

잘 알려지지 않은 티타늄 원소의 산화물이 빛나는 흰색 색소가 될 수 있다는 사실은 놀라웠지만, 새로운 물질이 새로운 색을 만들 수 있다는 생각은 그다지 놀라운 것이 아니었다. 로시는 새로운 색상을 향해 경주해온 새로운 과학의 100년 시대가 끝나갈 즈음, 흰 색소가 발린 손가락을 종이 위에 꾹 찍었다. 새 원소의 발견은 새로운 화학으로 이어졌고, 그중 상당수가 다채로운 색깔을 만들어냈다. 1797년에 확인된 크롬 원소는 크롬 옐로와 산화크롬 그린 색소가 되었다. 1817년에 카드뮴은 카드뮴 옐로가 되었고

1840년대에는 그 변형색들이 출시되었다. 최초의 합성 코발트블루 ― 유리의 긴 착색제 ― 가 나오면서 사용이 증가했다. 빅토리아 시대에는 윌리엄 모리스 같은 뛰어난 디자이너들이 비소가 주원료인 색소로 만든 선명한 색상의 벽지와 직물을 원하는 소비자의 수요를 충족시켰다. 비소는 채굴이나 제조 단계에서 독성의 문제가 있긴 했지만 "비소 그린"을 얻을 수 있었다.

퍼킨이 19세기 중반 모베인을 발견하면서 색을 향한 경주는 더욱 가속화된다. 사용할 수 있는 색소 팔레트는 폭발적으로 늘어난다. 1927년에 구리 프탈로시아닌 블루의 발견은 인단트론 블루, 퀴나크리돈 바이올렛, 디니트라닐린 오렌지 등 야생 화학과 어우러져 완전히 새로운 색상을 만들어낸다. 이런 '합성 유기' 색소들이 시장을 지배한다. 오늘날 예술가들에게 판매되는 색소의 절반에서 70퍼센트 정도는 이 계열의 색소라는 통계도 있다.

다음 세기가 시작되면서 물리학과 색에 대한 완전히 새로운 이해를 바탕으로 훨씬 더 많은 변화가 찾아온다. 1900년, 물리학자들은 물체가 가열될 때 방출되는 빛의 주파수가 그들이 예측한 자외선 파장 곡선을 따르지 않는다는 것을 알고 당황했다. '자외선 재앙'이라는 이름을 얻을 만큼 충분히 안 좋은 뉴스였다. 하지만 독일 물리학자 막스 플랑크가 이런 이론상의 물체가 파장의 크기와 관련해 특수하게 불연속적으로 증가하는 전자기 에너지를 흡수하거나 반사한다는 것을 알아냄으로써 그 재앙을 피할 수 있었다. 플랑크는 이 증가분을 '양자'라고 불렀다. 이것이 양자물리학의 시작이었고, 5년 후 알베르트 아인슈타인은 빛이 양자로도 온다고 말했다. 그것은 '광자(혹은 광양자)'라고 불린다. 그로부터 3년 후인 1908년은 구스타브 미에가 개별 입자가 빛을 산란시키는 방법에 관해 방정식을 생각해낸 해였다.

또 로시가 약간의 이산화타이타늄을 샐러드 오일에 섞은 해이기도 하다. 로시의 새로운 흰 색소가 가진 강점은 완전히 살인적인 굴절률이었다. 당시의 과학자들은 이런 사실을 간신히 알아냈다. 진공 상태에서 광자는 우주의 제한 속도로 이동한다. 초속 30만 킬로미터에 조금 못 미치는 정도다. 하지만 광자가 지나는 길을 어떤 물질이 막고 있으면 원자가 일을 망친다. 양말에 발을 집어넣을 때처럼 원자가 광자에 달라붙으면서 전기장과 자기장 사이에서 유동하는 데 걸리는 시간도 달라진다. 빛의 속도는 느려진다. 물질의 굴절률은 진공 상태에서 빛의 속도 대 물질을 통과할 때의 빛의 속도다.

모든 빛을 완벽하게 반사하는 재료는 거울이지만 표면에서 특정 색상과 밝은 흰색 하이라이트가 반사될 수 있다. 이를 반사 효과라고 부른다. 광택이 나는 자동차, 반짝이는 보석, 니스를 칠한 나무, 벨벳을 상상해보라. 하지만 반사가 이루어지는 것이 단지 빛의 종류 때문만은 아니다. 각도도 중요하다. 빛은 한 각도로 부딪히고, 반대 방향으로 같은 각도로 반사된다. 30도 각도로 들어가면 30도 각도로 나온다. 물질이 빛을 다른 각도로 되돌려 보내는 것을 굴절이라고 한다.

매질의 입자가 모든 파장을 효율적으로 산란하면 매질은 흰색으로 나타난다. 미에가 밝혀낸 것처럼 구름은 이 일을 잘해낸다. 부유하는 물방울은 모두 크기가 같고, 가시 파장보다 크며, 빛을 굴절시키고 회절시킨다. 현실 세계 과학에 대해 내가 실망한 가장 큰 원인이기도 한데, 이 때문에 거의 모든 화학물질은 설탕이나 소금처럼 지루한 흰색 가루가 된다. 각양각색의 액체가 담긴 실험실에서 음산한 증기가 피어오르는 모습은 거의 볼 수 없다. 그건 영화에서만 일어나는 일이다.

연백은 굴절률이 꽤 높다. 아연백은 더 높지만 페인트에서도 화학반응을 한다. 이산화타이타늄? 말 그대로 차트를 넘어선다. 이산화타이타늄은 매우 밝고 불투명하다. 아무리 얇게 발라도 마찬가지다. 빛의 많은 부분이 아래 표면을 통과하지 않고 관찰자 쪽으로 산란되기 때문이다. 그러면 그 색소로 만든 페인트 — 흰색뿐만 아니라 다른 색상도 — 는 더 저렴하게 만들 수 있고 더 적은 양으로도 표면을 덮을 수 있다. 색상은 더 밝고, 생기 있고, 더 오래 지속된다. 이산화타이타늄으로 만든 페인트와 표면 도색이 인간이 만든 환경의 모습을 변화시켰다고 해도 과언이 아니다.

하지만 이산화타이타늄이 아무리 훌륭한 색소라고 해도 성공을 확신할 수는 없었다. 불투명 페인트 — 특히 흰색 페인트 — 는 수요가 매우 많았지만 그 제조 방식이 과연 최적인가라는 의문이 남아 있었다.

로시와 바르통은 티타늄을 함유한 광석에서 이산화타이타늄 색소를 얻기 위해 황산을 확보하려 했지만 제1차 세계대전에 쓸 폭발물을 만들어야 할 무기 제조사들도 사정은 마찬가지였다. 로시와 바르통은 속도를 늦춰야 했다. 다른 문제도 있었다. 색소 제조업체들은 적절한 화학 코팅이 없으면 이산화타이타늄 입자가 광반응을 보인다는 사실을 아직 모르고 있었다. 전기화학적 산화 및 환원에 의해 살기도 하고 죽기도 한다. 이산화타이타늄이 함유된 페인트의 결합 매체가 산화 가능한 화학물질일 경우, 햇빛을 받는 주변 자외선이 이산화타이타늄을 환원시킨다. 그러면 과도한 홑전자가 레킹볼 철거할 건물을 부술 때 크레인에 매달고 휘두르는 쇳덩어리 처럼 분자 외부를 휘둘러 페인트를 망가뜨린다. 로시는 티타늄 화이트와 그 주변 색소가 분말로 변해 표면에서 떨어져나갈 거라고 장담했는데, 물론 나중에 그의 주장과는 정반대였다는 것이 밝혀지긴 했다.

이런 기술적 문제가 있긴 해도 납이 주원료인 페인트의 위험성이 널리 알려져 있었기에 이산화타이타늄으로서는 명백한 이점이 아닐 수 없었다. 내셔널 리드 컴퍼니는 1880년대 이래로 미국에서 연백 공급을 주도해왔다. 하지만 연백이 더는 대세가 아니라는 것을 깨닫고 1920년에 로시와 바르통의 티타늄 피그먼트를 인수했으며, 4년 후에는 주요 유럽 경쟁사를 비슷한 지분으로 사들였다. 그들의 투자는 주효했다. 1920년에는 전 세계에서 100톤이 거래되던 이산화타이타늄 시장의 규모가 1944년에는 13만 3000

톤으로 증가해 있었는데, 주도 기업이 내셔널 리드 컴퍼니였던 것이다.

로시는 1926년 87세 생일을 사흘 앞두고 사망하기 전까지도 자신이 설립한 티타늄 합금 제조회사에서 자문 역할을 했다. 『나이아가라폭포 신문』에 실린 그의 부고 기사는 로시를 티타늄을 발견한 사람으로 묘사해 윌리엄 그리거를 또 한 번 물 먹인다.

이산화타이타늄의 밝은 불투명도는 복잡한 수학의 결과물이다. 그것을 알아낸 사람은 폴 쿠벨카라는 화학자였다. 이 수학은 이산화타이타늄뿐만 아니라 다른 색소에도 해당된다. 쿠벨카는 프란츠 뭉크라는 또 다른 화학자와 함께 광자가 입자 사이에서 튀어나간다는 미에의 아이디어를 뛰어넘는 미분 방정식을 발견했다. 쿠벨카와 뭉크는 입자가 고르게 분포된 이상적인 공간은 아주 적은 양의 빛도 통과하지 못한다는 것을 깨달았지만, 극히 얇은 층 — 페인트를 바른 부분을 한 층이라고 하면 — 을 뚫고 튕겨져 나오는 경우를 더 잘 이해할 수 있었다. 광자는 한 층에서 반사되어 다른 층을 통해 굴절되고 접착면에 부딪혔다가 위로 튕겨져 올라가 다시 층을 뚫고 튕겨나간다…….

쿠벨카와 뭉크는 층의 색은 그 층이 빛을 흡수하고 산란시키는 능력과 관련이 있음을 알아냈다. 이산화티타늄 같은 불투명 층은 이런 두 가지 특성과 연관되어 있다. 들어오는 광자를 산란시키면 실제로 흡수가 중단된다. 하지만 반투명 층에서는 산란과 흡수가 서로에게 영향을 주지 않는다. 그렇게 중요한 문제는 아닌 것 같지만, 덕분에 색 과학자들은 해당 색소가 들어 있는 페인트가 해당 표면에서 어떻게 작용할지 예측할 수 있었다. 처음으로 페인트의 "감추는 힘"을 예측하게 된 것이다. 이게 바로 표면을 겉에서 보이지 않게 덮는 불투명성이다.

멋지긴 하지만 그게 쿠벨카의 가장 큰 업적은 아니다. 쿠벨카-뭉크 방정식을 발표한 지 2년 후, 쿠벨카는 훨씬 더 중요한 발견을 이루어낸다. 로시가 개발한 이산화타이타늄 제조 공정에는 황산이 필요했는데, 황산은 유해하고 환경도 오염시킨다. 화학자와 금속공학자들은 티타늄을 함유한 광석을 이용해 또 다른 화합물인 사염화타이타늄(또는 '티클$TiCL_4$')을 만드는 방법을 알아냈다. 사염화티탄이 황산보다 훨씬 깨끗하다고 할 수는 없었지만 ― 이 방법에는 매우 유독한 염소가스가 사용됐다 ― 가격이 저렴했다. 쿠벨카는 사염화타이타늄을 정제된 이산화타이타늄으로 바꿀 수 있는 공업화학을 알아냈다.

듀폰이 페인트 사업의 핵심으로 삼은 것은 염화물 공정이었다. 바로 월터 리우가 중국을 위해 훔쳐낼 수 있다고 말한 공정이다. 아직도 여섯 군데쯤 주요 이산화타이타늄 제조 회사들이 이 방법으로 색소를 만든다.

그래서 나는 1960년대에 듀폰이 셔윈 윌리엄스를 위해 오하이오주 애시타불라 카운티에 지은 공장을 찾았다. 이곳은 공장 설립 후 여러 차례 변화를 겪었다. 실제로 내가 방문한 이후 주인이 바꿔기도 했다. 이 공장은 여전히 연간 24만 5000미터톤의 이산화타이타늄 색소를 만들어내는 지구상에서 가장 큰 생산지다.

"화학공장에 가본 적 있습니까?" 맬컴 굿맨은 공장으로 차를 몰면서 물었다. 내가 방문했을 때 굿맨은 그곳을 소유한 크리스털의 기술 혁신 부사장이었다.

내가 대답한다. "음, 양조장하고 증류소요."

굿맨이 약간 코웃음을 친다. "증류소는 별로 위험하지 않죠. 음, 에탄올이 폭발할 수 있으려나." 그의 말이 맞다. 사실 염소가스에 노출될 가능성과는 비교할 수도 없다.

크리스털의 위험 및 보험 부문 수석 분석가인 조 페라리는 나 같은 풋내기든 520명의 공장 직원이든 걱정할 것은 없다고 말한다. "제가 42년 동안 여기서 일해온 게 그 증거죠. 저는 1976년부터 이산화타이타늄을 만들어왔습니다." 페라리가 말한다. "현재 늙고 과체중인 것 말고는 아무 문제도 없어요." 페라리는 여러 언어를 구사하며, 브라질과 영국에 살았고, 거기서 이산화타이타늄 부지를 구축했다. 이곳에서 작업을 마치면 프랑스로 간다. 세계에서 가장 오래된 화학공장 한 곳에서 요즘 이산화타이타늄을 생산하기 때문이다. 페라리는 희끗희끗한 콧수염을 길렀고, 대서양 중부 노동자 계급의 억양을 지녀 '댓'을 '닷'이라고 발음한다. "저는 제품을 만들고, 제대로 되게 하고, 가방에 넣고, 미 환경보호국과 문제를 일으키지 않는 데 집중합니다." 페라리가 말한다. 사실 우리를 안내한 홍보실 직원은 몹시 경직되어 있어서 그녀의 얼굴 근육이

굳는 소리까지 다 들리는 것 같았다. 페라리는 내 방문 이후 은퇴했다.

페라리를 만났을 때, 그의 책상 위에는 박스데일의 『티타늄』이 놓여 있었다. 출간된 지 70년이 지난 이 책은 지금까지도 이 공장에서 하는 일 — 검은 모래를 하얀 가루로 바꾸는 일 — 에서는 바이블로 남아 있다.

나는 칙칙한 회의실에서 내가 착용할 보호 장구를 받았다. 단단한 모자, 보안경, 귀마개, 가죽 장갑, 전기절연 안전 신발, 하얀 투습방수 코트. 허리에 두른 나일론 망사 벨트에는 인공호흡기가 든 노란색 가죽 주머니가 달려 있다. 멋져 보이는 차림새는 아니지만 다시 한번 주의하자, 염소! 이 공장에서 매일 사용하는 염소는 무려 90여 톤으로, 원칙적으로는 미량이라도 격납용기 밖으로 나올 수 없다. 아주아주 나쁘기 때문이다. 페라리는 내가 그 인공호흡기를 사용해야 할 순간이 오면 말해주겠다며 나를 안심시킨다.

우리는 회사 SUV를 타고 비행기 격납고 크기의 금속 창고로 갔다. 페라리는 세미 트레일러와 거대한 불도저를 지나 흙더미처럼 보이는 산 사이로 운전해 간다. 이것은 광석이다. 페라리는 샘플을 가져오겠다고 말하더니 운전석에서 뛰어내렸다. 잠시 후 그가 흙 한 줌을 들고 돌아왔다. 적갈색 흙처럼 보이는 것은 알고 보니 적갈색과 검은색이 섞인 해변 모래와 활석이다. 적갈색은 모두 흙더미 바깥쪽에 있다. 공기가 광석 안의 철에 들러붙은 산화물이다. 녹이 슨 것일 수 있지만 그보다는 오커일 가능성이 높다.

우리는 큰 정육면체 모양 건물을 둘러싼 6층 높이의 I자형 빔 근처에 주차한다. 내부에는 광석 — 철, 티타늄, 그리고 산소 — 을 섭씨 1000도에서 염화가스와 결합하는 탱크가 있다. 이 모든 원자가 재결합하면서 새로운 혼합물이 만들어지고, 이 스튜 같은 혼합물은 몽땅 냉각 탱크로 이동된다. 온도가 떨어지면 새로 생성된 염화철은 응축되어 사염화티타늄을 남긴다. 또 새로운 냉각기 세트가 사염화타이타늄을 영하 10도까지 얼리고, 이 과정에서 사용되거나 생성된 수많은 가스 — 질소, 산소, 이산화탄소 — 를 방출한다.

거기서부터 티클은 굿맨이 날 놀렸던 그 증류소에서 나오는 것들과 매우 흡사한 기둥처럼 높은 실린더로 이동한다. 실린더 밑에서 증기가 올라오고 꼭대기에서 티클이 쏟아져내린다. 증기가 순수 티클을 쓸어가면 불순물이 남는다. "그걸 태우면 멋진 하얀 색소가 나오죠." 페라리가 말한다.

지금까지의 과정에서 주목할 점은 본질적으로는 그 과정이 보이지 않는다는 것이다. 물론, 기계는 보인다. 파이프와 배관도 보인다. 하지만 원료의 독성은 러브크래프트 에드거 앨런 포와 함께 공포문학의 아버지로 인정받는 작가 수준으로 강해서 원료를 본다면 죽을 수도 있다.

하지만 일단 산화 탱크에서 멋진 흰 색소 상태로 나오면 아주아주 눈에 잘 보인다.

우리는 SUV에서 나와 스틸과 산화 탱크를 지나고 염산이 가득한 거대한 유리섬유 탱크 바로 너머에 있는 건물로 향한다. 내부는 배관, 밸브, 도관 등 모든 것이 금속 격자망 바닥과 계단으로 연결되는데, 그곳의 모든 것 ─ 정말 모든 것 ─ 이 밝고 밝은 흰색이며, 슈거파우더처럼 아주 미세하고 하얀 입자로 덮여 있다. 만지면 반죽으로 뭉쳐질 것 같다. 공기는 깨끗해 보인다. 기침도 나지 않는다. 그런데 왠지 밀가루 맛이 느껴지는 것 같다. 내 뇌 속의 어떤 인공 유물이 내 주변의 무채색 세계를 해독하려고 하는 모양이다.

철제 계단을 몇 개 오르는데 페라리가 난간에서 손을 떼지 말라고 주의를 환기시킨다. 건물 전체가 쿵쿵 울리며 흔들리는 것 같아 귀마개를 낀다. 꼭대기에 도착하자 페라리는 공업용 배관이 바닥을 뚫고 나온 듯 툭 튀어나와 있는 곳으로 걸어간다. 4층 정도 올라갔는데 보일러와 모터 꼭대기 부분 같다. 말 그대로 흔들리고 있고, 위에는 잠수함의 에어 로크 입구처럼 볼트로 고정된 포트에 바퀴가 장착되어 있다. 페라리는 멈추고 돌아서서 그 위에 발을 올린다.

그는 직경이 280나노미터밖에 되지 않는 2만 5000갤런의 화학물질과 티타늄 입자들을 100마력의 모터로 혼합하는 탱크 꼭대기에 서 있다. 그 입자들은 응집, 즉 달라붙고 싶어한다. 하지만 색소가 되려면 떨어져 있어야 한다. 그게 화학물질이 하는 일이다. 페라리가 말했다. "탱크가 하는 일이라곤 이산화타이타늄을 계속 물속에 매달아놓아 화학물질과 섞는 거예요." 코팅의 정확한 제조법은 비밀이다.

슬러리는 도시의 쓰레기 수거 트럭 크기만 한 대형 차폐식 회전 드럼통 속으로 밀려 들어간다. 똑똑한 환기 시설 덕분에 드럼통의 윗부분은 진공 상태를 유지하지만 아래쪽으로는 공기가 들어온다. 흰색 이산화타이타늄 슬러리는 드럼 하단으로 이동해 양쪽으로 분사된다. 드럼 중 하나가 천천히 회전하는 것을 보고 있자니 드럼 옆면이 두껍고 흐릿해 보인다. 초점이 점점 흐려지는 것 같다. 그런 다음, 충분히 멀리 돌아가고 나면 하얀색 오물 같은 게 떨어져나와 쌓이는데 그 크기를 감지하기란 쉽지 않다. 그 서리 같은 게 계속되는 나선형 모양의 금속 수로 속으로 떨어지면 건조 및 수거 작업을 하는 곳으로 옮겨진다. 밖으로까지 튀기 때문에 그 근처에 가까이 갈 수는 없다. 나는 사진을 찍는다.

그곳을 걸어 나가는데 구석의 뭔가 친숙한 형태가 시야에 들어온다. 흰색 바탕에 흰색이라 거의 눈에 띄지 않는다. 내 허리만큼 올라오는 원뿔 모양의 그것은 바닥이 네모나고…… 그것은 건설 인부들이 주의를 환기시키기 위해 길에 갖다놓는 주황색 원뿔형 교통 표지 같은 것이다. 아니, 오렌지 원뿔 모양을 하고 있지만 하얀 배경에 완전히 하얀색으로 변해 있다. 기본인 주황색이 사라지고, 배경과 정확히 같은 음영에, 정확히 같은 조명…… 거의 알아볼 수 없다. 형태 대 색 전쟁의 최전선에 서 있는 기분이다. 전쟁은 항상 오리무중이다. 단지 내가 원뿔을 보지 못한 게 아니다. 거기서는 아무것도 볼 수 없을 것 같다.

1500년대 후반 또는 1600년대 초에 일본인 예술가 하세가와 도하쿠는 1미터 50센티미터 높이의 패널 여섯 개를 붙여 만든 두 개의 스크린에 소나무를 그렸다. 하얀 바탕에 검은색으로 지금은 시간이 흘러 바탕색이 노랗게 변했지만, 스크린은 안개 낀 산의 소나무 숲을 담고 있다. 가까이 있는 나무는 멀리 있는 희미한 나무보다 더 단단하고 검다. 흰색 스크린에 그려진 하얀 산은 영원히 사라지고, 앞쪽의 검은 나무들은 꼿꼿하고 세밀한 반면 멀리 있는 것은 흐릿한 얼룩으로 희미하다. 과거도, 미래도 보이지 않는 경계 없이 텅 빈 무한대의 경험을 그린 그림 같다.

어쨌든 나는 그걸 더 이상 주황색 건설용 원뿔로 보려고 애쓰지 않았다.


20세기 전반, 이산화타이타늄이 보편화되고 흔해지면서 대중문화에서는 다시 형태 대 색의 싸움, 그리고 그 각각이 표방하는 것 간의 싸움이 시작되었다. 이산화타이타늄은 여기서 일종의 지렛대 역할을 했다. 앞서 언급한 대로 이산화타이타늄은 단순한 흰색 이상이기 때문이었다. 이산화타이타늄은 사물의 색을 더 다채롭게 만든다. 당신이 페인트 제조업자라고 해보자. 재료로 사용할 수 있는 색소 몇 가지는 다른 도움이 필요 없다. 굴절률이 높기 때문이다. 가령 카드뮴 옐로는 굴절률이 2.4이고 버미온은 3.0이나 된다. 다시 말해 이 색소들은 관찰자에게 강렬한 색을 산란시키고 어떤 물건에 입혀지든 제대로 잘 커버한다. 단, 너무 작은 입자—10미크론 이상—로 분쇄하지만 않으면 된다. 반면 다른 색소들은 약간의 도움을 필요로 한다. 상대적으로 낮은 굴절률(1.5)

을 가진 울트라마린은 더 많은 입자가 더 많은 빛을 반사하도록 미세하게 분쇄한다. 하지만 불투명하고 밝은색을 얻으려면 굴절률이 2.0 이상인 흰 색소와 혼합해야 한다. 오늘날에는 이산화타이타늄이 대부분 그 역할을 한다.

디자인과 건축은 가능한 모든 새로운 색소와 색을 수용하기 시작했다. 1890년대에 열린 콜럼버스 만국박람회는 흰색 천지였고 1925년 파리 박람회의 파빌리온은, 한 방문객의 표현에 따르면, 컬러풀한 입체파식 장식예술의 만화경이었다. 1933년 시카고 만국박람회에는 네온과 수은등은 말할 것도 없고, 15만 개의 백열등, 41개의 서치라이트, 3200개의 투광 조명, 277개의 수중 투광 조명등이 점등되었다. 그레이트 애틀랜틱 앤 퍼시픽 티 컴퍼니 A&P 전시회의 폐막식에서 한 디자이너는 회사의 다채로운 포장에 맞게 주방도 새로운 색으로 칠할 것을 제안했다.

부유해지고 삶의 질이 향상되면 페인트 소비도 늘어난다. 이산화타이타늄 업계 사람에게 들은 이야기라 진위는 확실치 않지만, 러시아 연방 국가들이 냉전 기간에 약간 더 어둡고 조금 덜 화려하게 보였던 이유는 이산화타이타늄으로 만든 페인트가 없었기 때문이라고 한다. 서베를린에서 동베를린으로 이동하는 길은 색의 채도 감소를 경험하는 여정이다. 오늘날에도 전문가들은 개발도상국이나 경제가 개선되고 있는 국가에서 페인트와 코팅제 수요가 급증할 것으로 예측한다. 거기에는 거의 모든 경우에 이산화타이타늄이 들어간다.

식민지 시대에 미국의 주택과 건물들은 무채색을 통해 애국심과 낙관주의를 보여주었지만, (적어도 유럽의) 현대주의자들은 더 컬러풀한 미래를 끌어안았다. 독일의 건축가이자 도시 계획가인 브루노 타우트는 1913년에 팔켄베르크 교외의 집들을 빨강, 올리브, 파랑, 노랑-갈색으로 칠했다. 타우트는 밝은색의 정원 마을이 거주자들에게 집과의 감정적 유대를 심어주길 바랐다. 1921년 타우트는 마그데부르크 전체를 다채색 원리에 따라 디자인했고, 유명한 바우하우스 건축가 발터 그로피우스는 전면의 미학을 내세웠다. (물론 봄이 되면 퇴색되고 벗겨지더라도 그 생각이 안 좋다고 할 수는 없었다.)

심지어 20세기의 소비재인 자동차도 (말 그대로) 색상을 추가할 수단일 뿐이었다. 헨리 포드가 그의 모델 T에 대해 "검은색이기만 하다면 어떤 자동차든 가질 수 있다"고 말했다는데 그건 좀 이상하게 들린다. 모델 T는 처음 출시된 후 7년 동안은 다양한 색상으로 선보였기 때문이다. 하지만 1914~1925년까지는 검정이 유일한 선택지였다. 포드의 대량생산 방식의 조립라인에서는 속도가 중요했기에 검정은 새로운 검정이 되었다. 자동차용 경화제가 쓰인 페인트 중 다른 색상은 건조하는 데 너무 오래 걸려 포드는 수요를 따라잡는 데 어려움을 겪고 있었다. 하지만 1922년 듀폰은 다양한 색소를 섞을 수 있고 빨리 건조되는 자동차용 래커를 선보였다. 1917년 듀폰의 색상은 제너럴 모터스GM 제품의 23퍼센트를 독차지하면서 GM의 표준이 된다. 1924년, GM은 오클랜드 모델에 최초의 자동차용 색상 트루 블루를 적용해 출시했다.

3년 후 포드가 돌아왔다. 1928년형 포드에서는 소비자가 원하는 색상을 마음대로 고를 수 있었다. 검정만 있던 포드가 안달루사이트 블루, 발삼 그린, 로즈 베이지까지 다양한 색을 입었다.

사방에서 색이 쏟아졌다. 20세기 중반에는 수많은 신제품이 등장했는데, 신제품이라는 사실만으로는 부족했다. 새로운 모습이어야 했다. 디자인은 때로는 형태로, 더 빈번하게는 색으로 속임수를 썼다. 역사학자 스티븐 에스킬슨의 말을 인용해보자.

라이프보이 비누, 보카르 커피, 코텍스, 패커 샴푸 모두 소비자 시장에서 더 많은 점유율을 확보하기 위해 색이 들어간 포장재를 사용하기 시작했다. 1928년 메이시스는 레드 스타 다리미를 선보였고, 이 제품은 빨강 플라스틱 손잡이 덕분에 엄청난 판매고를 올렸다. 1920년대 후반에는 소코니 스페셜의 빨강 엔진 오일, 퓨어 오일의 파란 엔진 오일과 같은 색을 입은 석유 제품(가솔린)이 출시되었다. 자동차와 관련 제품뿐만 아니라 기차(뉴욕의 블루 코멧, 시카고의 레드 버드), 풀먼 객차, 비행기들도 새로운 배색을 사용한다.

새로운 색소와 티타늄이 주원료로 쓰인 페인트 덕분에 많은 제품이 새로운 색상으로 새롭게 정의되었다. 그것이 곧 미래라고 여겨졌다.

하지만 동시에 비상업적, 철학적 영역에서 일하는 예술가들은 모더니스트의 미래를 그 어느 때보다 더 무채색과 순백의 시대로 봤다. 모더니스트, 우월주의자, 바우하우스 추종자, 초현실주의자, 다다이스트 등은 전부 아주 희뿌연 빈 공간을 활용해 산업혁명과 제1차 세계대전의 공허함, 고립감을 표현했다. 그들은 세계의 온갖 새로운 기계를 보며 시간과 공간에 대해 새로운 생각을 갖게 되었고, 백색이라는 칼날이 베고 간 자리는 그런 생각들을 환기하거나 거기에 집중하도록 부추겼다.

예를 들어 카지미르 말레비치의 1918년 작 「초현실주의적 구성: 화이트 온 화이트」는 살짝 분홍빛이 도는 흰색 들판에 약간 기울어진 푸른빛 도는 흰 사각형이 떠다니는 듯한 절대주의 추상화로 새로운 미학을 정의 내리는 이미지가 되었다. 말레비치는 주로 아연백 색소를 사용했고, 가끔 연백을 섞기도 했다. 「화이트 온 화이트」는 흰색이 다른 모든 색을 반영하는 표현으로서 모더니즘에 대해 무언가를 이야기하고 싶어하는 느낌을 강하게 풍겼다. 네덜란드 전역에서 피터르 몬드리안이 이끄는 데 스틸 20세기 초 몬드리안을 중심으로 네덜란드에서 일어난 추상 미술 운동. 디자인적 감각으로 색면을 질서 있게 배분, 구성하는 데 중점을 두었고 강한 원색 대비를 통한 비례를 보여준다 예술가들은 원색을 펼칠 장으로 흰색을 사용했다. (말레비치와 달리 몬드리안은 티타늄 화이트를 사용했다. 티타늄 화이트가 순수예술에서 최초로 사용된 것은 장 아르프의 1924년 작 「셔츠 앞부분과 포크」에서였다.)

하지만 이런 순백 혹은 대부분이 흰색인 프로젝트에서 실제로 중요한 건 흰색이 아니다. 「화이트 온 화이트」가 이 이야기의 끝은 아니다. 바우하우스의 사상가인 라슬로 모호이너지는 1928년 『새로운 비전』에서 이렇게 썼다. "그저 흰 캔버스에 똑같이 흰 작은 사각형을 그린 것만으로" 말레비치의 그림은 실제로 더 큰 무언가의 아바타가 되었다. "주변에 마련된 빛과 그림자 효과에 이상적인 스크린이 구성되었다는 생각이 든다."

이론적으로 볼 때, 이 열린 빈 공간은 관찰자들의 경험으로 채워질 것이다. 그렇기 때문에 단색의 큰 공간을 잘 다룰 줄 알아야 한다. 말레비치의 「화이트 온 화이트」(그리고 말레비치의 작품보다 훨씬 더 깊이감 없이 그려진 로버트 라우션버그의 1951년 작 「화이트 페인팅」)는 모더니즘의 '0단계'에 자리한다고 할 수 있다. 평론가 브랜든 조지프는 라우션버그가 말한 것처럼, 색깔 없는 흰색만이 '무無'와 '침묵'이 될 수 있다고 쓰고 있다. 그렇다면 말레비치에 대해서도 똑같이 말해야 했다. 색소에서 흰색은 "소리 없는 무無"지만, 빛일 때는 "떠들썩한 전부"다. 이런 식의 말장난을 좋아할지 모르겠지만 "풀 스펙트럼"이니까.

전부도 되고 무無도 되고, 색소도 되고 빛도 되고, 첨가도 되고 감산도 되는 이런 이중 사용 능력은 흰색만이 갖는 진정한 초능력이다. 모호이너지가 「화이트 온 화이트」에 대해 평한 대로, 이 그림이 세계를 반영하는 능력은 20세기와 21세기 식으로 '빅 브러더 대 영화 스크린'으로 다르게 정의해볼 수 있다.

이제 다시 정리해보자.

그렇다, 윌리엄 그리거가 콘월에서 이상한 새 원소를 발견했다. 마르틴 클라프로트가 거기에 이름을 붙였고, 오귀스트 로시가 그걸로 반짝이는 흰 색소 만드는 방법을 개발한 덕분에 현대에 합성 색상으로 변형할 수 있었다.

하지만 그들이 최초는 아니었다. 최초 — 혹은 적어도 과학자들이 최선의 추측을 할 수 있는 최초 — 는 1400년대~1532년 무렵 잉카 시대의 페루로 다시 거슬러 올라간다. 안데스산맥에 살던 사람들은 지금처럼 옥수수로 만든 치차라는 맥주를 마셨다. 치차는 의식용 술로 정교하게 조각한 나무잔 '케로'에 따라 마셨다. 케로는 보통 20센티미터 높이에 아래쪽보다 위쪽이 더 넓고 허리는 말벌처럼 우아하게 잘록하다. 잉카인은 케로 표면에 기하학적이고 추상적인 디자인을 새겼다. 색은 거의 입히지 않았다. 중남미에 살았던 많은 사람처럼 그들의 언어에도 색과 관련된 단어가 풍부했고, 이것은 그들의 문화 수준이 높았다는 것을 알려준다. 그들은 직물을 염색하기 위해 유기 색소를 사용했고 (정복자들이 매료되었던) 금, 은, 구리, 청동으로 작업했다. 다만 그 어떤 것도 케로에 사용하지 않았을 뿐이다.

그런데 1532년 스페인 정복자들이 도착했을 때 혹은 그 바로 직전, 프란시스코 피사로가 잉카 황제 아타우알파를 만났을 때는 무언가가 바뀌어 있었다.

1537~1539년 무덤에서 케로 한 세트가 발굴되었는데, 대개 기

하학무늬 ─ 바닥에는 지그재그 무늬가 있고 직사각형 안에 직사각형이 들어간 형태 ─ 를 새겼던 부분이 갈라져 있었다. 올란타이탐보 케로라고 불리는 이 컵 세트에는 직사각형 틀 안에 재규어처럼 생긴 이미지들이 들어 있었다. 검은 점 무늬가 있는 밝은 빨강-주황의 재규어들이 각 컵에 여섯 마리씩 그려져 있었다. 그 순간부터 케로는 야생의 색을 띤다.

그 색은 물감으로 낸 것이 아니었다. 그것은 모파모파라고 불리는 고무수지에 색소를 섞어서 만든 상감인데, 남아메리카 서부의 토착 식물인 엘레지아 나무의 수액으로 만들어졌다. 모파모파는 용해되지 않는 끈적끈적한 물질로, 가열하거나 씹어야 한다. 잉카는 그것을 엿물 같은 일정한 농도로 만들어 색소를 반죽하고 조각낸 다음, 그 알록달록한 껌 조각들을 파낸 부분에 눌러 넣었다. 수십 년 동안 케로를 연구해온 스미스소니언의 에밀리 캐플런에 따르면 "식민지 시대부터 갑자기 사람, 식물, 동물 등 많은 그림이 서술적으로 묘사되기 시작한다". "남자들은 유럽식 옷에 말을 타고 있고, 중세 동물우화집에 나오는 상상의 생물체, 인어공주나 반인반수, 문장紋章에 묘사되는 생명체가 등장합니다."

캐플런의 어머니는 인류학자, 아버지는 고고학자였다. 부모님이 가르치고 연구하고 멕시코 현장에서 작업하는 모습을 보며 자란 캐플런은 가족의 관심사에 라틴아메리카의 역사적 유물에 쓰인 재료와 의미를 분석하는 자신의 전문성을 결합했다.

캐플런과 그녀의 동료들에게는 새로운 색소 ─ 인디고 블루, 코치닐과 시나바 레드, 구리가 주성분인 초록, 웅황의 옐로 — 대부분이 익숙한 것들이었다. 물론 잉카는 흰색도 갖고 있었다. 당시 벽화에는 탄산칼슘을 사용했다. 하지만 그 색소들은 커버력이 약하다. 원래 표면의 색이 제대로 가려지지 않고 모파모파의 약간 초록이 들어간 노란색이 비쳐 보였다.

그래서 잉카는 대신 이산화타이타늄을 사용하기 시작한다. 실제 이산화타이타늄이 발견되기 300년 전이고 누군가가 그것을 색소로 생각해내기 400년 전의 일이었다.

2000년대 초, 캐플런과 동료들은 올리안타이탐보스에서 발굴된 것 하나를 포함해 전 세계에서 수집한 케로 16점의 모파모파에 포함된 색 샘플을 분석해 그중 12개에서 이산화타이타늄을 발견했다.

그 타이타늄이 어디서 생산된 것인지 아무도 몰랐다. 캐플런은 구글을 검색하다 노다지를 발견했다. 오늘날의 페루 남부에서 어떤 사람이 탁 트인 곳에 위치해 접근성이 좋고, 맑고 반짝이는 하얀 광물 모래가 넓은 구덩이에 가득한 자코모 매장지의 광물권을 판매하려고 내놓았던 것이다.

그리거가 찾아낸 진흙은 무기질인 일메나이트, 티타늄, 산소, 철 원자였고 검은색이었다. 전 세계의 이산화타이타늄 매장층은 아나타제라고 불리는 광물일 수도 있는데 그 결정 구조는 검게 보이기도 한다. 그렇기 때문에 두 가지 모두 흰색의 불투명 색소가 되려면 앞서 말한 모든 정제 단계를 거쳐야 한다. 하지만 자코모 매장지에 있는 이산화타이타늄은 백사장에서 흔히 볼 수 있는 석영과 크리스토발석(홍연석)이 혼합된 또다른 결정 형태인 아나타제다. 게다가 순수하고 반짝이는 흰색이다. 이산화타이타늄의 흰색소가 산더미처럼 쌓여 있었다.

처음에 캐플런의 동료들은 믿지 않았다. 어쨌든 이산화타이타늄은 현대의 색소다. 15세기 바이킹 지도로 추정되며 북아메리카가 그려져 있는 빈랜드 지도에는 잉카 문화의 존재가 표시되어 있다. 이 때문에 대부분의 역사학자는 이 지도가 현대에 위조된 것이라고 생각한다. 하지만 케로의 티타늄 화이트는 모파모파에 섞여 있었고, 화학 성분도 자코모 광물과 일치했다. (캐플런 팀은 비교 분석을 위해 결국 광산에서 샘플을 구입했다. "정말 구하기 힘들었어요. 광석 샘플을 얻어서 케로의 흰색과 비교했는데 정말 비슷했습니다." 캐플런은 말했다. "놀라울 정도로 순수한 티타늄과 규소였어요. 굉장한 매장지예요.")

잉카에서는 티타늄 화이트의 생명이 그다지 길지 못했는데, 여기에는 스페인 사람들의 영향이 컸다. "스페인 사람들은 많은 유럽 예술가를 보내 토착민들에게 기독교 미술, 그림, 다색 조각품 만드는 방법을 가르쳤어요. 그들은 잉카에 몇몇 색소를 가져왔는데 그중에 연백도 있었죠." 캐플런이 말했다. "안데스산맥 사람들은 훌륭한 금속공학자였고, 그곳에는 납이 많았지만 납으로 만든 물건은 얼마 없었어요. 그들은 납을 흰색으로 만드는 방법을 알아낼 수 있었지만 원하지 않았어요. 문화적 선택인 거죠."

유럽인들은 납에 특별한 거리낌이 없었고, 잉카의 흰색이 어떤 점이 좋은지, 유럽의 납으로 만든 흰색은 어떤 점이 나쁜지에 별 관심도 없었을 것이다. 초기 식민지 시대가 저물던 1570년경에 만들어져 지금까지 전해 내려오는 모든 다색 케로에는 연백이 사용되었다.

캐플런은 잉카가 왜 케로에 색을 칠하기 시작했는지 알지 못한다. 그는 흰색이 자코모 매장지에서 왔다고 확신하지만, 잉카가 왜 그것을 사용하기 시작했는지, 왜 더는 사용하지 않았는지는 아무도 모른다. 잉카 문화나 공예에 관한 동시대 스페인의 어떤 기록에서도 매장지나 이상한 흰 색소에 대해 찾아볼 수 없다. 오귀스트 로시가 나이아가라폭포로 간 시기보다 500년 전, 잉카의 색상 기술이 세상의 색을 바꿀 수도 있었을 또다른 연대표는 여전히 미스터리로 남아 있다. 정복자들은 그런 일이 일어나지 않게 못을 박아버렸다. 만약 스페인의 지배를 받지 않았다면 잉카는 다중우주의 양자 거품 어딘가에서 티타늄으로 만든 색소로 더 화려한 제국을 발전시켰을 것이다. 아니면 신세계에서 수많은 자연의 보물을 찾아낸 이들처럼 다른 연대표의 정복자들은 그 색소가 500년간의 납 중독에서 벗어나 르네상스 미술의 토대를 변화시킬 존재라는 것을 알아보고 유럽으로 가져왔을지도 모를 일이다. 그 또다른 우주는 눈을 가늘게 떠야 볼 수 있을 정도로 너무나 눈이 부시다.

# 7장

# 색의 세계

폴 케이는 타히티에서 대학원 과정을 밟는 게 쉬울 거라고는 생각하지 않았다. 멋질 수는 있겠지, 아마도. 타히티니까. 1959년, 현지어를 배우는 게 연구에 큰 영향을 미치지 않는 것으로 드러나자 정말로 일이 '쉬워'질 것 같았다. 타히티어에는 색 관련 단어가 워낙 적어서 케이는 여러 단어를 배울 필요가 없었다. 타히티어에는 '흰색' '검정' '빨강' '노랑'의 단어는 있었지만, '니나무'라는 한 단어로 온갖 초록색을 표현했고 파랑이 들어간 영역은 모두 '그루'라고 말했다. 그게 다였다. 정말 간단하다.

하지만 케이는 어쩌다 일이 그렇게 되었는지 이해할 수 없었다. 쉬웠던 일이 거기서부터 복잡해지기 시작했다.

얼마 후, 케이는 멕시코 치아파스에서 마야어인 첼탈어를 배우며 연구 중이던 그의 문화인류학 대학원 동기생 브렌트 벌린과 연락이 닿았다. 벌린도 이미 그 문제를 알고 있었다. 색과 관련된 언어를 배우는 것은 쉬웠다. 케이는 벌린의 노트와 자신의 노트를 비교해보고, 첼탈어와 타히티어에서 색의 범주가 같다는 것을 깨달았다. 단어는 분명히 달랐지만 그 단어들이 포괄하는 색의 범주는 같았다.

첼탈어와 타히티어는 언어 가계도상 가장 멀리 떨어져 있다. 그래서 1960년대 중반 자신들이 UC버클리에 함께 재직 중인 것을 알게 된 벌린과 케이는 이 비교 문화적 일치를 파헤쳐보기로 한다. 언어학과 색채 과학에서 매우 의미 있는 연구가 될 터였다.

벌린은 치아파스에서 40명의 첼탈어 원어민과 인터뷰를 했다. 그와 케이, 그리고 그들의 학생들은 아랍어, 광둥어, 타갈로그어, 우르두어, 이비비오어 등 베이 지역에서 19개의 다른 언어를 사용하는 원어민을 그룹에 추가했다.

연구팀은 320개의 색상 칩을 만들어 아세테이트로 코팅한 포스터와 카드보드 위에 붙인 후 각 실험 대상자에게 보여주었다. 색상 칩은 40가지 색을 밝기만 여덟 단계로 조정한 것으로, 모두 순색이었고 흰색, 검정, 회색 일부가 추가되었다. 그러고 나서 실험 대상자들에게 그들의 모국어로 그 색을 가리키는 단어가 무엇인지 물었다.

색을 다른 무언가의 이름으로 불러서는 안 되며 더 이상 단순화할 수 없는 오로지 색이름 단어만 사용해야 했다. 색 정신생리학의 양자陽子라 할 수 있겠다. 예를 들면 '파랑'은 되지만 '터키석 색'은 안 된다. '노랑'은 되지만 '레몬색'은 안 된다. 벌린과 케이는 피험자들에게 유성연필을 주고 기본색 용어가 가리키는 가장 좋은 예를 색배열표에 표시해달라고 요청했다. 그리고 그 용어가 가리킨다고 할 수 있는 다른 색 칩들도 전부 표시해달라고 했다.

그 실험에는 20세기 중반까지도 색채 과학뿐 아니라 언어학, 인류학, 신경과학 등이 골치 아파하던 큰 문제가 감춰져 있었다. 색을 다른 이름으로 부르는 사람들은 다른 색을 보는 것일까? 언어는 우리 뇌가 하는 일을 설명하는 하나의 방식이다. 그렇다면 뒤집어서 생각해 색을 보는 것과 그 색에 대해 이야기하는 것은 동일한 일일까?

어떤 면에서는 흰색에서 검정으로 이어지는 플라톤의 색 연속체, 빨강에서 "눈부신" 빛까지 이어지는 뉴턴의 스펙트럼 등 색에 질서를 부여하려는 모든 시도가 이런 움직임을 이끌었다고 할 수 있다. 이는 색채 과학을 언어로 표현하려는 새로운 시도였다. 과학이 발전하고 복잡해지면서, 색에 대해 이야기할 언어의 필요성 — 색을 측정하고 사람들이 그 색을 어떻게 보는지 이해하기 위해 — 은 점점 더 절실해졌다. 우리가 보기도 하고 만들기도 하는 방식으로서의 색은 걷잡을 수 없어져버렸고, 과학자들은 색을 다루는 더 나은 언어가 필요하다는 것을 깨달았다.

그리고 그 언어를 파악하고 나면 그 반대도 가능하다는 것을 알았다. 언어를 이해하는 데 색을 사용할 수도 있고 이를 통해 인간의 뇌가 어떻게 작동하는지 알 수 있을 것이었다.

사람들이 색을 묘사할 때 사용하는 단어들은 빛의 파장이나 망막의 생리학만큼이나 중요하다. 우리가 색을 이야기하는 방식은 우리가 물리적으로 색을 만들거나 보는 방식만큼이나 그것을 만드는 데 있어 중요하다.

물리학은 이렇다. 과학자들은 파동의 길이와 광자의 에너지로 빛을 측정할 수 있다. 인간의 눈이 "보라"로 보는 빛은 실제로 당신의 눈 뒤에 있는 고기 기반의 컴퓨터 시스템이 그것을 신경 전기 신호로 변환하기 전까지는 보라색이 아니다. 그 전까지는 약 400 나노미터의 파장에 불과하다. 아, 하지만 미안한데 약 3V의 에너지를 가진 광자이기도 하다. 파장이 540나노미터인 '노르스름한 초록'빛에 대해 말해보자면, 그 똑같은 것을 세는 다른 측정지표로 몰당 222킬로줄의 에너지를 가진 광자라고 표현할 수 있다.

파동은 광자로 만들어지지만, 광자도 파동으로 만들어진다. 좀 복잡하지만 그런 식이다. 그 차이는 수학이냐 과학이냐가 아니다. 그 차이는 방식, 즉 언어에서 비롯된다.

인공 빛의 색을 측정할 때 사람들은 전혀 다른 측정 체계와 어휘를 사용한다. 바로 '색온도'다. 이론적으로 '흑체(완전 방사체)'를 가열할 때 해당 색을 띠게 되는 온도를 말한다. 표시 단위는 켈빈K을 사용한다. 이것도 에너지이지만 이름이 다를 뿐이다. 불꽃이나 용해된 금속과 마찬가지로 청백색이 가장 뜨겁고, 유령 같지만 다들 멋지다고 하는 전자 플래시 전구의 불빛은 6000켈빈에 달한다. 콜럼버스 만국박람회를 비추었던 전구 같은 백열등, 그리고 최근까지도 대부분의 집에서 볼 수 있었고 직감적으로 '따뜻한 색'이라고 부르는 노르스름한 백색은 2700~3000켈빈 사이다.

빛과 우리가 인지하는 색 ― 또는 우리 기술로 볼 수 있는 색 ― 은 얼마든지 다른 용어를 사용해 다른 방법으로 설명할 수 있다. 양자전기역학에서 말하는 광자와 전자의 상호작용에는 색을 설명하는 전문 용어가 있다. 빛이 입자와 표면 사이에서 상호작용하는 방식을 연구하는 과학자들은 그들만의 특별한 용어를 사용한다. 하지만 결국엔 모두 같은 이야기다.

그 아이디어를 시작한 사람 중 한 명은 영국의 정치인 윌리엄 에와트 글래드스턴으로, 그는 사람들이 말하지 않는 색에 대해 이야기하려고 했다. 네 차례나 수상을 지낸 글래드스턴이 첫번째 수상직을 수행하기 10년 전인 1858년, 그는 『일리아스』『오디세이아』를 분석한 책 세 권과 『호메로스 및 그의 시대』라는 책을 썼다. 이 책에서 그는 호메로스가 영어로 '주황' '초록' '파랑'에 해당되는 단어를 절대 사용하지 않았다고 지적한 것으로 유명하다. (호메로스가 시각장애인이라는 점이 이와 관련 있을 수도 있다는 걸 글래드스턴은 고려하고 있지 않지만, 그는 심지어 "눈먼"이란 단어가 과연 맞는 것인지도 확신하지 못했다. 어쨌든 그는 "시력 때문에 시인이 글을 쓰거나 자신이 쓴 글을 읽지 못했던 것은 아니다"라고 썼다.)

호메로스가 사용한 색 언어가 이상한 건 사실이다. 호메로스는 피, 먹구름, 바다의 파도, 옷, 무지개 같은 이질적 개념을 지칭하는 데 '퍼플'이라고 번역되는 '퍼푸라'라는 단어를 사용한다. 그는 새벽을 "손가락의 장밋빛"이라고 묘사한다. 심지어 손가락도 장미색이 아닌데 말이다. 물론 글래드스턴은 호메로스가 자주 사용한 "어두운 와인 바다"라는 표현을 공격하지는 않았다. 호메로스가 색을 가리키며 '와인'이라는 단어를 쓴 것을 두고, 글래드스턴은 "어둡지만 정해진 색조는 없다"는 뜻이고, 다른 하나는 "불꽃과 연기 사이에서 왔다갔다하는 어떤 것, 황갈색이나 그 빛, 혹은 색이 아닌 반짝이는 느낌을 표현한 것"이라고 썼다.

글래드스턴은 그 색 표현이 엉망진창이라고 결론짓는다. "호메로스가 정확한 색의 개념을 가지고 있었다고 가정할 수 없다." 다시 말해, 고대 그리스인들이 어휘가 부족해서 파랑과 초록을 묘사하지 못했던 것은 아닐 것이다. 글래드스턴은 그들이 그 색을 인지하지 못했기 때문에 그 색을 묘사하는 단어를 갖고 있지 않았을 수 있다고 생각했다.

하지만 이렇게 생각할 만한 생리적인 이유는 없다. 파란색을 볼 수 있는 유전자가 없는 사람은 거의 없다. 남녀 통틀어 모든 고대 그리스인이 그런 유전적 결핍을 가지고 있었을 리는 없지 않은가? 그리스인들이 파란색을 볼 수 없었다면 왜 예술과 공예에 파란 색소를 사용했겠는가?

그보다 호메로스는 그리스인들에게 의미 있는 그리스의 색 단어들을 사용했을 것이다. 교수들은 '문화적, 개인적 중요성'을 뜻하는 '현저성'이라는 단어를 즐겨 사용한다. 호메로스식 색상 용어인 '포르푸레오'는 어원적으로 볼 때 특정한 종류의 지중해 바다 달팽이에서 추출한 것으로 왕실에서 사용하는 값비싼 보라색 염료인 티리안 퍼플 —포르푸라— 에서 유래한 것이다. 가격이 비쌌던 이유는 1그램의 염료를 만드는 데 1만 마리의 달팽이가 필요했기 때문이다. 화학적으로 보면 인디고의 사촌 격인 색으로 어두운 빨강에서 진한 파랑까지 아울렀던 것 같고, 산소 결핍성 혈액의 색조도 약간 포함한다. 그리스인들에게 그것은 부와 무역, 제국의 상징이었다.

그런데 오디세우스가 보고 있던 바다를 파랗다고 말할 필요가 있었을까? 대부분의 사람은 물색이 주변 환경, 일반적으로는 하늘의 색을 반영한다고 생각했다. 하지만 물의 색상에서 가장 중요한 것은 분자 구조 —수소 원자 두 개와 산소 원자 한 개인 $H_2O$— 가 물의 다른 분자와 결합을 가능하게 한다는 것이다. 물속에 있는 각각의 수소 원자는 산소 하나가 아니라 두 개와도 결합될 수 있다. 수소 결합 시에는 특정 주파수에서 진동을 일으켜 파란색을 반사하고 적외선과 붉은빛을 흡수할 수 있다. 바람이나 폭풍우가 불어와 흰 파도나 물거품이 형성되면 주변의 빛(하얗게 나타남)을 흩트려 물의 많은 부분이 충분히 깊게 침투하지 못하기 때문에 푸른색을 만들어내지 못한다. 그래서 물이 흰색, 회색, 검정, 심지어 진한 와인 색이 된다.

그리스인들이 물에서 ─ 아마도 많은 것에서 ─ 가치를 두었던 것은 물의 '눈부심' 혹은 '반짝임'의 정도, 실크나 벨루어처럼 섬유를 반짝이게 만드는 '포푸라'의 능력이었다. 플라톤의 원색이 "찬란하게 빛나는" 이유가 그것이다. 그리스인들도 파란색을 볼 수 있었다. 그저 거기에 신경쓰지 않았을 뿐이다.

1879년, 소설가이자 철학자인 그랜트 앨런은 글래드스턴의 가설을 잠재우려고 노력했다. 앨런은 탐정소설과 공상과학소설의 개척자였지만, 그 전에 자신의 초기작인 『컬러 센스』의 일부 내용을 통해 "선교사와 정부 관료들, 가장 미개한 인종들 사이에서 일하는 사람들"에게 편지를 보낸 인종차별주의자였다. 앨런의 인종차별주의는 일단 제쳐두자. 중요한 것은 그가 사람들에게 묻거나 대답할 색의 목록을 건넸다는 것이다. 그들은 몇 가지 색을 구별하거나 색이름을 가지고 있는가? 파랑과 초록 혹은 파랑과 보라를 구별할 수 있는가? 모베인이나 퍼플 같은 "혼합"색을 가지고 있는가? 무지개에 몇 가지 색이 있다고 말하는가? 사용하는 색소는 몇 가지인가? 색소의 이름을 모두 알고 있는가? 색소는 갖고 있지 않지만 색이름이 있는 경우가 있는가?

매우 훌륭한 질문들이다. 앨런의 조사가 널리 받아들여지지 않았던 건 그의 데이터 수집 방식이 마구잡이식이고 입증되지 않은 것이었기 때문일 수 있다. 결론에서 앨런은 유럽과 아시아 사람들 모두 거의 같은 방식으로 색을 보고 말한다고 주장했다. 북미와 남미 원주민들도 마찬가지였다. 남아프리카 사람들은 모두 같은 색을 볼 수 있었지만 보라색을 가리키는 단어는 부족했다. 앨런은 "모잠비크에는 보라색을 가리키는 고유어가 없었지만 네덜란드어에서 익혀와 바르게 적용해 사용했다"고 썼다. 그리고 몇 페이지 뒤에서 "가장 천한 인종으로 여겨지는 가련한 안다만섬 주민들조차 얼굴에 붉은색과 흰색 칠을 한다"고 썼다.

다른 말로 하자면, 글래드스턴의 가설은 틀렸다. 사람들은 말로 표현하지 못하는 색도 볼 수 있다. 말의 부재 — 앨런의 표현대로 하면 '언어의 반증' — 가 곧 개념조차 부재하다는 증거는 아니다.

『오디세이아』의 최신 번역본은 이 서사시의 부재하는 언어 문제를 그냥 치워버리는 것으로 해결한다. 펜실베이니아대학의 고대 그리스·로마 연구자인 에밀리 윌슨은 그녀의 새 번역본에서 호메로스의 세계를 색으로 채운다. 새벽은 여전히 '손가락의 장밋빛'이지만 하늘은 때때로 청동색이며, 특히 필리아 사람들이 파란 포세이돈에게 제물을 바치기 위해 검은 소들을 해변으로 데려오는 장면에서는 더욱 그렇다. 뱃머리에 빨간 칠이 된 배들이 있다. 바다는 때로 와인처럼 어둡고 때로는 희끄무레하다가 때로는 하얘진다.

이렇게 번역한 것은 윌슨이 현대 언어와 일대일로 동등하게 연결되는 고대 그리스어 단어가 극히 적다는 사실을 알고 있기 때문이다. 문화가 워낙 달랐다. 고대 그리스어에는 "아내-여성"과 같은 단어가 있었지만 그것이 배우자나 하인을 의미하지는 않았다고 윌슨은 말했다. '드무스'는 종종 "노예"로 번역되는데 평생 강제된 노예 같은 의미가 아니다. 색도 마찬가지다. "그것은 번역으로 해결할 수 없는 문제이고, 이상한 영어를 사용해서 진실에 더 가까워지는 척하는 것은 이론적으로도 너무 나이브한 제스처입니다." 윌슨은 이메일을 통해 이렇게 말했다. "나는 가끔 호메로스가 그리스어 단어들로 색을 다루는 놀라운 방식에 표지를 남겨두려 했습니다. 그는 바다를 파란색뿐 아니라 '보라'와 '인디고'로도 묘사했는데, 그건 그리스어가 그 모든 색을 포괄하기 때문입니다."

앨런의 색채 연구는 다소 모호했고, 글래드스턴과 같은 사고방식을 가진 프리드리히 니체나 요한 볼프강 폰 괴테 같은 철학자들은 그의 연구를 무시했다. 무언가를 가리키는 단어를 갖고 있지 않은 사람은 그 무언가의 개념을 떠올릴 수 없다는 생각에는 문제가 있음이 판명되었다. 대체로 그것은 벤저민 워프라는 이름의 독학 언어학자 겸 소방 안전 조사관이 수행한 연구 덕분이다.

1800년대 초 성경에서 숨겨진 의미를 찾으려는 프랑스 신비주의자 앙투안 파브르 돌리베에 매료된 워프는 히브리 문자가 단순한 소리 이상의 더 깊고 숨겨진 의미를 지니고 있다는 그의 발상을 접했다. 워프는 히브리어로 된 돌리베의 '뿌리 부호'의 증거를 찾으면서, 언어학자들이 말하는 언어의 기본 음소를 예로 들었다. 모든 언어를 통합하고 구조를 설명해주는 레고 블록의 원자 입자라고 할 수 있을 것이다.

워프는 아즈텍, 호피, 마야 문명에서 뿌리 부호 — 다언어의 다중 용어 — 를 찾아다녔다. 워프는 본업을 지키면서도 멋진 연필로 초고를 쓰고 기계식 그랜드 피아노에서 연주되는 클래식 음악을 들으며 휴식도 취하는 와중에 대학교수들이 부러워할 만한 속도로 학술지에 논문을 발표했다. 그리고 1930년대 초 예일대학에서 언어학자 에드워드 사피어의 수업을 듣기 시작하면서 그와 함께 더 대담한 이론을 발전시켰다. 모든 언어는 관련이 있지만 언어 차이는 문화의 결과물이 아니라 원동력이라는 것이다. 언어 자체는 그 언어 화자들이 세상에 대해 생각하는 방식을 이끌고 제약한다.

워프는 1940년대에 『테크놀로지 리뷰』에 실린 일련의 기사에서, 사피어-워프 가설 또는 '언어적 상대주의'라고 알려질 이론의 토대를 마련했다. 말이 생각의 길이 되어준다는 주장이었다. 문법은 "단지 사고를 말로 표현하기 위한 도구가 아니라 그 자체가 사고를 만들어낸다"고 워프는 썼다. "어느 누구도 자연을 절대적으로 공평하게 묘사하는 데서 자유롭지 못하다. 하지만 아무리 스스로 자유롭다고 여기더라도 해석 방식에 있어서는 제약을 받을 수밖에 없다."

한마디로 "언어가 사고를 명령한다"는 것이 사피어-워프 가설이다. 이 말은 수십 년 동안 언어학자, 인류학자, 심리학자, 인지과학자들을 짜증 나게 해왔다. 실험하기가 매우 어렵다는 것도 부분적인 이유다. 적어도 언어와 생각의 차이를 분명히 보여주는 실험을 고안하려면 객관적으로 측정할 수 있는 무언가를 찾아야 한다.

그 무언가는 자체 검증이 가능하고 정량화할 수 있는 현실적인 것이면서 인식과는 별개여야 하고, 온전히 그 자체로 인지적 구성을 가지며, 언어가 그것을 표현할 단어를 만들어내야 한다.

다시 말하면 색이다.

빛의 색 — 파장, 광자, 색온도 등 — 을 측정하기는 쉽다. 하지만 사람들이 보는 색을 알아내는 것은 완전히 다른 문제다. 우리 모두가 같은 이름의 특정 색을 가리키고 있고 그 색을 같은 이름으로 부르고 있다는 사실에 동의할 수 있도록 신뢰할 만하고 재생 가능한 차트를 만든다면? 그건 거의 불가능에 가까운 것으로 밝혀졌다.

그건 정신물리학이라는 분야에서 다루는 아주 특이한 것이다. 동일한 빛을 객관적인 양으로 볼 때도 일부 스펙트럼 색상은 본질적으로 다른 색상보다 밝아 보인다. 사람들이 색 사이의 구분선을 보는 위치도 다 다르다. 심지어 기본색에 대해서도 의견이 일치하지 않는다. 색 공간의 축은 뉴턴의 스펙트럼을 통과하는가, 혹은 빨강-파랑-노랑의 삼색을 통과하는가? 아니면 빨강-초록-파랑? 그리고 뉴턴이 발명한 스펙트럼 바깥의 보라색이나 아무도 무지개에서 보지 못하는 다른 색은 도대체 무엇일까? 분홍? 갈색?

그런 어려움에도 사람들은 노력을 멈추지 않았다. 심지어 색 공간의 근본적인 형태에 대해서도 사람들의 의견은 일치되지 않았다. 1758년에는 토비어스 마이어의 이중 피라미드가 있었다. 필립 오토 룽게는 1810년에 그것을 구球로 그려냈다. 슈브뢸은 1839년에 반구를 제안했다. 크리스티안 도플러(도플러 효과의 도플러)는 구체의 8분의 1 형태 ─ 팔분구 ─ 를 스케치했다. 1850년대에 뉴턴의 색상원을 실험적인 증거와 조화시키려는 시도는 결국 위아래를 뒤집고 중심을 벗어나 왼쪽 하단에는 보라색, 오른쪽 하단에 빨간색을 넣고 중심에서 오른쪽 상단으로 시야를 벗어난 곳에 흰색을 배치하는 "질량중심 아치" 구조를 갖게 되었다. 말도 안 되는 것 같지만 수학은 통했고, 이것이 오늘날까지 사람들이 사용하는 공식 색상표의 기초가 되었다.

이쯤 되면 언어와 색 이름 짓기 때문에 사람들이 얼마나 헛발질을 해왔는지 알 수 있다. 19세기에 인공적으로 만들 수 있는 색소의 수가 폭발적으로 늘어나면서 색상에 공통 언어를 사용하는 것은 점점 더 중요해졌다. 나는 어머니가 1980년대에 고른 거실 벽 페인트 색이 아직도 잊히지 않는다. '살구 아이스'라는 이름이었는데 그 이름을 읽었을 때 마음속에 정확히 어떤 색이 떠오르지도 않았다. (약간 핑크가 들어간 파스텔 오렌지 같은 색이다.) 국제 색 공간에서 어디에 위치시켜야 할지 모르겠지만 어딘가에 있는 색이고 국제컬러산업그룹, TV 스크린 제작자 및 섬유업자들이 꾸준히 사용하는 다양한 색지도에도 나와 있다.

앨버트 먼셀은 엄격한 색 공간을 만들기 위해 노력해온 인물이다. 그의 연구는 대부분의 연구보다 더 성공적이었다. 1879년 유럽에서 미술학도로 지내던 시절, 먼셀은 유능한 화가였음에도 자신이 연구 중인 색채 이론을 더 쉽게 설명해줄 색 공간을 찾지 못해 괴로워했다. 1900년까지 그는 색조와 밝기에 따라 균일한 간격을 가진 전 색상의 분류 체계를 구축했고, 이를 '값'이라고 불렀다. 그 후 몇 년 동안 먼셀은 채도나 파스텔 같은 색감을 가미하여 '크로마'라고 이름 붙였다. 덕분에 그는 모든 색을 나무처럼 생긴 먼셀 공간의 나뭇가지에 세 가지 좌표로 표시할 수 있게 되었다.

이 모든 것을 담은 첫번째 책이 1905년에 출판되었고, 먼셀이 세상을 떠나기 직전인 1918년 먼셀 컬러 컴퍼니는 먼셀의 시스템에 따라 정리한 칩과 다른 샘플들을 발행하기에 이른다. 먼셀의 색상표는 지금까지도 자동차 페인트에서부터 패션에 이르기까지 색상을 사용하거나 분석하는 분야의 참조 표준으로 쓰인다. 눈금이 매겨진 칩에 키트로 제공되어 하드웨어 매장에서 페인트 샘플을 고를 때 휴대하기에도 좋다. 브렌트 벌린이나 폴 케이 같은 현장 연구자들에게는 특히 매력적이다.


벌린과 케이는 다양한 언어를 구사하는 70명의 피실험자 앞에 앉아서, 변형된 먼셀 포스터의 점들을 가리키며 무엇이 보이는지 물었다. 두 사람은 자신들이 도박을 하고 있다는 것을 잘 알았다. 잘하면 수세기 동안의 미스터리를 풀 수 있었다. 눈은 마침내 영혼의 실제 창이라는 결론을 내릴 수도 있을 것이다.

글래드스턴과 사피어-워프가 맞는다면 그들은 혼란스러운 결과를 얻을 것이며, 모든 언어와 정신은 다른 색 체계를 가졌을 것이다.

앨런이 맞는다면, 모든 사람의 색감각은 동일해야 한다. 사람들이 사용하는 단어가 다르더라도 그 단어들은 동일한 기본 색역 위에 새로 추가되어야 한다.

결과는 둘 다 아니었다.

대신 벌린과 케이는 패턴을 발견했다. 모든 언어가 같은 색에 같은 단어를 사용하지는 않지만, 모든 언어는 같은 순서로 새로운 색 단어를 습득했다.

생각해보면 꼭 그래야 할 이유는 없다. 하지만 여러 언어를 대상으로 실험할수록 이러한 결과가 나왔다.


1. 모든 언어에는 흰색과 검정을 가리키는 용어가 있다.

2. 어떤 언어에 색 용어가 세 가지라면 거기에는 빨강을 가리키는 용어가 포함된다.

3. 언어에 색 용어가 네 가지라면 초록 또는 노랑이 포함된다. (하지만 둘 다 포함되지는 않는다.)

4. 언어에 색 용어가 다섯 가지라면 초록 및 노랑을 가리키는 용어가 모두 포함된다.

5. 언어에 색 용어가 여섯 가지라면 파랑을 가리키는 용어가 포함된다.

6. 언어에 색 용어가 일곱 가지라면 갈색을 가리키는 용어가 포함된다.

7. 언어에 색 용어가 여덟 가지 이상이라면 보라, 분홍, 주황, 회색 또는 이 색들의 일부 조합을 가리키는 용어가 포함된다.

1879년 앨런은 새 색소를 사용하거나 만드는 법을 배운 문화의 언어는 새로운 색소 용어를 습득할 수 있었을 거라는 가설을 제시했다. "빨강은 장식에 사용된 가장 초기의 색이었고 특별한 이름을 부여받은 가장 초기의 색이었다." 그것은 오늘날 인류학자들의 붉은 오커에 대한 생각과도 일치한다. 하지만 벌린과 케이는 좀더 근본적인 무언가를 찾고 있었다. 장식이나 합성색에 관한 것이 아니었다. 그리고 오커를 얼굴이나 동굴 벽에 바르는 것보다 더 깊은 무언가에 관한 것이었다.

벌린과 케이는 왜 그렇게 되어야 하는지 전혀 몰랐다. 그들은 "염색 직물이나 컬러코드 전선" 같은 기술이 없는 문화의 언어에는 색 용어가 많지 않았고, 그런 용어가 있을 필요도 없었을 거라고 가정했다. 정교함과 기계 장치가 융합된 개념이기는 해도 그들의 세계는 그렇게 복잡하지 않았을 것이다.

어쨌든 그다지 대단해 보이는 내용은 아니었다. 1969년 벌린과 케이는 『기본색 용어』를 출간했는데, 이때는 언어학자 놈 촘스키가 많은 논란이 된 인간 두뇌의 문법적 '심층 구조' 이론을 연구하던 것과 거의 같은 시기로, 그들은 촘스키에게서 아이디어를 얻기도 했다. 그들은 11가지 기본 색상 범주가 사실 "범인간 인지적 보편성"이라고 결론 내렸다. 벌린과 케이는 그들이 '표층색'을 발견한 것은 아닐까 추측했다.

하지만 아무도 여기에 동의하지 않았다. 즉각적으로 반발이 일었고, 비평가들은 씹을 거리를 무수히 찾아냈다. 이중 언어 사용자인 경우, 모국어가 영어의 영향을 받았을 수 있다는 주장도 있었다. 색 용어를 추상적인 유사 개념인 언어 '발달'과 연관 짓는 것은 잘해봤자 비평가들에게 독단적으로 보이거나 최악의 경우 인종차별주의자로 받아들여질 수 있는 일이었다. 나무의 초록, 하늘이나 물의 파랑보다 왜 빨강이 기술 이전의 문화에 더 중요하단 말인가? 싸움은 격렬했다.

벌린과 케이는 자신들의 주장을 옹호하기로 한다. 1970년대 후반, 그들은 당시 하계언어연구소로 알려졌던 SIL 인터내셔널이라는 단체와 접촉했다. 그 단체는 논란의 여지가 있었다. SIL 인터내셔널은 인류학, 보존을 위한 언어의 목록화, NGO 스타일의 원조와 관련된 민족언어학적 발전을 자신들의 임무로 명시해두고 있었다. 위클리프 성경 번역자들이라는 단체와 설립자가 같다는 점에서 예상할 수 있듯, 그들의 임무에는 토착어로 된 성경 사본을 나눠주는 일도 포함되어 있었다. 또 (CIA 임원들은 부인하지만) CIA의 앞잡이 역할을 한다는 비난도 받아왔다.

벌린-케이 팀은 하계언어연구소의 언어학자 선교사들의 도움을 받아 훨씬 어려운 색상 패널 버전으로 실험을 수행했다. 이번에는 45개 어족에서 갈라져나온 110여 개의 서로 다른 언어를 사용하는 원어민들을 찾아가(홈그라운드의 이점을 살릴 수 있도록)

그들의 자국어로 퀴즈를 풀게 했다. 언어학자 선교사들은 330개의 먼셀 칩을 한 번에 하나씩 피실험자에게 보여주면서 무슨 색인지 물었다. 그런 다음 전체 표를 보여주고 각 기본 색상 용어가 가리키는 가장 적합한 색을 고르라고 했다. 2616명을 대상으로 서로 지치고 진 빠지는 실험이 이루어졌다.

그래서 무엇을 알아냈을까? 기존의 실험 결과는 증명되지 않았다. 1단계, '검정'과 '하양'의 단어만 있는 '2용어' 체계를 가진 언어는 하나도 없었다. 2용어 체계는 사실 검정, 초록, 파랑과 '차가운' 색을 가리키는 용어를 가졌고, 하양, 빨강, 노랑과 나머지 '따뜻한' 색을 가리키는 다른 용어들이 있었다. 그들은 이렇게 기록했다. '하양'은 실제로 "확장된 흰색을 가리키는데 예를 들어 대문자로 '화이트WHITE'라고 강조해서 쓰는 식이었다". 이 새로운 체계에서 강조된 흰색은 모든 색 영역을 포함한다. 강조된 검정도 마찬가지다.

케이와 연구팀원들이 가장 분명하게 확인할 수 있었던 점은 여섯 가지 색 — 하양, 검정, 빨강, 초록, 파랑, 노랑 — 만 "지각의 랜드마크"라고 부르는 것을 형성했다는 점이다. 세계 대부분의 언어는 사실 같은 기본색 용어를 가지고 있다. 흰색과 검정이 밝은색과 어두운색을 가리킨다면 이것들은 사실 기본색, 즉 1800년대 중반부터 정신물리학자들이 두뇌가 색을 처리하는 기본 방식이라고 주장해온 원색 계열과는 완전히 별개의 것이다. (또 슈브뢸이 밝혀낸 짝을 이루는 보색들도 그렇다.) 케이의 팀은 색의 심층 구조를 발견한 것 같았다. 단지 그들이 예상했던 게 아니었을 뿐.

어떤 대상이 시간 t 이전에 관찰되고 녹색이거나, 아니면 시간 t 이전에 관찰되지 않고 파랑색이라면 그것은 그루 색이다.

아리스토텔레스, 글래드스턴, 심지어 워프에게도 공통점이 있었다. 그들은 모두 색에 관한 인식은 사람들이 색을 말하는 방식과 관련되어 있고, 사람들이 말하는 방식은 사고와 관련되어 있다는 것을 알고 있었다. 또한 그들은 정도가 달랐어도 색 공간에서 가장 중요한 작용이 일어난 곳은 파랑과 초록 영역이 아닐까 하는 의구심을 품었다. 그건 우연이 아니었다. 그루 색 미국의 언어철학자 헨리 넬슨 굿맨이 정의한 것으로, 특정 시간 t 이전에 관찰되고 녹색이거나 또는 특정 시간 t 이전에 관찰되지 않고 파랑이면 그루 색이다 은 기이한 존재다.

그런 의혹을 품은 건 그들만이 아니었다. 1739년 스코틀랜드의 철학자 데이비드 흄은 『인간 본성론』을 출간했는데, 이 책에서 그는 사고가 어디에서 나오는지 밝혀내려고 노력했다. 흄은 사람들이 거의 모든 경우에서 개념을 이해하기 전에 실제로 경험해야 한다고 주장했다. 파인애플이 어떤 맛인지 알고 싶다면 파인애플을 한입 먹어보면 된다. 감각적 인상은 사물의 은유가 된다. 그러나 색은 그렇지 않다고 흄은 주장했다. 색만은 예외라는 것이다.

흄은 사람들이 일상의 빛 스펙트럼에서 모든 색을 보기 때문에 본 적 없는 색의 개념도 표현할 수 있을 거라고 생각했다. 그는 정상적인 시력을 가진 사람을 데려와 어두운색부터 밝은색 순서로 정렬된 파란색의 여러 색조를 보여주라고 말한다. 그리고 나서 전에 보여준 적 없는 새로운 파란 색조를 보여주면, 그 가상의 사람은 그 색조를 색의 연속체 안에서 올바른 위치에 배치할 수 있다는 것이다. 그리고 흄은 묻는다. "만약 어떤 이의 감각이 그에게 전달한 적은 없지만 그 특정한 색조에 대한 생각"을 발전시키기 위해 그 어떤 이는 한 번도 본 적 없는, 색의 연속체에서 빠진 색깔이 어떻게 보일지 상상할 수 있을 것인가? 만약 그렇다면, 그것은 흄의 다른 모든 규칙에 대한 예외, 즉 "모순되는 현상"이 될 것이다. 그럼에도 불구하고 흄은 그렇다고 생각했다. 사람들은 "색의 연속체에서 빠진 파란색 색조"를 상상할 수 있었다. 그 후 철학자들은 흄의 주장이 옳은지에 대해 논쟁을 이어왔다.

글래드스턴, 앨런, 워프, 벌린, 케이 모두 가리키는 단어가 없는 색을 사람들이 볼 수 있는지 알고 싶어했다. 흄은 사람들이 한 번도 보지 못한 색을 가리키는 단어를 가질 수 있는지 알고 싶어했다. 그루 색은 모든 사람이 밝혀내려고 애쓰는 색 공간의 한 부분이다.

언어적 변화를 살펴보자. 영어는 파랑과 초록을 나타내는 기본 색 용어를 가지고 있다. 벌린과 케이가 알아냈듯이, 타히티어와 첼탈어는 두 가지 색을 모두 아우르는 한 단어를 가지고 있다. 고대 프랑스어에서 블루아bloi는 파랑과 노랑을 모두 가리킨다. 고대 프랑스어로 시노플sinople은 '빨강'을 뜻했지만 문장학에서는 초록을 뜻했고, 1800년 이전 사람들은 보통 빨강의 보색을 파랑이 아닌 청록이라고 말했다. 그리스어에는 파랑을 나타내는 두 가지 기본색 단어가 있고, 러시아어 역시 마찬가지다. 러시아어에서 시니siniy는 진파랑, 골루보이goluboy는 연파랑이다. 그리고 일본어! 내가 일본어를 공부할 때, 나는 신호등 맨 밑에 있는 색이 '아오이'(파랑)라고 배웠다. 일본어에는 초록색을 나타내는 기본색 용어가 없다. 그냥 '미도리', "멜론" 색이라고 말하는 것으로도 충분하다.

그렇다면 정말 그루 색에 뭔가 특별한 게 있는 걸까?

오하이오주립대학에서 색상을 연구하는 델윈 린지의 대답은 이렇다. "그렇습니다. 물론이죠." 그의 아내이자 연구 파트너인 앤절라 브라운은 벌린과 케이가 내린 결론의 일부를 이어 연구하고 있다. "그루 색에서 대부분의 변형이 이루어지지만 우리는 그걸 이해하지 못해요. 이해할 수 없죠."

단지 언어적인 것이 아니다. 거기에는 생리적인 측면도 있다고 린지는 말한다. 인간 망막에 있는 모든 광수용체 중에서 단 5~10퍼센트만이 푸른빛을 감지하는 단파장 수용체다. 단파장 빛에 대한 인간의 공간 해상도는 떨어지지만 이 단파장 수용체들은 더 예민한 시각을 갖는 주변 세포에 연결되어 있다. 그리고 파란색 수용체들은 광수용체가 밀집되어 있는 망막의 중심에 집중되어 있다. 황반 색소 ─ 빗나간 푸른빛을 흡수하여 시야를 더 맑게 유지하도록 도와주는 망막 중앙에 있는 노르스름한 카로티노이드 ─ 밀도가 더 높은 사람들이 그렇듯, 밝은색 홍채를 가진 사람들은 짧은 파장의 독특한 초록색을 보는 경향이 있다. 또, 개인적으로 우선시하는 것도 다르다. 남성과 여성은 똑같이 그루 색의 영역을 인지하지만 다르게 묘사한다. 이것이 이 셔츠가 저 바지와 어울리는가를 두고 백만 가지 논쟁이 벌어지는 색 공간 영역이다.

확실히 짚고 넘어가자면, 초록과 파랑을 아우르는 한 단어만 가진 언어 ─ 그루 언어 ─ 를 구사하는 사람들이 초록과 파랑 영역에 여러 개의 용어를 가진 언어를 구사하는 사람들과 다른 종류의 망막이나 두뇌를 가진 것은 아니다. 그렇다면 그 차이는 어디서 비롯된 것일까? "심지어 우리는 이것이 수정체 색조와 관련이 있지 않을까 추정하는 논문도 썼죠." 브라운이 말했다. "사실이 아닐 수도 있지만, 그게 사실이 아님을 증명하는 건 정말 어렵다."

린지와 브라운, 그리고 그 외 사람들이 알아내려고 하는 것을 과학 용어로는 "범주 지각"이라고 한다. 다시 말해 사물의 차이를 신속, 정확하게 구별하는 능력을 말한다. 사람들이 색을 어떻게 보는가와 관련해 가장 중요한 질문은 이것이다. 사람들은 같은 범주의 색(두 개의 초록)보다 다른 범주의 색(파랑과 빨강)을 더 잘 구분하는가.

그렇다면 '왜 두 가지 색을 가리키는 단어가 하나뿐일까'보다 더 흥미로운 질문은 더 많은 어휘를 갖게 되면 사람들이 보는 색에 변화가 생기느냐이다. 그건 글래드스턴의 가설과는 정반대다. 그리고 거기에 대한 증거도 있다. 러시아어에 옅은 파랑과 진한 파랑을 가리키는 단어가 있던 것을 기억하는가? 2007년, 한 연구팀은 러시아어와 영어를 사용하는 피실험 자원봉사자들에게 20개의 파란색 색조 중에서 3개의 정사각형 색조 칩을 골라 삼각형 형태로 보여주었다. 그런 다음 자원자들에게 아래쪽 두 개의 정사각형 중 어떤 것이 맨 위에 있는 정사각형과 같은지 물었다. 일치하지 않는 '오답' 사각형은 때때로 일치하는 답과 같은 범주—모두 골루보이이거나 모두 시니—에서 나왔고 때로는 그렇지 않았다. 확실히 색은 다른 언어 범주와도 일치하는 면이 있었다. 러시아어 사용자들은 영어 사용자들보다 일치하는 색을 고르는 게 확실히 더 빨랐다.

더 많은 색 용어를 사용할수록 범주 지각이 좋았다. 하지만 자원봉사자들의 언어 프로세스를 방해하기 위해 그들에게 여러 자릿수의 숫자를 기억하면서 같은 실험을 수행하게 하자 러시아어 사용자들의 이점도 사라졌다.

실제로 이 문제를 깊이 파고 들어간 연구자는 없었다. 그것은 부분적으로는 사람들이 말 그대로 색을 다르게 보기 때문이다. 하지만 모든 색을 다 그렇게 보는 것은 아니다. 심지어 특정 언어 내에서조차 파랑, 초록, 그루 색을 다르게 말하고 다르게 식별하는 사람들도 있다. 브라운과 린지는 벌린-카이의 색상 실험 방식을 약간 변형해 소말리아어 사용자들에게 색이름을 말하게 했다. 일부는 파랑과 초록을 다른 단어로 말했고 일부는 두 색을 '그루 색'이라는 한 단어로 사용했다. 일부는 모든 파란색 샘플을 소말리아어로 '그레이'라고 불렀다.

모두 색각이 정상이며 같은 문화권 출신에 같은 언어를 구사하는 사람들이었다. "그냥 옆집 사람이라고 생각하면 돼요." 브라운이 말했다. 그래서 색에 대한 인식과 기본색 용어 선택이 언어에 의해 결정된다는 생각을 받아들이기가 더욱 어렵다. 브라운과 린지의 연구에 따르면, 여러 문화 간에 색이름에서 다양성이 발견되었다면 한 문화권 내에서도 거의 같은 수준의 다양성이 발견되어야 한다.

그걸 증명하기 위해 린지는 내게 사소한 게임을 시켰다. 자신의 노트북 컴퓨터를 내 앞에 가져왔는데, 검정 날개가 달린 바람개비 모양이 원형 색채면 위에서 빙글빙글 돈다. 노트북 컴퓨터의 터치패드에서 손가락을 움직이자 색상이 바뀐다. 초록에서 주황으로 돌아간다. (검정이 회전한다는 것은 자극이 변화한다는 의미이므로 피험자[이번 경우에는 나]는 잔상을 없애려고 노력할 필요가 없다. 아, 만약 기능적 자기 공명 영상법으로 날 스캔 중이라면 연구 대상이 될 일차 시각 피질의 세포들은 지금 색상과 공간 해상도, 나선형을 최적으로 처리 중일 것이다.)

"가장 죽여주는 노랑을 골라보세요." 린지가 말했다.

나는 터치패드를 조금 만지작거렸다. 한쪽으로 지나치게 치우치면 분명한 초록이 되었다. 하지만 약간 녹색을 머금은 듯한 녹색의 경계로 다시 와 석양빛에서 너무 멀지 않은 부분으로 돌아오면? 쉽지 않다. 나는 마침내 색을 골라 그에게 컴퓨터를 돌려주었다. 린지는 뭔가를 메모하더니 브라운에게 노트북을 건넸다. 브라운도 똑같이 하더니 다시 린지에게 넘겼다.

"이제 뭐가 있는지 보죠." 린지가 말하면서 내가 선택한 것을 보여주었다. 그런 다음 말했다. "이게 제 거예요." 터치패드를 어루만지다가 탁, 노란색이다.

내가 말했다. "그게 제 거보다 더 좋아 보이는데요."

린지가 말했다. "사람들이 말하는 것에는 큰 차이가 있습니다."

하지만 브라운은 내 의견에 동의하지 않았다. "그 색은 너무 초록색 같은데요." 그가 말했다.

그래서 우리는 같은 걸 시도해본다. 파랑과 노랑 사이의 초록만 찾는 것이다. 이번에는 좀더 천천히 움직인다. 그리고 이번에 내가 고른 초록색은 브라운과 린지를 포함한 대부분의 사람이 동의하는 영역의 중심에 위치한다.

하지만 더 큰 규모의 연구는 보통 그 반대로 흘러간다. 많은 사람에게 "노란색"이 들어간 빛을 고르라고 하면, 사람들 눈에 있는 중파와 장파 광수용체—노랑을 보려면 그 두 가지가 모두 필요하다—의 비율은 사람마다 매우 다를지라도 대부분이 비슷한 파장의 색을 선택한다. 그런데 다른 조건이 모두 동일한 상태에서 초록색을 찾으라고 하면 60나노미터나 차이가 나는 다양한 답변이 나온다.

그럼 한번 반대로 해보자. 지금까지, 이 모든 연구자가 색을 이렇게 저렇게 바꿔가면서 언어가 사람들이 보는 색에 얼마나 영향을 미치는지 알아내려고 노력해왔다. 그렇다면 언어를 실험 대상에서 제외해보면 어떨까?

이제 언어를 전혀 모르는 사람들을 찾아서 색에 대해 물어보면 된다. 하지만 이건 방법론적으로 약간 더 까다롭다. 왜냐고? 언어가 없는 사람에게 뭘 어떻게 물어본단 말인가? 과학은 눈과 뇌는 있지만 언어가 없는 사람을 필요로 했고, 아기를 찾아냈다.

발달심리학자들은 말을 시작하기 전의 유아들을 표준으로 삼았다. 아기들은 한 번도 본 적 없는 것 — 새로운 자극 — 을 익숙한 것보다 더 오래 응시한다. 따라서 아기들이 색의 차이를 인지한다면 새로운 색을 더 오래 바라볼 것이고, 인내심 있는 연구원들은 언어 없이도 아기들이 명확한 지각을 갖고 있는지 알 수 있을 것이다. 그렇게 해서 벌린과 케이가 식별한 범주들을 구별할 수 있다면, 색에 대한 그들의 제안은 옳았다는 뜻이 된다.

실제로 효과가 있었다. 1976년, 한 연구팀은 4개월령 아기들에게 특수 파장의 빛 — 파랑, 초록, 노랑, 빨강 — 을 보여주었고 아기들은 다른 파장의 빛을 더 오래 바라본다는 것을 알아냈다. 색상이 서로 다른 범주에 속하면 효과가 더 컸다. 하지만 누구도 그 결과를 재현하기는 힘들 것 같다. 어떤 사람들은 색깔 있는 빛을 사용하는 게 문제라고 지적했다. 현실 세계에서는 물체에 반사된 색을 보니까.

하지만 잠깐, 순수 단색 빛과 물체에 반사되는 빛의 차이는 피실험자에게 어떤 영향을 미칠까? "그렇지 않을 거예요." 서식스 컬러 그룹과 서식스 베이비 랩의 책임자인 서식스대학 소속 심리학자 애나 프랭클린은 이렇게 대답했다. "자신의 이론적 입장을 내세울 정도가 아니라면 묻어두는 것도 유용한 방법이에요."

2000년대 초 프랭클린은 아기 데이터를 확인하는 일련의 실험을 했다. "하지만 이후 10년 동안 상당한 반대가 있었어요." 그녀가 말했다. "사람들은 아기들이 그저 자기가 더 좋아하는 색을 보는 것일지 모른다고 지적했죠."

정신물리학자나 언어학자들이 행동심리를 제대로 이해하지 못하는 게 문제일 수도 있다. 솔직히 프랭클린의 방법은 우습다. 유아용 카시트에서 40센티미터 떨어진 곳에 스크린을 놓고 작은 창 두 개에 먼셀 칩을 띄운다. 그리고 방 안에 비디오카메라를 숨겨놓는다. 그런 다음 아기 몇 명을 카시트에 앉히고 벨트를 채운다. "새로운 색이 등장하면 아기들 눈이 약간 튀어나오는 것을 볼 수 있었어요." 프랭클린이 말했다. "아기들이 뭔가 변화를 포착했다는 뜻이죠."

아기들은 쉬운 실험 대상이 아니다. 그나마 카시트 덕분에 부모의 영향을 덜 받는다. 프랭클린에 따르면 "아기들은 잘 먹고 잘 잤으면 불을 끄자마자 편안하게 카시트에 앉아 있다". "실험을 재빨리 끝내야 해요. 데이터를 얻는 데는 약 5분이 소요되는데, 아무리 길게 잡아도 10분이면 충분해요. 대신 아주 잘 쳐다봐야 하죠." 프랭클린은 심지어 자기 아들에게도 실험을 해보았다. 결과는 괜찮았다.

그 이후로 연구실에서 계속 설정을 다듬고 있는데 결과는 꽤 명확하다. 아기들은 빨강-노랑, 초록-노랑, 파랑-초록, 파랑-보라를 구별할 수 있다. 하지만 같은 범주의 색들을 구별하는 것은 훨씬 어려워한다. 그건 아기들이 색에 이름을 붙이지 못하지만 빨강, 초록, 파랑, 노랑, 그리고 보라색을 본다는 뜻일까? 뉴턴 스펙트럼의 나머지 색상들은 아기들에게 더 큰 문젯거리다. 뭔가 신비한 일은 거기서 벌어진다. "이것은 아기들이 어떻게 색을 분류하는지를 단층적으로 보여주는 우리의 기본 생물학이에요." 프랭클린이 말했다. "문화는 색 용어를 배우면서 문화 및 환경에 맞는 어휘를 발달시키고, 우리는 결국 현저하게 다른 색 어휘를 갖게 됩니다. 하지만 거기에는 우리의 생물학과 관련된 공통적인 패턴이 있어요."

그러면 어떻게 이런 용어, 색 단어를 생물학적으로 설명할 수 있을까? 그 질문에 답하기 위한 연구들이 현재 진행 중이다. 이 연구 중 일부는 벤저민 워프에게 친숙해 보일 것이다. 워프는 언어 속에 숨겨진 상징에 매료되었고 그건 폴 케이와 같은 현장 연구자들도 마찬가지였다.

예를 들어 사람들이 세상의 색을 어떻게 보는지에 관한 흥미로운 이야기를 듣고 싶다면, 그걸 물어보기에 가장 좋은 사람들은 아마존 치마네이족의 사냥꾼과 농부들이다. 그들은 흰색, 검정, 빨강의 색 단어를 가지고 있다. 하지만 그들에게 다른 색을 보여주면, 갑자기 사람마다 어휘가 달라진다. "변동성이 엄청납니다." 치마네이족과 함께 일하는 MIT에서 언어를 연구하는 테드 깁슨이 말했다. "사람마다 파랑, 노랑, 주황을 가리키는 단어가 제각기 다릅니다. 색 공간을 분할하는 것도 전부 다르고요."

깁슨은 이 연구 결과를 현재 국립보건원의 색 연구원인 신경생물학자 베빌 콘웨이에게 가져갔다. 나는 콘웨이가 하버드대학 신경과학자 마거릿 리빙스턴의 연구실에서 박사과정을 밟고 있을 때 처음 만났다. 콘웨이는 인간의 뇌가 시각을 처리하는 방식을 이해하는 데 있어 하나의 아이콘이다. 색 과학자로서는 다소 이례적으로 예술가이기도 하다. 그는 이 책의 다음 장에서도 중요한 역할을 한다.

콘웨이는 색과 시각을 연구하고 깁슨은 언어와 정보 이론을 연구한다. 그들은 치마네이족이 왜 그렇게 특이한 색 언어를 사용하는지 알아내기 위해 새로운 공동 연구 프로젝트를 꾸렸다.

연구팀은 볼리비아 인근 마을에 사는 스페인어 사용자와 북미의 영어 사용자들에게 벌린-카이식 먼셀 칩 인터뷰를 진행했다. 하지만 완전히 새로운 게임이었다. "우리는 사람들에게 그들의 언어를 사용하는 다른 사람이 이해할 수 있게 컬러 칩을 묘사해달라고 요청했어요." 콘웨이가 말했다. "우리는 '기본 색상 용어를 사용해야 한다'고 말하는 대신―그리고 그 색이 무엇인지 말해주는 대신―유용하다고 생각되는 용어로 칩의 색을 설명하라고 했습니다."

바로 거기에서 깁슨의 정보 이론 지식이 끼어든다. 연구팀은 우선 각 칩의 주요 색 단어인 "지정 용어"를 선정하기 위해 이런 대화를 통계적으로 분석했다. 그런 다음 2단계로 "사람들이 모든 칩에 대해 얼마나 효과적으로 커뮤니케이션을 하는지 살펴보기만 하면 된다"고 콘웨이는 말했다. "당신 앞에 온전한 색 배열체가 놓여 있습니다. 내 앞에도 놓여 있죠. 나는 칩 하나를 고르고 당신에게는 보여주지 않아요. 내가 그 칩을 단어로 설명한다면 당신이 그 칩을 맞추기까지 얼마나 많은 추측을 해야 할까요?"

몇 가지 색은 "매우 소통이 잘되는 것"으로 나타났다. 다시 말해, 그 색을 설명하는 데에는 단어도, 추측도 다른 색보다 적게 필요했다. 어떤 색들은 더 많은 단어와 추측을 요구했다. 정보 이론 측면에서 이야기하자면 일부 칩은 더 많은 비트를 필요로 했다. 자, 북미 영어와 볼리비아 스페인어는 색을 꽤 정교하게 전달할 수 있다. 치마네이족의 언어에는 색 단어가 많지 않고 정확하게 사용되지 않는다. 콘웨이는 말했다. "이 세 언어는 완전히 다르지만 통신 효율성을 기준으로 칩 순위를 매겨보면 거의 동일한 패턴을 보입니다."

다시 말해, 문화와 언어 차이와는 상관없이 영어 사용자와 치마네이어 사용자는 같은 색의 개념을 전달하는 데 있어 같은 어려움을 겪는다. 그리고 둘 다 "따뜻하고" 더 긴 파장, 빨강-주황-노랑의 색 공간에 있는 색을 차가운 그루 색 공간에 있는 색보다 훨씬 더 쉽게 전달했다. 그건 좀 이상한 일이었다. "그것은 색에 대한 서양식 사고와는 전혀 관련이 없어요." 콘웨이가 말했다. "이것은 훨씬 더 원시적이고, 근본적이며, 중추적인 범용 색상 분류니까요."

그래도 예술가이기도 한 콘웨이에게는 친숙한 문제였다. "그림에서 색소와 그 중요성에 대해 이야기할 때 사용하는 주요 1차 용어예요." 그가 말했다. "하지만 과학에서 화가들은 좀 멸시당하는 편이죠."

하지만 왜 그래야 할까? 왜 인간은 파랑이나 초록보다 빨강이나 주황에 대해 더 잘 말할까(혹은 더 잘 생각할까)? 우리는 그 색들을 모두 똑같이 보고 인지한다. 그냥 파동일 뿐이다. 혹은 광자이거나.

콘웨이와 깁슨은 그 문제에 대한 가설을 갖고 있다. 답은 색에 있는 게 아니라 우리 안에 있다. 그들의 주장을 이해하려면 우선 우리가 일상 세계에서 보는 색, 즉 모든 물건의 색에 대해 생각해 보아야 한다. 지역이나 시대에 따라, 혹은 극지방이냐 적도냐, 열대우림이냐 사막이냐에 따라 다를 수 있지만, 볼 수 있는 전반적인 색은 거의 동일하다. 그렇지 않은가?

어쩌면 꼭 그렇지 않을 수도 있겠다. 콘웨이와 깁슨은 2만 장의 이미지 데이터베이스를 수집했는데, 우연히 거대 컴퓨터 회사인 마이크로소프트가 기계 학습 시스템 훈련을 위해 사용하던 온갖 종류의 일상생활을 담은 사진이었다. 이런 종류의 "인공지능"은 아이러니하게도 그다지 똑똑하지 않다. 인공지능이 색을 스스로 고를 수 있게 하려면 우선 패턴을 반복해서 보여주어야 한다. 이 그림 세트는 특히 기계에 '물체'와 '배경' 간의 차이, 즉 타깃과 그 주변의 볼 것 없는 대상 간의 차이를 가르치기 위해 만들었다. 그래서 인간이 2만 장의 디지털 사진을 하나하나 살펴본 후, 어떤 것이든 기계가 이해할 수 있는 방식으로 모든 픽셀을 직접 하나하나 코딩했다.

그렇다. 거기에는 패턴이 있었다. 같은 패턴이다. 콘웨이가 말했다. "물체는 체계적으로 따뜻한 색에 편향되어 있어요." 사람의 뇌는 레일리 산란에서 말하는 드넓고 압도적인 푸른 하늘이나 출렁이는 와인처럼 어두운 바다, 숲의 초록에 대해서가 아니라, 그 모든 배경에서 두드러지는 밝고 강렬하고 톡 튀는 무지개에 대해 말하고 이해하는 데 초점이 맞춰져 있다는 것이다. 우리의 사고는 그쪽에 더 신경을 쓴다. "우리는 보통 초록과 파랑에는 이름을 붙이고 싶어하지 않아요. 이것들은 '물체'가 아니에요." 깁슨이 말했다. "따뜻한 색은 인간과 다른 동물들, 딸기류, 과일, 꽃 같은 것이죠."

이것은 벌린과 케이가 완전히 새로운 방식으로 발견한 언어 발달을 설명해준다. 색 용어 중에서도 일상생활에 더 중요한 색을 가리키는 단어가 더 빨리 만들어진다. 이것은 인간이 색을 만드는 새로운 방법을 통합하기 시작하면서 생긴 중요한 변화다.

가장 중요한 부분은 이것이다. 이 변화는 여전히 일어나고 있다. 산업, 새로운 과학, 새로운 기술이 사람들에게 색을 보여줄 새로운 방법을 만들어내고, 그 결과로 우리의 언어와 사고가 달라진다. "최초의 동굴 예술가들은 두 가지 종류의 색소, 황토와 석탄을 가지고 있었어요. 우리가 합성색소를 추가하면서 환경의 급격한 변화가 생겨났죠." 콘웨이가 설명했다. "우리는 고화질 컬러텔레비전을 보유하면서 여태까지 우리가 생산해왔던 것보다 훨씬 더 포화도가 높은 색상을 생산하게 됐어요."

훌륭한 가설이다. 이제 그 가설을 지지하거나 무너뜨리는 것은 나머지 색각 과학 분야에 달려 있다. 쉽지는 않을 것이다. 사람들이 색을 공부하는 이유가 단지 다른 사람의 머릿속에 들어갈 수 있는 매력적인 방법이기 때문이어서만은 아니니까. '당신이 생각하는 빨강은 내가 생각하는 빨강과 같은가?' 하는 식으로 말이다. 그보다는 인간의 인식과 인지 체계를 파고드는 문제이기 때문이다. "우리는 뇌가 어떻게 높은 수준의 색각을 구현하는지 충분히 이해하지 못하고 있어요." 린지가 말했다. 우리가 색에 대해 하는 이야기는 곧 인지의 세계를 만드는 인간의 뇌에 관한 이야기다.

또는 브라운이 말한 대로다. "스펙트럼은 연속입니다. 하지만 스펙트럼에 대한 우리의 해석은 그렇지 않죠."

# 8장

# 그 드레스

2015년 2월 7일 오후, 세실리아 블리스데일은 딸 그레이스의 결혼식 때 입을 드레스를 고르러 다녔다. 오후 3시 30분쯤 블리스데일은 영국 체셔의 한 가게에서 검정 레이스 장식이 달린 파란 드레스를 보고 휴대전화로 사진을 찍었다. 그녀는 딸에게 사진을 보내 의견을 물었다.

그레이스는 금색 레이스 장식을 두른 하얀 드레스라고 생각했다. 세실리아는 그렇지 않다고 말했다. 이상한 일이었다. 정말 이상하다고 생각한 그레이스는 자신과 어머니가 왜 옷 색을 다르게 봤는지 물어보려고 사진을 페이스북에 올렸다. 그레이스의 친구 케이틀린 맥닐도 똑같이 어리둥절해하면서 결혼식이 끝난 후 소셜 네트워크 텀블러에 같은 이미지를 다시 올렸다.

곧이어 맥닐은 디지털 뉴스 매체 버즈피드의 텀블러 계정에 다음과 같은 메시지를 보냈다. "버즈피드, 도와주세요. 제가 이 드레스 사진을 포스트했는데(제 텀블러 계정 중 가장 최근 포스트) 어떤 사람은 파란색이라고 하고 어떤 사람들은 흰색이래요. 정말 우리 '미칠 것' 같아요."

버즈피드 텀블러의 운영자, 케이츠 홀더니스는 그냥 어깨 한번 으쓱하고 평상시대로 하루를 보냈다. 하지만 홀더니스의 근거지인 미국 동부 시간으로 오후 5시쯤이 되었을 때 텀블러 포스트 아래 달린 댓글은 5000개가 넘었다. 홀더니스는 동료 몇 명을 불러 그 드레스가 무슨 색인지 물었다. 그들은 곧 하나의 효모 세포가 둘로 쩍 나뉘듯 공감대를 산산조각 내는 지각의 유사분열을 겪었다. 홀더니스의 옆에는 어깨 위에서 화가 나 싸우는 천사와 악마처럼 성난 두 무리가 소리치고 있었다. 흰색–금색 대 파랑–검정으로 나뉜 무리였다.

인터넷이 좋아할 만한 것들을 포착하는 데 남다른 감각을 지닌 홀더니스는 여론조사를 만들어 버즈피드에 게시했다. "지금 텀블러에서 이 문제를 놓고 토론이 벌어지고 있어요. 우리는 이 문제를 해결해야 합니다. 중요한 문제예요. 당장 제가 미칠 것 같다고요." 그녀는 오후 6시 14분에 이 포스트를 올렸다. 그런 다음 사무실에서 나와 집으로 가는 지하철을 타러 갔다.

그녀가 지하철에서 내려 지상으로 올라오자 휴대전화 알림 메시지가 쏟아져 들어왔다. 문자메시지가 쓰나미처럼 몰려왔다. 여론조사 포스트 접속률이 하키스틱 곡선처럼 디지털 성층권까지 치솟고 있었다. 그녀는 트위터에 접속할 수도 없었다. 아마 마이크로블로깅 네트워크 트래픽이 전 세계적으로 급증(분당 1만 1000 트윗)했기 때문인 것 같았다. 사람들은 흰색-금색 대 파랑-검정으로 고르게 양분되었다. 텀블러에서도 같은 양상이 나타났다. 드레스는 '그 드레스'가 되었다.

당시 나는 과학 잡지 『와이어드』의 편집자였다. 홀더니스의 예민한 인터넷 감각을 갖지 못한 나는 처음에 그 사진을 보고도 아무 생각이 들지 않았다. 그건 파란 드레스였다. 아무려면 어떤가. 미 서부에서 하루가 끝나가는 시간이었고, 디지털 뉴스 트래픽이 감소하면서 느려지는 시간대였다. 내 상사인 편집국장이 옆 의자에 털썩 주저앉아 수다를 떨기 시작했다. 내가 이런 말을 했던 것 같다. "그 드레스 이야기 믿겨요? 사람들이 그게 무슨 색인지 모른다는 게."

그가 말했다. "맞아, 그렇지? 정말 웃기지 않아?"

"분명히 파란색인데 말이죠." 내가 말했다.

그는 약간 걱정스러운 듯 눈살을 찌푸리며 나를 보고 말했다. "그거 흰색이잖아."

마침내 나는 내가 뭘 놓쳤는지 이해했다. 그 드레스, 아니 그보다는 드레스 사진[초현실주의 화가 르네 마그리트였다면 'Ceci n'est pas une robe(그건 드레스가 아니다)'라고 말했을 것이다르네 마그리트가 「이미지의 배반」이라는 그림에서 담배 파이프를 그려놓고 그림 아래에 '이것은 파이프가 아니다'라고 쓴 것을 빗대어 한 말]은 단순히 사람들을 양분시키기만 한 게 아니었다. 그들은 자신의 입장에서 물러서지 않았다. 당신이 본 것은 그저 파랑과 검정이 아니다. 그것은 흰색과 금색을 본 사람들이 미쳤거나 거짓말을 한 것의 문제였다. 그 반대도 마찬가지였다. 그날의 가장 큰 뉴스거리는 사람들이 눈으로, 그리고 머리로 색을 보는 방식이었다.

사실 이건 엄청난 과학 이야기였고, 나는 한 시간이나 늦어 곤란했다.

나는 『와이어드』에서 일을 시작하기 전에 매사추세츠공과대학에서 저널리즘으로 펠로십 과정을 밟았다. 나는 사람들에게 색과 인간의 시각 인식에 대해 ─ 이 책을 구성하는 내용 ─ 이야기하며 9개월을 보냈다. 그 드레스 사건이 있기 거의 12년 전, 나는 베빌 콘웨이 ─ 앞 장에 나오는 치마네이족 언어를 연구한 예술가이자 신경과학자 ─ 를 만났고, 그의 다원적 접근법이 마음에 들었던 게 기억났다. 그래서 콘웨이의 소재를 확인한 뒤 ─ 당시 그는 웰즐리대학에 있었다 ─ 이메일로 버즈피드 포스트의 오리지널 링크를 보냈다. 큰 기대는 품지 않았다. 그가 답장을 보내와 내가 다시 전화를 걸었다.

"그러니까 어떤 사람들은 그게 파랑과 검정이라고 생각한다고요?" 콘웨이가 말했다. "정말이에요?"

나는 나도 그중 한 명이라고 대답했다.

"음, 잘됐네요." 그가 말했다. "적어도 우리는 의견이 다르네요.

그건 확실히 파랑과 금색이에요. 제 포토샵에서는 파랑과 주황으로 뜨고요."

콘웨이의 치밀하게 보정된 화면에서도 '금색' 또는 '갈색' 부분은 실제로 주황색이었다. 개별 픽셀의 RGB 좌표 — 컴퓨터 모니터의 빨강-초록-파랑의 색 공간 위치 — 는 아무 도움이 되지 않았다. 객관적이고 독립적으로 수량화할 수 있는 색은 사람들이 전체 이미지를 봤을 때 본 색과는 아무 관련이 없었다. 우리는 미셸 외젠 슈브뢸이 분류한 색이 옆에 있는 다른 색 때문에 바뀔 수 있다는 것을 이미 살펴봤다. 그런데 왜 컴퓨터 화면에 있는 드레스 사진에서 이런 일이 일어났을까? 그리고 왜 사람들은 색을 다르게 봤을까?

"흰색과 금색은 이해하기 쉬워요." 콘웨이가 말했다. "이건 우리가 일광 축에 대해 매우 강한 편향을 갖고 있기 때문에 생긴 일일 거라는 강한 예감이 드는데요."

그는 이렇게 설명했다. 화창한 날 야외에 백지를 가져다놓고 그것으로 스펙트럼 측정을 한다고 가정하자. 거기에 반사되는 빛의 파장을 객관적으로 측정하면, 백지의 실제 색은 색 공간을 통해 예측 가능한 곡선을 따라 변화한다. 불그스름한 색, 그다음에는 파랑, 그리고 흰색이다. (하루의 끝에는 다시 불그스름한 색을 띤다.) 하지만 인간의 뇌에 그 종이는 하루 종일 하얗게 보인다. 눈에서는 색이 변해도 머릿속에서는 안정된 상태를 유지한다. "우리는 그런 채도 조건에서 진화해온 거예요." 콘웨이가 말했다. "그런 점에서 보면 지금 벌어지고 있는 일, 당신의 시각 체계는 일광 축의 색 편향을 무시하려는 거고요."

몇 세기 전에 토머스 영은 사람들이 보는 색이 항상 객관적인 파장과 일치하지 않는다는 사실을 알아냈다. 어떤 사물의 표면에 색이 들어간 빛을 비추면 그 표면의 색은 객관적으로 변하지만, 상황에 따라 관찰자는 여전히 원래의 색상을 말한다. 무언가의 '진짜' 색을 볼 수 있는 능력 — 사실은 '진짜인 것 같은' 색이다 — 을 색 항상성이라고 부른다.

표면은 속임수다. 빛을 받는 물체의 측정된 객관적인 색은 다른 색 빛을 받으면 변하지만, 뇌는 우리가 그것을 계속 같은 색으로 보게 만든다. 낮에 달걀 하나를 꺼내서 빨간빛 아래 놓아도 여전히 달걀은 흰색으로 보일 수 있다. 뇌 속 장치는 물체에 반사되는 빛의 색, 즉 조명을 빼고 물체의 표면색인 반사면의 색을 일관되게 보여준다.

어떤 사람들은 드레스 사진에서 파랑을 빼고 흰색과 금색을 봤다. 다른 사람들은 그 금색을 노랑과 주황 조명으로 해석해 파랑과 검정을 봤다. 앞서 말했듯이, 그 드레스는 짙은 파란색이었다. 워싱턴대학의 연구원 제이 네이츠는 세실리아 블리스데일이 찍은 다른 사진들을 추적했다. 거기서 드레스의 색은 문제가 되지 않았다. 그 대재앙, 엄청난 색 항상성의 실패는 그 특정 사진의 무언가에서 비롯된 것이었다.

나는 그 모든 내용에 관한 이야기를 썼고 미 서부 시각으로 오후

7시 28분에 올렸다. 나는 잠시 와인을 마시며 사무실을 어슬렁거리면서 접속 상황을 모니터하는 소프트웨어의 숫자가 변화하는 모습을 지켜봤다. 약 3800만 명이 그 글을 읽은 것 같다. 사람들은 여전히 그 글을 읽는다. 『와이어드』가 게시했던 이야기 중 아직까지도 가장 높은 조회 수를 기록한 글이다. 확실히 내 최고 기록이다. 조회수가 수천만이라니.

하지만 그게 이 이야기의 끝은 아니다. 그 드레스는 색 과학 분야에 지진 같은 충격을 준 것으로 기록되었다. 꽤 맹렬했던 그 드레스 사건 이후 몇 년간 진행되었던 연구에서 도출된 결과들은 흰색과 금색 대 파랑과 검정만큼 구분선이 명확하게 나뉜 것은 아니었지만 일련의 사태는 무서운 사실을 적나라하게 보여주는 좋은 사례다. 사물의 색, 빛의 물리학을 결정하는 색소의 화학은 안구의 광수용체부터 뇌 시각피질의 미로 같은 시냅스 연결에 이르는 복잡한 신경학적 계산 구조에 의해 변환되고 재해석된다. 그 뇌는 집주인이 손수 개조한 낡은 집과 다를 바 없다. 배선은 표준에 들어맞지 않고, 때로는 짧다.

여러분이 그 드레스를 어떤 색으로 봤는지 결정하는 가장 중요한 요소는 무의식적이었겠지만 뇌가 이미지를 비추는 빛의 색을 어떻게 식별하는가이다. 처음에 콘웨이가 추측했던 것처럼, 그 사진이 몇 시에 찍혔을 거라고 추측하는 방식으로 말이다. 그 드레스는 색 항상성과 인간 시각의 일광 편향에 대해 과학자들이 가지고 있던 거의 모든 가정을 약화시키거나 완전히 깨버렸다. 고품질 스크린이 도처에 있는 우리 시대에 많은 사람이 거의 무한한 팔레트에 지속적으로 접근한다. 하지만 색의 전능함은 모든 사람이 자신만의 무한성을 가지고 있다는 것을 보여준다. 색의 인식은 단지 문화적인 것이 아니라 고도로 개인화된 것이다. 우리는 모두 색을 다르게 본다. 수십억 개의 팔레트가 존재한다. 따라서 자연만큼 많은 색을 낼 수 있는 기술적 능력을 보유한 과학은 사람들이 실제로 — 세계에서, 그리고 머릿속에서 — 색을 어떻게 만들어내는가를 놓고 다시 한번 고민에 빠질 것이다.

19세기에 인상파 화가들은 색의 항상성을 직감했다. 클로드 모네 같은 예술가들은 급진적인 발상 — 새롭게 사용할 수 있었던 광범위한 색소 — 덕분에 보는 사람들의 눈에 보이는 그대로 사물의 색을 칠했다. 모네는 다른 날, 다른 시각에 같은 장소에서 루앙 대성당을 그렸고, 보는 사람 누구나 같은 장소라고 말할법한 구도로 완전히 다른 색상의 그림 시리즈를 만들었다. 일광 축에 따른 색 항상성을 묘사한 것이다.

내가 파리 오르세 미술관에서 했던 것처럼 연달아 그림을 보면 시공간에서 성당에 대한 정신적 이미지를 만들어낼 수 있다. 하지만 그것과 별개로 보면 루앙 효과는 제대로 먹혀들지 않는다. 연분홍, 회갈색, 진초록이 섞인 아쿠아, 인디고를 음영으로 넣은 그림은 우스꽝스러울 정도다. 그 개그를 사전에 알고 있어야만 웃을 수 있는 시각적 펀치 라인이다. 그 대성당의 표면에 원래 그런 색이 칠해졌던 것은 아니다. 모네의 프로젝트를 모른 상태에서 보면 정말 이상해 보인다.

슈브뢸 같은 19세기의 색채 사상가들은 보색 효과 때문에 동일한 스펙트럼의 경우에도 인접 색상이 무엇인지에 따라 다른 색으로 보일 수 있다는 것을 깨달았다. 반대로 서로 다른 스펙트럼의 색이 상황에 따라 같은 색으로 보일 수 있다는 것 역시 알아냈다. 하지만 왜 그런 일이 일어나는지에 관한 질문은 수세기 동안 과학자들을 짜증 나게 했다. 이것은 색을 보는 뇌가 구사할 수 있는 속임수 가운데 하나였다. 밝기가 달라지면 사람들이 보는 색도 달라지거나, 밝은 빛이 사라진 후에도 보색의 잔상이 보인다.. (1700년대 후반, 찰스 다윈의 아버지인 로버트 워링 다윈의 집착에 가까운 과학적 탐구에서 알게 된 현상이다.) 이 모든 경우에서 뇌는 존재하지 않는 색을 만들어내는 것처럼 보인다.

색 항상성에 해당하는 몇 가지 방법을 상상해보자. 한 가지 가설은 이것이다. 우리는 평생에 걸쳐 다채로운 세상을 경험하는데, 사물이나 사물의 생김새를 분류하여 기억에 저장하고 그것을 기준으로 삼는다. 예를 들어 주황색 섞인 노란 빛 아래서 어떤 사물 — 달걀이라고 해보자 — 을 본다고 해보자. 하지만 달걀이 원래 어떤 색이었는지 떠올린 우리는 머릿속에서 주황색 섞인 노란빛을 제거하고 달걀 껍데기를 흰색으로 되돌린다. 그것을 '기억색'이라고 부른다.

다른 가설은 그 반대다. 어쩌면 우리는 현재의 조명 아래서 우리에게 친숙한 물체 — 주황색 섞인 노란 달걀 — 를 보고, 그게 무슨 색처럼 보이는지 알아본 후 정보를 활용해 조명 색을 추론한다. ("이 장면에는 주황색 섞인 노란빛이 퍼져 있군.") 우리는 혼잣말을 한다. 그런 다음 우리가 보고 있는 전체 장면에서 빛을 빼고 진짜 색조를 취한다. ("달걀 껍데기는 흰색이니까 나머지는 그 주변색이 겠군" 하는 식으로 말이다.) 그게 '기억색'이다. 이때 참조 자료로 사용하는 물건은 휴대할 수 있고 매우 익숙한 것이어야 한다. 물론 갈색 계란도 있긴 하다. 그 이론에서는 우리 피부색에 대해서도 같은 일이 일어날 수 있다고 말한다.

카메라, 특히 비디오나 디지털 기기를 만지작거려본 적이 있다면 이 이야기가 익숙할 것이다. '화이트밸런스'를 떠올려보자. 사용자 또는 소프트웨어가 '하양'을 나타낼 특정 표면을 선택하면 카메라가 이를 기준으로 다른 모든 색상의 균형을 맞춘다. 예를 들어 흰색 종이나 다른 참조가 될 흰색 물건을 들고 있는데 초록색 톤이 약간 들어갔다고 치자. 그러면 카메라는 모든 물건의 색에서 초록색 톤을 빼버린다. 컬러사진 초창기에는 필름의 결과물이 사진작가가 실생활에서 인식하는 것과 너무 달라 보이는 경우가 많았다. 그 사진작가의 눈과 뇌가 가로등의 노란 색조나 형광등의 푸른빛을 무시하기 위해 색 항상성을 작동시켰기 때문이다. 하지만 그 사진작가의 컬러필름은 색 항상성을 갖고 있지 않고, 그런 기능을 사용할 수도 없었다.

사실 컬러필름의 문제는 폴라로이드 창시자가 시각에 관심을 갖게 된 이유이기도 하다. 즉석 사진 발명가인 에드윈 랜드는 뇌가 어떻게 색 항상성에 필요한 연산을 하는지에 대해 복잡한 이론을 가지고 있었다. 그는 그 이론을 레티넥스라고 불렀는데, 대부분은 잘못된 것으로 밝혀졌다. 그럼에도 랜드는 여전히 이 분야에 중요한 기여를 했다. 다양한 조명 조건에서 사람들의 색 항상 능력을 테스트하기 위해 그는 다양한 크기와 다양한 색상의 사각형과 직사각형으로 표면을 덮은 대형 보드를 제작했다. 보드는 프로젝터에서 쏘는 조명이 복잡한 반사를 일으키지 않고 사람 눈에 있는 광수용체의 피크를 흡수할 수 있도록 광택 없이 제작되었다. 랜드는 이 콜라주들이 어느 화가의 작품을 닮았다고 해서 이를 '아름다운 콜라주, 몬드리안'이라고 불렀다. 이 내용은 뒤에서 다시 중요하게 다루어질 것이다.

색 항상성이 어떻게 작용하는지에 대한 아이디어를 떠올린 것은 랜드만이 아니었다. 1980년대를 거치면서 그런 아이디어를 주장하는 사람들이 대나무 자라듯 퍼져나갔다. 시각 체계로 물체 근처의 표면색('로컬 서라운드')을 설명하기도 했다. 혹은 가장 큰 차이가 나는 영역('최대 유속')에 초점을 맞추기도 했다. 하지만 심리학자 데이비드 브레이너드는 그 어느 것도 믿지 않았다. 1984년 대학원생이었던 그는 그것을 밝혀내기로 결심한다. "훌륭한 주제라고 생각했어요. 앞으로 몇 년 안에 인간의 색 항상성을 측정하고야 말겠다고 생각했죠." 펜실베이니아대학에 재학 중인 브레이너드는 말한다. "그걸 논문 주제로 정할 생각이었죠."

1, 2년보다는 조금 더 걸렸다. 2006년, 브레이너드는 마침내 이 문제를 해결한 논문을 발표했다. 아니 해결한 것 같았다. 브레이너드는 자원봉사 피실험자들에게 디지털로 구현한 3차원 방을 보여주었다. 진회색 벽으로 둘러싸인 방 안에는 똑같은 진회색 모형들 ─ 원통, 구, 삼각형 ─ 과 여러 색으로 칠해진 커다란 몬드리안 콜라주가 함께 놓여 있었다. 평범한 일광에서 화성의 분홍빛에 이르는 다양한 디지털 공학 조명이 설치된 가운데, 관찰자들은 조명을 바꾸고 뒤쪽 벽의 어두운색 정사각형을 회색으로 보이게 하려고 사용 중이던 컴퓨터를 빙빙 돌렸다. 그런 다음 브레이너드는 실제 조명, 인식된 조명, 표면의 색상을 사용해 컴퓨터 알고리즘에 색 항상성을 유지하는 방법을 가르쳤다. "장면의 조도를 추정하는 것이 색 항상성에서 가장 어려운 부분이에요." 브레이너드가 말했다. "그게 뭔지 안다면, 그리고 만약 여러분이 원시 색을 가지고 있다면, 조명 아래서 올바르게 보이도록 고치는 것은 꽤 쉽습니다."

알고리즘을 소개하는 그 논문이 남아 있는 수많은 질문을 매듭짓는 것 같았다. "정말 흥분됐죠." 브레이너드가 말했다. "제가 기울여온 노력의 정점처럼 느껴졌거든요." 그것은 몬드리안 콜라주가 표현하려던 것처럼 반사 없는 세계에서만 들어맞았는데, 개념적으로는 옳았다. 하지만 좀더 복잡한 현실 세계에서는 어떨까? 가령 광택이나 질감이 있는 표면 말이다. 브레이너드는 과학자의 진지한 표정으로 이렇게 말했다. "아직은 실험 단계입니다. 아직은 몰라요."

그 드레스가 모든 것을 뒤죽박죽으로 만들었다. "2006년에는 내가 광택이 없고 평평한 몬드리안 세계의 문제를 해결했다는 데 아무도 동의하지 않았어요. 하지만 그 문제의 3차원적 내추럴 버전을 누군가 해결했다고 생각하는 사람은 아무도 없을 겁니다." 브레이너드는 말했다. 확실히 그의 모델은 다른 사람들이 같은 장면에서 두 가지 다른 색을 보는 경우에 대해서는 설명해주지 않는다. 하지만 그게 바로 그 드레스에 일어난 일이다. "아무도 그런 특성을 가진 모델을 가지고 있지 않았어요." 브레이너드는 말했다. "'이런 효과를 내는 이미지를 20개는 더 제작할 수 있다'고 말할 수 있는 사람은 없어요. 누구도 이런 일을 할 수 없다는 것은 우리에게 이론이 없다는 의미입니다."

분명 뭔가를 봤는데 다음 순간 갑자기 다른 것으로 바뀌어 보이는 착시 현상을 경험해봤는가? 두 사람의 옆모습이 꽃병으로 보인다거나 토끼로 보였다가 오리로 보이는 그림 같은 것 말이다. 이런 이미지를 '쌍안정雙安定'이라고 하는데, 두 가지 다른 버전을 가지고 있고 눈과 뇌가 따로따로 움직인다는 뜻이다.

하지만 그 드레스는 다른 문제다. 우선, 가장 친숙한 양안 착시는 형태에 관한 것이다. 하지만 그 드레스는 색과 관련 있었다. 또 드레스는 어느 순간 딱 하고 바뀌어 보이는 게 아니다. 사람들은 첫번째 무릎반사에 반응하지 않고 원래 위치를 고수하려는 경향이 있다. 그것은 이중 모드의 양안 착시가 아니다. 사람들은 사진을 보고, 한쪽을 고르고, 그 입장을 고수하며 드레스 색에 대한 자신의 인식이 옳다고 전적으로 확신한다.

사실은 그것보다 훨씬 더 복잡하다. 브렌트 벌린과 폴 케이가 어떻게 원어민들에게 모국어로 된 색이름을 물어보기 시작했는지 기억하는가? 이런 종류의 연구를 뒤흔들어놓는 것 가운데 하나는, 린지와 브라운이 대화했던 소말리아어 사용자들 혹은 치마네이어 사용자들 사이에서도 볼 수 있었던, 같은 언어를 사용하는 이들 내의 변화다. 그 드레스는 영어 사용자들에게 같은 현상을 유발했다. 버즈피드의 원래 설문 조사에서 선택지는 흰색 혹은 파란색으로 제한되어 있었다. 하지만 단순히 드레스를 보고 그것을 묘사할 가장 좋은 색을 고르라고 요청했다면 어떤 사람들은 라벤더나 라일락, 페리윙클이라고 답변했을지도 모르고, 라임 그린과 흰색, 보라, 파랑, 초록/연파랑과 노랑 등을 조합해 대답했을 수도 있다. 마치 카드 한 벌에서 한 장을 고르라고 강요하는 마술사처럼 사람들을 결코 흔들리지 않을 강고한 두 그룹으로 몰아넣은 것은 소셜 미디어였다.

그 드레스가 인터넷을 강타한 지 몇 달 후, 콘웨이와 다른 연구자들은 좀더 깊이 파고들기로 한다. 그들은 1400명을 대상으로 어떤 색이 보이는지 조사했는데, 일부는 이 이미지에 익숙했지만 일부는 그렇지 못했다. 대부분의 사람은 친숙한 두 짝의 색을 꼽았지만, 11퍼센트는 파랑과 갈색이 보였다고 말했다—여러분이 기억할지 모르겠지만 특이하게도 콘웨이는 내게 파랑과 금색의 조합을 봤다고 말했다. ('금색'은 노랑에 하이라이트가 들어간 색이고 '갈색'은 노랑의 어두운 버전이다. 그래서 나는 콘웨이가 그 11퍼센트에 해당된다고 생각했다. 파랑과 반짝이는 갈색을 봤으니까.)

사람들은 왜 그런 방식으로 보는 것일까? 한 연구자에 따르면, 원래 저녁형 인간일 경우 더 긴 파장과 적황색 백열등에 많이 노출되기 때문인지도 모른다. 따라서 조명을 식별하기 어려운 경우—그 드레스 이미지에서처럼—그들은 그 이미지가 더 긴 파장을 가지고 있다고 생각해 머릿속에서 조명을 제거한 후, 파랑과 검정을 남긴다. 하지만 낮에 주로 활동하는 사람이거나 '아침형 인간'이라면, 더 짧은 파장인 낮의 파란빛을 주변 조명보다 우선시한다. 그래서 이미지에서 그 빛을 빼고 흰색을 떠올린다. 콘웨이 연구팀은 보는 사람이 무엇을 '우선시'하느냐에 따라 그 선택은 달라진다고 말했다. 다시 말해 자신이 패션에 대해 알고 있는 것과 같은 경험치가 영향을 미친다. 무의식적으로 이루어지는 가정에서 가장 중요한 부분은 드레스가 무엇으로 만들어졌는지(자신이 생각하는 소재 및 질감), 그리고 그 드레스를 어떤 조명 아래에서 보았다고 생각하는지와 연관되어 있었다.

예를 들어 원피스의 해상도와 디테일이 더 정밀하게 표현되어 있는 확대된 이미지—"공간 빈도"—를 보여주자 더 많은 사람이 흰색과 금색 드레스에 푸르스름한 늦은 오후의 빛이 반사되었다고 생각했다. 반대로 이미지를 흐릿하게 조정하자 더 많은 사람이 그 드레스의 색은 한낮의 하얀 햇빛 속에 보이는 파란색이라고 생각했다.

또 이미지의 조명을 조정하면 우리가 예상할 수 있는 방향으로 사람들의 생각을 조종할 수 있다. 콘웨이 연구팀은 원피스를 원래 이미지에서 잘라내어 모델이 그 옷을 입고 있는 듯, 삽입된 모델 이미지에 덧씌웠다. 그런 다음 배경에 파란 색조를 가미했다(모델의 얼굴에도 약간 파란 빛을 넣었다). 그러자 거의 모두가 그 드레스는 흰색과 금색이라고 말했다. 배경 조명에 노란빛이 많이 들어가도록 바꾸자 사람들은 드레스가 파랑과 검정이라고 대답했다. 나는 지금 이 원고를 쓰면서 보정된 UHD 모니터에 있는 두 이미지를 나란히 보고 있는데, 차이가 확연하다. 나는 파랑과 검정이라고 했었지만 푸른 조명을 받은 드레스는 분명 하늘색과 금색으로 보인다.

정말 골치 아프다.

신경과학자들이 실제로 인간의 뇌가 어떻게 작동하는지 완벽하게 이해한 세상이라면, 언어와 주관적 인식의 중재자를 잘라내고 뇌에 바로 구멍을 뚫어보자고 제안할 수도 있을 것이다. 그냥 몇 사람을 자기 공명 영상fMRI 기계에 밀어넣고 드레스를 보여준 다음, 뇌가 뭘 하는지 들여다보는 건 어떨까? 이것은 2015년 독일의 한 연구팀이 실제로 한 일이다. 이 연구팀은 드레스에 대한 의견이 파랑과 검정, 흰색과 금색으로 반반씩 나뉜 28명을 MRI 기계에 넣고 본래 이미지의 두 색상과 일치하는 두 가지 색이 들어간 정사각형을 보여준 다음, 그 드레스를 보여주었다.

대략적으로 설명하기는 힘든데, 그들이 발견한 것은 정말 놀라웠다. 흰색과 금색을 본 사람들의 경우 뇌의 더 많은 영역이 두드러지게 활성화되어 있었다. 신경과학자들이 색 지각을 담당한다고 예상한 부위뿐만 아니라 피질 전체에 걸쳐서 그랬다. 반면 파랑-검정이라고 한 사람들의 뇌에서는 그런 활성화가 나타나지 않았다. 파랑과 검정이라고 한 사람들의 뇌는 휴식 상태나 다름없었고, 흰색과 금색이라고 한 사람들의 뇌는 훨씬 더 에너지를 많이 소비했다. 그것만으로는 흰색과 금색에 대한 환상 — 실제로 드레스는 파랑과 검정이었다 — 이 뇌의 활성화 때문에 나타난 결과인지, 아니면 그런 환상 때문에 뇌가 활성화된 것인지는 알 수 없다. 거기에 대해서는 더 많은 연구가 필요하다.

그 드레스 사건 이후 몇 년 동안 연구자들은 시간을 들여 더 심도 있는 연구를 진행하며 가설을 세웠다. 그들은 새로운 가설을 시도하고 또 시도했다. 그러면서 가능성을 찾았지만 그다지 설득력 있진 않았다.

그 가설은 너무 낯설어서 일부 연구자는 이것이 사람들이 색을 어떻게 보는지에 대한 미스터리 전체를 푸는 단서가 될지도 모른다고 생각했다. 어쩌면 색을 만들고 사람들에게 보여주기 위한 새로운 틀이 될지도 모른다. 솔직히 그건 다행이었다. 뇌가 어떻게 외부 세계의 신호를 색에 대한 인식으로 바꾸는지 아무도 이해하지 못하고 있었으니까.

눈 뒤쪽의 망막에는 다른 파장의 빛을 흡수하는 세 종류의 광수용체가 있다. 하지만 그건 최대한 단순하게 이야기한 것이다. 망막은 사실 여러 층으로 이루어져 있다. 시신경 섬유, 다음은 신경절 세포, 그다음은 서로 다른 종류의 뉴런들이 이 모두를 함께 묶는다. 눈으로 들어오는 빛은 그 모든 것을 통과한 뒤 광수용체인 간상세포와 원추세포에 도달하고 여기서 빛은 신경 신호로 바뀐다. 실제로 이 간상세포와 원추세포는 안구 뒷면에 매끄럽게 닿아 뒤로 돌출된다.

망막의 중심에는 색을 감지하는 광수용체인 원추세포가 매우 빽빽하게 들어차 있다. 하지만 망막의 가장자리 쪽으로 갈수록 원추세포는 더 넓게 퍼져 있고, 여러 개의 원추세포가 광수용체들이 수집하는 모든 정보에 민감한 하나의 뉴런에 연결되어 있다. 이곳을 수용야(혹은 수용장)라고 한다. 일부 뉴런은 수용야의 중심이 자극받을 때만 활성화된다. 다른 뉴런은 가장자리가 자극받을 때 활성화되거나 혹은 가장자리가 자극받을 때 억제되기도 한다. 그리고 자신들이 받은 신호를 전부 뉴런의 수용야에 합치면서 다음 뉴런에게 신호를 전달하고, 그 신호는 또 다음 뉴런에게 계속 전달된다.

이 뉴런들은 모두 안구 뒤쪽에서 나오는 신경 케이블에 모였다가 뇌로 발산된다. 하지만 신경 신호가 외측슬상핵이라고 불리는 영역의 시냅스 연결 고리인 첫번째 접속 지점에 도달하기 전까지 뇌는 프린터처럼 아직 세 가지 색을 섞지 않은 상태다. 그것은 때때로 대립색이라고 불리는 것 사이에서 균형을 잃고 색상을 제조한다. 벌린과 케이가 정한 기본 대립색들을 여기서 볼 수 있다. 파랑과 노랑, 빨강과 초록, 흰색과 검정이다. (이것 또한 전체 빛의 양을 나타내는 휘도다.) 그래서 어떤 뉴런들은 빨간 파장일 때 적극적으로 발사되지만 녹색 파장에서는 전혀 발사되지 않는다. 또는 녹색 파장에서 발사되지만 빨간 파장에서는 발사되지 않는다. 또는 녹색 파장이 꺼질 때 발사되지만 빨간 파장이 켜질 때는 발사되지 않는다. 그래서 어떤 수용야는 중앙과 가장자리에서 나타나는 색상에 따라 여러 다른 패턴으로 뉴런을 발사한다.

위쪽으로 더 거슬러 올라가면 시각 피질 깊숙한 곳의 상황은 훨씬 더 복잡하다. 이런 영역 중 일부 — 최소한 인간이 아닌 동물 — 에는 다양한 색상으로 빛을 내는 뉴런 군집이 있다. 어떤 것들은 그저 빛에 민감할 뿐이고 색은 그저 우연히 얻어지는 결과물이다. 앨런 뇌과학연구소 소속 신경과학자인 수미야 채터지는 이렇게 말한다. "우리 같은 삼색각三色覺 영장류에게 필수라고 주장할 수 있는 '색'은 과학적 합의에 저항하는 자극 지도를 가지고 있습니다."

그래서 연구원들은 드레스 색에 대한 인식에 차이가 생겨난 이유를 밝혀내 복잡한 신경 배선이 하는 일을 이해할 수 있는 단초가 되길 기대한다. "그 일은 인간의 뇌가 일반적으로 작용하는 방식뿐 아니라 인간이 서로 어떻게 다른지에 대해서도 알려줍니다." 뉴캐슬대학의 중개신경과학 시스템 연구소Centre for Translational Systems Neuroscience의 책임자인 아냐 헐버트가 말했다. "그리고 색의 근본적인 특징에 대해 말하자면, 그건 완전히 주관적인 거예요." 2007년 헐버트는 색 항상성에 관한 중요한 글을 썼고, 10년이 지나서는 그 드레스에 도대체 무슨 일이 벌어지고 있는지 밝혀내기 위해 노력한 주요 연구자 중 한 명이 되어 있었다.

철학자들은 색의 존재가 물체의 본질적인 특징인지, 아니면 아원자 입자의 상호작용, 눈의 작용, 의식 자체에 의해 조립되는 것인지를 놓고 치열한 논쟁을 벌였다. 이제 세계적인 색각 과학자가 된 헐버트는 이렇게 말했다. "그건 당신 머릿속에 있는 거예요. 그 드레스가 그 증거죠." 헐버트가 말을 이었다. "'드레스의 진짜 색은 무엇인가?'라고 말한다는 건 드레스에 진짜 색이 있다고 생각한다는 의미예요. 우리는 그런 태도에서 벗어나려 하는 거고요." 사람들은 특정한 맥락에서, 즉 자신만의 움벨트(환경 세계 혹은 주변 세계), 자신만의 인생 경험, 그리고 어느 순간의 경험을 바탕으로 색을 묘사한다. 하지만 색각은 근본적으로 불안정해서 조작하기가 매우 쉽다. "누군가에게 색이름을 물어보기 전에 25개의 다른 불빛을 보여주기만 해도 그들은 '파랑'에서 '노랑'으로 이름을 바꾸어 말할 거예요." 그녀가 말했다.

"하지만 그 드레스에는 색이 있었잖아요." 내가 말했다. "파란색이요. 그게 진짜 색이었다고요."

"그럴 때 우리는 이렇게 말하죠. '밝고 똑같은 하얀빛 아래에 드레스를 놓으면 어떻게 보일까?'라고요." 헐버트가 말했다. "그걸 '진짜 색'이라고 부르고 싶다면 뭐 좋아요."

마치 '넌 바보야'라고 말하는 것 같다. 헐버트는 그 사실을 증명해 보였다.

우선 그녀는 실제로 그 드레스를 구입했다. "소재가 별로 안 좋네요." 그녀가 말했다. "광택도 없고 라이크라가 많이 들어가 있어요. 신축성이 있고 광택이 거의 없습니다. 폴리에스테르나 엘라스테인 같은 소재예요. 두껍고 많이 반사되지 않아요." (개인의 우선순위와 옷감에 대한 콘웨이의 생각이 또 1점을 얻는다. 그 드레스가 사진 속에서 반사되어 보인다고 생각한 사람이 있다면, 플라톤과 그리스인들이 그렇게 중요하게 생각했던 밝은 부분과 특수 하이라이트를 착각한 것일 수 있다.)

그녀는 그 드레스를 런던의 웰컴 컬렉션 박물관에 전시했다. "우리는 그 옷을 마네킹에 입히고 어떤 스펙트럼이든 실시간으로 튜닝할 수 있는 특수 조명을 설치했어요." 헐버트가 말했다. 결과는 이렇다. 어두운 방, 흰색 처럼 보이는 조명이 드레스를 비춘다. 실제로는 하얀색 빛이 아니라 파란 빛과 노란 빛을 똑같은 양으로 섞어 하얗게 만든 것이다. 사람들이 들어와 드레스를 보고 무슨 색인지 말한다.

인터넷에서 한 대로 사람들에게 두 가지 선택지만 주었더니 이런 결과가 나왔다. "절반은 흰색과 금색이라고 말하고, 나머지 절반은 파랑과 검정이라고 말했어요." 헐버트가 말했다.

하지만 사람들의 답변에 제한을 두지 않는다면? 헐버트가 대답했다. "실제 드레스를 본 900명에게서 데이터를 얻었어요. 제가 받은 답변은 매우 다양했어요. '모브(연보라)와 카키'라는 답변도 있었고 그 밖에도 아주 아주 다양한 답변이 나왔죠."

"그 이야기는 곧 어떤 물체든 가져다가 적절한 조명 아래에 놓으면⋯⋯"

"⋯⋯사람들이 색이름을 바꿔서 대답하게 만들 수 있다는 거죠. 그래요. 분명히 그렇게 할 수 있어요." 헐버트가 말했다.

그녀는 이미 내셔널갤러리에서 고갱, 드가, 세잔, 쇠라, 모네의 그림으로 그런 유의 실험을 했기에 잘 알고 있다. 헐버트 연구팀은 사람들에게 그림에 있는 사물의 색이 뭔지 물었고, 조명 색을 조절했다. 한 가지를 놓고 어떤 사람은 주황, 다른 사람은 빨강, 또 다른 사람은 갈색이라고 대답했다. 그런 다음 조명을 바꾸자, 각각의 색을 고른 사람들의 비율이 바뀌었다. 같은 예술작품이라도 조명이 달라지면 다르게 인식한다. 그건 마치 모네가 건초 더미, 루앙 대성당을 놓고 했던 실험에다 반사가 아닌 조명을 억지로 밀어 넣은 듯한 느낌을 준다.

동일한 조명 아래, 동일한 이미지로 실험한다고 해도 사람이 다르면 마찬가지 일이 벌어진다. "그 드레스가 특히 흥미로운 것은 단순히 색 범주의 경계가 불분명해서만은 아닙니다. 정말 차이가 있어 보이는 것은 색 항상성에서 사람들의 고유한 메커니즘이 작동하는 방식이에요." 헐버트가 말했다.

그 지점에서 왜 아무도 색 항상성이 어떻게 작동하는지 모르는지에 대한 설명이 시작된다. 색 항상성은 사람에 따라 다르게 작동할 수 있으며, 우리가 색을 보는 방식에는 온갖 개인적 다양성이 반영된다. 색은 객관적인 기준만 맞으면 꼭 항상성을 가져야 할 필요가 없다. 물론 내부적으로 항상성이 필요할 때도 있다. 가령 달걀은 항상 달걀처럼 보여야 한다. 그래야 먹고 싶어질 테니까. 하지만 외부적으로 볼 때는 꼭 그렇지 않아도 된다. 내가 보는 파랑이 당신이 보는 파랑과 꼭 들어맞아야 할 필요도 없다. 우리가 문화와 언어를 서로 공유하고 싶어한다면 이야기가 달라지겠지만 말이다. 하지만 그렇더라도 내가 "저 파란 거"라고 말했을 때 당신이 뭘 말하는지 알아듣고 암묵적으로 동의할 수만 있으면 된다. 그게 바로 콘웨이와 깁슨이 치마네이어에서 발견한 정보 이론 패턴의 종점이다. 색은 인지가 아닌 의사소통의 영역이다.

몇십 년 전만 해도 아무도 그 드레스를 볼 수 없었다. 그 이미지는 비교적 새로운 기술인 휴대전화와 컴퓨터 스크린을 통해 전송된 것이다. 그 전에는 그런 이미지 자체가 존재하지 않았다. 그것은 예술가의 눈이 아닌 휴대전화에 내장된 카메라가 색과 빛의 보정을 결정해 내놓은 알고리즘의 산물이다. 그 일이 있기 불과 몇년 전만 해도, 스크린을 통해 이미지를 보는 사람들은 그런 색을 볼 수 없었다. 그런 색을 보여줄 만큼 스크린의 화질이 뛰어나지 않았기 때문이다.

그 드레스는 적절한 소재, 적절한 색상, 적절한 시간에 찍힌 사진, 적절한 조명, 적절한 카메라, 우연히 자동 보정된 사진이라는 요소, 다시 말해 그런 일이 벌어지는 순간까지도 예측할 수 없는 조건들이 모여 만들어낸 사건이다. 그 일은 가장 영적인 색 철학자들이 오랫동안 생각해왔던 것의 일부를 증명했다. 색은 항상 머릿속에서 형성되어 인간의 지각과 심리적인 색 공간의 어둡고 불분명한 구석을 비춘다. 그 드레스는 아직 아무도 온전히 알지 못하는 규칙의 예외이거나 과학자들이 풀어야 할 로제타스톤이다. 나는 후자일 거라고 생각한다.

그 드레스 현상이 약속하는 미래는 이것이다. 사람들은 머릿속에 색을 우연히 만든 것이 아니라, 의도를 가지고 만들었다는 것. 환상도, 실수도, 호기심도 아닌 예술가와 과학자들이 실제로 사용할 수 있는 물질로서 만들었다는 말이다. 이 이야기는 머릿속의 색이라는 것으로 마무리된다. 어쩌면 단순한 오락거리나 미래의 가상현실 구현에 사용될 수도 있다. 하지만 색, 지각, 인지, 의사소통이 모두 한 보석의 여러 면이라면, 이 공상과학적인 머릿속 색들이 정보를 이해하는 완전히 새로운 방법을 제공할지도 모를 일이다.

9장

# 가짜 색과
# 색이 만드는 가짜

색 항상성은 사람들이 색의 세계를 살아가는 데 있어 좀더 자신감을 갖도록 도와준다. 우리가 좋아하는 과일에 그늘이 져 있어도 우리는 과일을 알아본다. 우리가 가진 물체에 대한 기억과 그 물체를 다시 봤을 때 색 사이에 괴리가 있다고 해서 화들짝 놀라지는 않는다. 조금 다른 말로 해보자. 사람들이 색 항상성을 가지고 있지 않다면 세상이 어떨지 상상해보자. 당신은 아침에 차를 주차했다가 해가 질 무렵에 차를 가지러 간다. 노란빛이 나는 수은등이 모두 켜지면 차를 알아볼 수 없다. 물론 차 모양이나 번호판, 뒷좌석에 놓아둔 쓰레기를 보고 찾을 수는 있겠지만 말이다.

하지만 색각이 정말 조명과 빛을 이해하는 뇌의 활동이라면 실제로 복잡한 문제들을 해결할 수 있다. 정확히 어떻게 작동하는지 알 필요도 없다. 그저 효과만 있으면 그만이다. 인간의 눈을 속여 실제로 존재하지 않는 색을 보게 할 수도 있다.

그런데 누군가가 그런 사기를 치려 한다면 왜일까? 한 가지 가능성은 예술을 복원하기 위해서다. 1960년 하버드대학은 강렬한 색으로 이례적일 만큼 큰 사이즈의 그림을 그리기로 유명한 화가 마크 로스코에게 하버드대학 하면 떠올릴 만한 미술품을 만들어 달라고 의뢰했다. 로스코는 뉴욕의 시그램 빌딩 내에 있는 포시즌스 레스토랑에서 작업했던 것처럼, 일련의 '방'에 있는 특정 공간에 맞추어 제작한 거대 캔버스에 그림을 그리기로 계약했다. 하버드 측에서는 당시 하버드 야드 건너편, 하버드 광장에 있는 현대식 건물(당시에는 홀리요크 센터라고 불렸다) 꼭대기 층의 다이닝룸을 그에게 내주었다. 방에는 바닥에서 천장까지 이르는 큰 창문이 달려 있었다. 로스코는 방 서쪽 벽의 벽감은 세 폭짜리 캔버스 그림으로 채우고, 동쪽에서 바라볼 수 있는 그림 두 점을 더 그리기로 했다.

추상표현주의자인 로스코는 색채 위주로 작업했는데, 이는 20세기 후반 모더니즘의 특징이었다. 그의 캔버스나 벽에 칠해진 색은 보는 사람의 전체 시야를 아우른다. 실제 그림이 어떻게 보이는지보다는 관찰자의 색 인식이 시간에 따라 변하면서 달라지는 감정적 경험을 제공한다.

로스코는 하버드를 위해 여섯 개의 캔버스에 그림을 그렸고, 현장에 배치할 그림 다섯 개를 골랐다. 그는 1963년과 1964년에 그림들을 설치했다. 그림들은 모두 무슨 문이나 입구를 표현한 것 같았다. 어둡고, 엄청나게 크며, 무슨 예감을 떠올리게 했다. 일부 곡선은 안쪽을 약간 구부려 부식이나 붕괴의 느낌 혹은 좀더 유기적인 느낌을 전달한다. 주로 자둣빛 같은 밝은 보라색이다. 로스코는 자신이 쓸 물감을 손수 만드는 숙련된 기술자이기도 했는데, 동물성 접착제, 울트라마린 블루, 합성색소인 리톨 레드를 혼합해 색을 만들었다. 그것은 매더 식물 뿌리에서 추출한 '아조 염료'로, 푸르스름한 빨강 알리자린을 대체하는 합성색소였다. (염료는 엄밀히 말하면 양모나 실크 같은 유기 기질에 결합하는 색소다. 알리자린에 알루미늄을 첨가하면 거기에 달라붙어 '레이크'—이게 색소에 색을 입힐 때 사용하는 염료다—가 된다.)

로스코는 종종 그의 '방'을 설치한 사람들에게 조명을 낮게 유지하고 중앙에 놓인 벤치 외에는 가구를 들이지 말라고 요청했다. 그 요청에 하버드 측은 "음, 여긴 다이닝룸이야, 친구"라고 답했다. 그랬다. 그 후 20년 동안 사람들은 별로 달갑지 않은 문같이 생긴 그림 아래에서 먹고, 마시고, 담배를 피웠다. 10층 펜트하우스의 아름다운 전망 덕분에 그곳은 "파티 행사장"이 되었다. 그의 그림들은 찢기고 움푹 파이고, 심지어 낙서까지 그려졌다. 설상가상으로, 시설 관리자들은 커튼을 열어두었다. 보스턴이 미국에서 가장 날씨가 좋은 도시는 아니지만, 햇빛과 가시광선, 자외선이 파티 행사장으로 흘러들어왔다.

그 생생한 리톨 레드가 망가지기 시작했다. 로스코 시대의 색소 관련 책들을 보면 그 색소는 바래지도 변색되지 않는다고 나와 있지만 그건 틀렸다. 고착제 때문에 분산되고 자외선에 노출되면 색이 바랜다. 울트라마린을 혼합한 색은 바래는 속도가 더 빨랐다. 그리고 로스코는 배경을 밝게 하려고 이산화타이타늄을 사용했다. 이산화타이타늄은 동물성 접착제와 같은 유기 고착제에서 아조 염료와 함께 사용하면 광반응을 일으켜 모든 색을 파괴했다.

1979년 로스코의 그림들은 바래고 손상된 처량한 모습으로 창고에 처박혔다. 1988년 전시회에서 하버드의 로스코 그림을 본 사람들은 그것을 "불가역적 손실"이라고 묘사했다.

오늘날 스미스 캠퍼스 센터라고 불리는 홀리요크는 포그 박물관에서 하버드 야드를 가로질러 5분 정도 걸으면 나온다. 1895년 이후로 포그는 페인트와 색소를 보존하고 연구하는 중심지가 되었다. 1928년 에드워드 포브스 관장은 미술품 보존에 좀더 엄격한 규율이 적용되기를 희망하며 보존 및 기술 연구부를 창설했다. 이것은 색소의 과학적 분석을 의미했고, 이를 위해 포브스는 전 세계에서 샘플을 수집하기 시작했다. 현재 이 부서와 컬렉션은 포그 하우스 위층에 자리잡고 있다. 건축가 렌조 피아노가 리모델링하며 스카이라이트 아트리움 주위로 두 개 층과 유리 지붕을 추가했다. 지금은 복원 및 기술 연구를 위한 스트라우스 센터로 바뀌었고, 복원가들은 전 세계 동료들이 지키는 것과 동일한 기본 지침을 따른다. 예술품 복원 작업은 가능한 한 최소의 양으로, 어떤 작업을 하든 원래대로 되돌릴 수 있어야 한다. 규정을 지키지 않는 복원가들은 예술작품에 손끝 하나 댈 수 없다.

그게 스트라우스의 핵심이고 존재 이유이기도 하다. 아트리움이 내려다보이는 건물 한쪽에는 유리문 달린 긴 회색 캐비닛이 건물 길이만큼 죽 늘어서 있다. 캐비닛에는 에드워드 포브스가 시작한 색소 컬렉션이 보관되어 있다.

이 캐비닛은 살아 있는 인포그래픽 정보, 데이터, 지식을 시각적으로 표현한 것. 과학적 정보를 알기 쉽게 시각화하는 도구로도 사용된다 이다. Y축을 따라 바닥에서 천장까지는 시간의 흐름을 따른다. 원료는 아래 칸에 두는데, 위로 올라갈수록 색소와 동일한 색상의 변형 색들을 볼 수 있다. 긴 복도를 따라 이어지는 X축은 각 칸에 하나씩 들어찬 새로운 색들을 계속해서 풀어낸다. 나는 X축을 따라 걸으면서 스트라우스의 관장인 나라얀 칸데카르에게 그 이야기를 했고, 그는 고개를 끄덕였다. "색상환을 펼쳐놓은 것 같죠." 칸데카르가 말했다. 우리는 문자 그대로 색 공간을 걷고 있었다.

나는 예전부터 좋아하던 색, 그때까지 책에서만 읽었던 색의 샘플들을 눈에 담아낸다. 사진을 찍지 않고 지나칠 수 없어 칸데카르를 멈춰 세운다. 새뮤얼 웨더릴의 배럴에서나 발견할 법한 연백 위쪽 칸에는 설화석고 가루에서부터 석회화된 뼈, 이산화타이타늄에 이르는 온갖 흰 색소가 항아리, 유리병, 플라스크 속에 담겨 있다. 드래곤 블러드, 한때 신비했던 차이니즈 레드, 메모라는 색소를 갈아 만든 재패니즈 마노도 있다. 한때 페인트를 담았던 양피지 주머니 옆에는 그 뒤를 이은 최초의 양철 튜브와 인상주의를 가능케 한 휴대용 물감통이 전시되어 있다. 페니키아에서 온 진짜 뮤렉스(뿔고동) ― 티리안 퍼플을 만들어내는 생물 ― 도 있다. 갈아서 코치닐로 만들 수 있는 연지벌레 시체 한 봉지도. 에드워드 포브스의 개인 정원에서 가져온 매더 뿌리. 갑오징어에서 얻은 세피아까지.

"그림 그리세요?" 나는 칸데카르에게 묻는다. 그는 그렇다고, 작은 거리 풍경, 작은 3차원 조각품들을 그린다고 답한다.

"정말 좋으시겠어요." 내가 말한다.

"완전히 다른 일이죠." 그가 말한다. "제가 색에 대해 전문적으로 안다고 해서 그림을 어떻게 그려야 하는지 아는 건 아니에요."

"설마요. 정말 그런가요?"

"문제를 해결해야 할 때 어디로 가야 할지는 알지만, 실제 그 길을 걸어보는 건 달라요. 가장 안정적이고 오래 지속되는 색소는 뭐죠?"

"하지만……" 나는 캐비닛을 어정쩡하게 가리키며 말한다.

"그건 색의 컬렉션이 아니에요." 칸데카르가 말한다. "색소의 컬렉션이죠."

나는 이제 무슨 말인지 알아차린다. 색에 대한 생각과 색에 관한 기술 사이에는 차이가 있다. 칸데카르 연구실은 그 차이를 메워주는 곳이다. 예술가들은 색을 사용하기만 한다. 색을 가지고 노는 그들에게 색소는 도구일 뿐이다.

로스코의 작품들이 어두운 창고에서 다시 세상에 나오기로 되어 있던 2014년에도 이 캐비닛 타임라인 색상환에 들어 있는 색소는 전혀 도움이 되지 않았을 것이다. 로스코의 작품들이 잃어버렸던 것 대신 색소를 덧입힌다면 그게 색상이든 정신적인 것이든 근본이 달라지는 셈이니까. 벗겨내거나 혹은 유약이나 광택제를 바르는 것도 마찬가지다. 보통 복원가들은 오래된 광택제를 닦아내는 것으로 시작해, 색을 밝게 만들려고 칠한 바탕색을 선택적으로 벗겨내는데 벗겨내는 양은 최소로 한다. 옛 그림은 저마다 시간의 흐름으로 얻어지는 유산인 파티나 청동 제품에 나타나는 녹청색의 고색이나 녹. 넓은 의미로는 시간의 흐름으로 생기는 피막상의 변화를 뜻한다를 갖고 있다. 그걸 망치고 싶은 생각은 없을 것이다. 로스코는 미묘한 빛의 효과를 창조하기 위해 그림에 광택제를 전혀 칠하지 않았다. 그래서 근본적으로 그림들이 보호되지 않은 것이다. 그런데 이제 와서 유약을 첨가하면 그림이 전체적으로 어두워지고 로스코가 원했던 유광/무광 효과가 망가진다.

로스코의 작품에는 가상의 비非의 세계랄까, 침범할 수 없는 엄격한 선禪 같은 느낌이 있기 때문에, 칸데카르는 그런 작품들을 복원하려면 새로운 접근법이 필요하다고 생각했다. "로스코 프로젝트는 무언가를 최초로 할 수 있는 기회였습니다." 칸데카르가 말한다. "작품에 손대지 않고 작품을 복원할 수 있을까요? 그럴 수 있더군요."

그는 옌스 스텐거라는 물리학자에게 연락을 취했고, 그들은 함께 문제를 뒤집어봤다. 그들은 색을 바꾸고 싶었다. 그런데 색소를 바꾸는 것은 허락되지 않았다. 그래서 그들은 조명을 바꾸었다.

하버드 팀은 환상을 만들어낼 계획을 세웠다. 색 항상성에 '속임수'를 부리는 것이다. 사실 이건 그 드레스 사건 이전의 일이었고, 그래서 그들은 색 항상성 위반이 문화적 광란을 불러일으킬 거라고는 상상하지 못했다. 그들은 정말로 미술 비평가들에 대해서만 걱정했다.

색조명을 사용해 그림을 원래 모습대로 복원할 계획이었다. 레이몽 라퐁텐이라는 복원가가 1980년대에 처음 그 방법을 시도했는데, J. M. W. 터너의 「머큐리와 아르고스」와 대大 루카스 크라나흐의 「비너스」 두 그림에 노란색 유약에 대비되는 청색과 백색 조명을 비추었다. 라퐁텐은 복원가들에게 도움이 될 아이디어를 떠올렸다. 조명을 치운 후 작품이 어떻게 보이는지 확인시켜주는 것이었다. 박물관과 유적지들은 2000년대 들어 독일의 손상된 르네상스 벽화와 런던 외곽의 헨리 8세 태피스트리 같은 전시 물품에 이 기술을 사용하기 시작했다.

그 꼼수가 먹히려면 작품이 갓 나왔을 때 어떤 모습이었는지를 알아야 한다. 예를 들어 헨리 8세 태피스트리의 복원가들은 태피스트리 뒷면의 바래지 않은 실의 색을 참고했다.

칸데카르와 스텐거에게는 참고할 뒷면의 실도 없었지만, 그들은 로스코의 원화를 찍은 5 × 7인치 엑타크롬 미국의 이스트먼코닥에서 발매한 내식 컬러리버설 필름의 상품명. 해상력이 뛰어나 전문가용으로 생산되었다 투명

필름을 갖고 있었다. 하지만 그것 역시 맞는 색은 아니었다. 엑타크롬은 주로 인물 사진용으로 나온 것이어서 따뜻한 색조에 대한 편향이 있었다. 투명도가 완벽한 조건이었다 해도, 사진에서 보이는 색은 로스코가 그린 색이 아니었다. 사진 자체도 완벽한 상태가 아니었다. 엑타크롬의 인쇄 과정은 여느 컬러 사진처럼 사이안, 마젠타, 옐로의 염료나 잉크가 들어가는데, 1960년대 이후로는 엑타크롬에 사용된 사이안이 불안정한 것으로 밝혀졌다. 시간이 지날수록 인쇄된 색이 다른 두 가지 색으로 변하면서 희미하게 바랜다. 그래서 그림 자체만큼이나 사진의 투명성도 믿을 수 없었다.

그림과 달리 엑타크롬은 예측 가능하고 객관적인 성능 저하 곡선을 보였다. 바젤대학 이미징 미디어랩 연구진은 염료로 흡수된 것과 일치하는 피크 파장을 가진 적색, 녹색, 청색 LED로 각 투명도를 스캔했다. 그런 다음 원화의 투명도 대비 실제 염료 농도에 따라 그림이 어떤 모습으로 달라졌는지를 보고 디지털 이미지의 색상을 보정했다.

칸데카르와 스텐거에게는 백업 작품도 있었다. 로스코는 여섯 점의 그림을 그렸지만 하버드에는 다섯 점만 설치했다. 로스코의 상속인들은 로스코가 다시 뉴욕으로 가져간 여섯 번째 그림에 여전히 접근할 수 있었다. 그림 일부는 바랬지만 일부는 그렇지 않았다.

이렇게 해서 하버드 팀은 참고할 만한 기준점을 여러 개 갖게 되었다. 이제 가장 까다로운 부분이 남아 있었다. 색을 보정한 로스코 그림 이미지를 바로 로스코 작품에 투영할 수는 없었다. 그렇게 되면 미술 전시회가 아니라 슬라이드쇼가 된다. 뿐만 아니라 이미 바랜 로스코 그림 위에 보정된 로스코 그림을 덧씌우는 게 효과 있을 리 없었다. 보정된 이미지의 색들은 원본이나 퇴색된 현대판과는 전혀 상관없이 완전히 새로운 색을 형성하고 상호작용할 것이다.

연구자들은 빨강, 초록, 파랑 LED 조명으로 만들어진 중성의 회색빛을 비롯해 여러 조명을 비추면서 그림 사진을 다시 찍었다. 그런 다음 이를 재구성된 투명 디지털 이미지와 비교하여 "보정 이미지"라고 하는 새로운 반물질 사진을 만들었다. 이것을 프로젝터에 있는 각 픽셀의 빨강, 초록, 파랑 출력을 재보정하는 지침으로 삼았다. 기본적으로는 그림의 정확한 지점에 정확한 색이 들어간 빛을 쏘아 오래되고 빛바랜 색소를 사람들의 눈에 반사시키고, 색 항상성에 혼란을 주어 관찰자를 속이면서 원래의 색을 보게 하는 것이다. "이 투사 맵들, 사라진 색 지도들은 정말 말도 안 되는 것 같아요." 칸데카르가 말한다. "색이 이 그림의 무엇과 결합될지 전혀 짐작할 수 없어요."

디지털 프로젝터의 첨가 색과 표면 색소의 감산색을 섞어놓은 프랑켄슈타인식 짜깁기라고나 할까. 색소는 밝아졌지만 "빛을 더 많이 비춰서 어두운 것을 만들 수는 없어요. 그림을 그릴 때 더 어둡게 하려면 물감을 더 많이 칠합니다"라고 칸데카르는 말한다. "우리는 사라진 색 지도를 합쳐 여전히 색이 남아 있는 그림 위에 비췄어요. 투사된 색을 반사한 색, 표면에 남아 있는 색이 합쳐져 원화의 이미지를 만들어냈죠." 다시 말해, 이 그림들은 더 이상 원화와 비슷하지 않고 보정 이미지도 그림과 다르지만, 원화에 보정 이미지를 비추어 1964년의 로스코 작품을 재현해낸다.

거의 그렇다. 영사기의 초점은 약간 흐리게 해야 했다. 각각의 픽셀에는 보통 잘 보이지 않는 얇은 검은색 윤곽이 있는데 규모가 큰 벽화 정도가 되면 픽셀 윤곽이 조금 드러나기 때문이다. 그리고 투사 맵을 그림에 정확하게 맞추기 위해 수학을 동원했지만 여전히 일부는 수동으로 조정해야 했다. 캔버스가 팽팽한 부분, 늘어진 부분이 있어 그림의 모양이 약간씩 변했기 때문이다. 그리고 로스코의 까다로운 무광/유광 효과를 복제하려고 갖은 노력을 했지만, 캔버스의 무광 표면에서는 빛이 똑같이 산란되지 않았다. 그것은 투사 맵과 그림을 매치시킬 때 특히 각도를 맞추는 데 문제가 되었다.

그 그림들은 전시되었고, 꽤 인기를 끌었지만 로스코가 바랐던 이유에서 그렇진 않았다. 사람들은 오후 4시쯤 박물관에 와서 프로젝터가 꺼지고 작품이 증강현실에서 원래 모습으로 돌아오는 모습을 지켜봤다. 변경된 작품은 본래의 그림을 그대로 되살렸지만 화가의 터치나 캔버스의 역사까지 보여주지는 못했다. 그것은 근본적으로 항상성 착시 효과였다. 그 드레스에서처럼 로스코의 새 작품들에는 색의 항상성이 작용하지 않았다. 음, ceci n'est pas un Rothko(이것은 로스코가 아니다).

한 예술가는 캔버스에서 반사되는 빛과 로스코의 작품에서 발산되는 빛이 본질적으로 다르다며 공개적으로 이 프로젝트에 실망감을 표했다. 그건 예술가의 허세가 아닐까? 그림은 빛을 발산하지 않는다. 리틀 레드에 섞인 알리자린을 포함한 일부 색소가 자외선을 반사할 뿐 아니라 가시광선도 반사한다고 해보자. 인간의 단파장 감지 광수용체는 426나노미터에 달하는 피크 흡수력을 갖고 있지만 꼬리가 길어서 거의 자외선에 닿을 정도이고, 개인 간의 차이에 따라 다른 사람보다 푸른빛을 더 강하게 인식할 수 있다. 아마, 정말 아마도, 어떤 사람들은 원原 색소에서 형광빛을 봤을 수도 있다. 그리고 재조명을 입힌 복원 작업에는 그런 빛이 없었다.

어쩌면 예술 평론가들은 레코드판의 "따스함"과 값비싼 케이블 오디오의 "깔끔함"을 모두 가진, 존재하지 않는 소리를 추구하는 음악 애호가 같지 않을까. "마크 로스코 키즈들은 정말 좋아했어요." 칸데카르는 말한다. "어떤 사람들에게는 효과가 있고 다른 사람들에게는 효과가 없죠. 아시겠지만 전 괜찮다고 생각해요. 우리는 우리가 한 일이 작품을 복원하는 유일한 방식이라고는 말하지 않아요. 결국 영사기를 꺼도 그림은 전혀 변하지 않으니까요."

칸데카르와 로스코의 작품들과 마찬가지로, 량 시와 마이클 포시도 처음부터 색의 항상성을 깨려고 한 것은 아니었다. 그들의 목표는 훨씬 더 상업적이었다. 몇 가지 기준을 바탕으로 지구상에서 가장 훌륭한 컬러 프린터를 만드는 것. MIT의 권위 있는 컴퓨터 과학 및 인공지능 연구소의 총명하고 젊은 두 연구자에게서 충분히 예상할 수 있는 일이기도 하다. 하지만 량 시와 포시는 그보다 더 오만하고 절도 행위에 가까운 목표를 세웠다. 인공지능에 그림을 위조하는 방법을 가르치는 것이었다.

물론 그들이 그렇게 말한 것은 아니다. 위조는 잘못된 것이니까. 량 시와 포시의 연구실인 컴퓨터 직물 및 디자인 그룹은 프랭크 게리가 설계한 스타타 센터에 있다. 스타타 센터는 구부러지고 기울어진 기하학적 은색 기둥 다발들을 묶어 놓은 듯한 건물로, 각 층 간에 유기적인 연결을 찾아볼 수 없고 건물에서 층은 불연속적으로 이어지며 책장 없는 사무실 등으로 구성되어 있다. 그러니 연구실이 몇 층에 있다거나 혹은 연구실로 어떻게 찾아가야 하는지 설명할 방법은 없다.

그들이 일하는 공간 바깥쪽 방은 책상, 컴퓨터, 자전거로 가득하다. 실제 실험실은 좁고 창문 없는 방으로, 냉장고 크기의 칙칙거리며 돌아가는 3D 프린터가 늘어서 있고, 프린터와 연결된 뒤엉킨 튜브로 물감이 투입된다. 최첨단 기술의 중심지인 이곳에서 량 시와 포시를 조지프 크리스토프 르 블롱과 삼색표색계 같은 오랜 전통의 반열에서 보는 듯해 기분이 좀 이상하다. 하지만 우리는 정말 이곳에 와 있다. 르 블롱이 그랬듯, 그들은 그림을 복사할 더 좋은 방법을 찾고 있었다. 이케아의 1층, 미로 같은 홈데코 코너에서 파는 것 같은, 기숙사 벽에 붙어 있을 듯한 그림들 말이다. 클림트의 「키스」나 모네의 「수련」도 몇 점 있고.

여기서 문제점이 뭔지 알아볼 수 있다. 색이 정말로 표면과 거기에 반사되는 빛이 혼합된 것이라면 다른 조명 아래서는 그림이 바뀌어야 한다. 그래서 박물관과 갤러리에서는 조명에 각별히 신경을 쓴다. 다른 표면에, 다른 색소로 그려진 그림의 복사본은 다른 조명 아래에서는 다르게 보일 것이다. 달리 표현하면, 그건 질 나쁜 사본이라는 뜻이다. 현대의 4색 인쇄, 하프토닝이라고 부르는 공정에는 결함이 있다. 특히 반사될 때, 빛이 있을 때 상태가 좋지 않아 검은색조차 현실에서는 "반사광"을 만들어낸다. 때때로 이미지를 구성하는 점들은, 심지어 현대 프린터의 미소한 규모에서도, 종이에 발라질 때 퍼지면서 색 가장자리에 얼룩을 남긴다. (이를 "피지컬 도트 게인"이라고 한다.) 때로는 빛이 잉크로 침투하고, 종이 기질 사이로 통과하여 다른 곳으로 빠져나가면서 잘못된 색을 만들어낸다('광학적 도트 게인이다').

포시는 2017년에 이 문제를 수정할 대안을 마련한 팀의 일원이었다. 그들은 그것을 '연속 조색'이라고 불렀다. 기존의 하프톤 인쇄에서처럼 종이 표면에서 다양한 색의 점을 혼합하는 대신, 잉크를 레이어별로 필요한 양만큼 혼합했다. 그렇게 견고한 3차원 색의 층이 만들어졌다. 종이에는 없는 불투명한 기질을 표현하기 위해 네 가지 기존 색상에 다섯 번째 색인 흰색(물론 이산화타이타늄이 주원료인 흰색)을 추가하면서 연구팀은 시각적으로 대리석이나 나무 같은 깊이감 있는 색 재료와도 거의 구별할 수 없는 물체 이미지를 인쇄할 수 있었다.

하지만 그 과정에는 결함이 있었다. 쿠벨카와 뭉크는 주어진 표면을 색소가 얼마나 잘 덮을 수 있는지 알아내려고 방정식을 도출했지만, 그 방정식은 빛이 색을 입힌 층을 어떻게 움직이는지 알아내는 데는 완벽하지 않았다. 실제로는 근사치에 불과했다. 이 모든 광자가 모든 입자와 상호작용하는 방법에 관련된 실제 수학과 물리학은 끔찍하게 복잡하기 때문이다. 이것이 애초에 쿠벨카와 뭉크가 색의 층을 보면서 단순화하려 했던 문제의 일부이기도 하다. 포시의 팀은 3D 물체를 스캔한 다음 쿠벨카-뭉크 방정식을 사용해 정확하게 복제하려고 했지만, 그 방정식만으로는 색소가 어떻게 고체 상태의 복제품에서 빛을 흡수하고 산란시키는지 제대로 계산할 수 없었다. 결과물은 괜찮아 보이지 않았다.

그래서 그들은 작전을 바꾸었다. 빛이 어떻게 유색의 고체를 통과하는지 물리학만으로 충분하지 않다면 새로운 물리학을 만들어내면 된다. 그들은 쿠벨카와 뭉크의 수학에 기대는 대신, 색과 3D 인쇄 색소층에 관한 거대 데이터베이스를 만들었다. 그러고 나서 그 데이터베이스를 기계 학습 알고리즘에 제시했다. 이 알고리즘은 여러 예시를 통해 학습하고 보이는 대로 재현하기 위해 자체 규칙 집합을 생성하도록 설계된 소프트웨어다.

그러자 알고리즘은 즉시 불평을 늘어놓기 시작했다. 물론 실제 그랬다는 건 아니다. 기계 학습 AI가 칭얼거릴 리는 없으니. 하지만 3D 프린터는 컴퓨터 시각 시스템이 인식하는 색을 복제해내지 못했다. 연속 조색 잉크 팔레트는 너무 작았고, 아리스토텔레스와 뉴턴이 고심했던 바로 그 문제 때문에 만들 수 있는 색의 범위가 제한적이었다. 문제는 바로 색이 혼합되는 방식에 있었다. 이 새로운 3D 프린팅의 세계에서는 프린트 헤드가 너무 작아 한 번에 두 개 이상의 재료를 압출할 수 없었고, 인쇄 중인 부분에 필요한 물감 외에 다른 물감을 더 넣으면 컴퓨터 모델이 엉망이 될 수 있었다.

해결책은 단순했다. 잉크의 색을 늘리는 것이다. 잡지사들은 때때로 CMYK 팔레트에 별색을 추가하느라 더 많은 비용을 지불한다. 보통은 형광색 또는 금속색을 추가한다. 화가들도 비슷한 이유로 원색 이상의 색소를 팔레트에 추가하는데, 이것은 혼합으로 색이 어두워지는 것을 막고 캔버스 위에 사용되는 색 영역을 확대하기 위해서다. 량 시와 포시는 CMYK에 빨강, 초록, 파랑을 추가했다. 그런 다음 보라와 주황(빨강보다 장파장에서 반사율이 높고 흡수 밴드가 좁다)을 넣었다. 또 저농도 색소의 투명 흰색을 포함시켜 잉크 스택 위에 쌓고 포화도를 낮추었다. 고농도의 불투명 흰색도 추가했다. 흰 종이의 기질을 가진 기존 인쇄와는 달랐기 때문이다. 포시는 흰 색소가 "우리 인쇄의 기본 구조"라고 말했다.

AI를 훈련시키기 위해 그들은 100개 이상의 색상표를 보여주었다. 각각 200개 이상의 색 점들이 1평방밀리미터 공간에 찍혀 있고, 30가지 색 레이어와 20가지 흰색 레이어(두께가 1.1미크론 밖에 안 되긴 하지만)가 포함되었다. 그걸 보면서 컴퓨터는 어떤 색소 층이 어떤 색을 만드는지 알아낸다.

그런 다음 스캐너를 설치하고 7만 달러짜리 다중스펙트럼 디지털카메라를 탁자 위에 올려놓고 두 개의 LED 패널로 비춘다. 카메라는 420나노미터에서 720나노미터까지, 거의 모든 가시 스펙트럼을 증가분 10단위로 식별할 수 있다. 인간이 구별하는 것보다 더 미세한 규모다. 다시 말해 스캐너가 사람보다 색을 더 잘 본다. 하지만 카메라는 사람이 보는 방식으로 "보지" 않는다. 우리에게 눈이 있듯이 카메라도 렌즈를 가지고 있지만 인간이 광자에 반응하는 눈 뒤의 단백질 덩어리를 갖고 있는 대신, 디지털카메라는 센서를 갖고 있다. 인간은 시냅스를 가로질러 쏟아지는 신경 신호와 신경전달물질 단백질에 즉각 반응하지만, 카메라에서는 센서에 부딪힌 광자가 1과 0으로 이루어진 전자의 흐름에 즉각 반응한다. 눈은 빛을 생물학으로 변환하고 디지털카메라는 빛을 수학으로 변환한다.

"우리는 각 픽셀에서 스펙트럼 반사율의 3D 벡터를 찾았습니다." 량 시가 말한다. 최종 인쇄물을 구성할 각각의 "점"은 수치 값을 가지고 있다. 프린터의 확장된 색 공간에 배치되어야 할 위치에 대한 수학적 코드다. 어떤 빛이 비추든 상관없이 반사되는 색이다. "조명을 설치하면 더 나은 설비가 될 겁니다." 량 시는 인정한다. "하지만 우리가 복제하는 그림은 대부분 평평하거든요."

거기서 작업 과정에 한계가 있음을 유추해볼 수 있다. 유화의 특징 중 하나는 3차원적 입체감과 레이어링을 통해 미묘한 조명 효과를 얻을 수 있다는 점이다. 일부 화가, 특히 현대 화가들은 물감을 듬뿍 찍어 거의 조각 작품처럼 입체감 있는 그림을 그린다. 로스코는 평평한 캔버스 그림을 그렸지만 색과 반사를 이용했다. 잭슨 폴록이 드리핑 기법으로 그린 그림들은 두껍고 표면이 솟아 있으며 때로는 담배꽁초까지 그림에 포함된다. 이론적으로 3D 프린터는 그런 그림도 복제할 수 있지만 이 프린터는 아니다. "그럼 로스코 그림은 괜찮지만, 폴록의 그림에는 별로인 건가요?" 내 말에 량 시와 포시는 미소를 지으며 애매하게 고개를 끄덕인다. 그들도 모를 거라는 의구심이 강하게 든다.

여기에 또 다른 제약이 생겼다. 11가지 색소로 만든 30층의 레이어로도 충분히 넓은 범위의 색소를 만들어내지 못한 것이다. 연속 조색은 수십만 개의 원색을 만들어내지만 여전히 인간이 그린 그림의 다채로운 색채를 포착하지 못한다. 그들은 다시 곤란해졌다. 기본으로 되돌아가야 했다. "우리는 하프토닝을 위해 원색을 이용합니다." 포시가 말한다. 그들은 새로운 3D 프린팅 기술을 사용해 점을 나란히 배치한다. "인지적으로 더 많은 색을 창조할 수 있는 방법"이라고 량 시는 말한다. 그는 이 방법을 사용한 만화가, 방직공, 후기 인상파 화가들만큼이나 자신의 발견에 자부심을 느낀다.

포시는 잠시 사라졌다가 작은 패널을 가지고 돌아온다. 얼룩덜룩한 추상화처럼 색을 칠한 것으로 카드 크기 절반 정도나 될까. 마치 인상파 화가들이 그린 석양이 찰스강에 반사된 모습을 부분적으로 아주 아주 가까이서 보는 느낌이랄까. 찰스강 위쪽은 황금색으로 얼룩져 있는데 초록과 파랑으로 번져가고, 왼쪽 가장자리와 아래쪽의 붉은색 중간중간에는 짙은 검정을 거친 터치로 그려 넣었다. 그다지 유명한 이미지는 아니다. 바로 길 위쪽에 있는 하버드의 로스코 그림과는 비교되지 않는다. 하지만 한 팀원의 아내가 마침 화가여서, 그들은 위조할 수 있는 독창적인 무언가를 얻으려고 그녀를 설득했다. 아니 복제할 수 있는 무언가를.

포시는 컴퓨터가 뭘 만들어냈는지 내게 보여준다. 그리고 정말이지 그건 거의 원본에 가까웠다. 검정 붓 터치의 공간감과 거울 반사 효과는 볼 수 없고 빨강에서 세부적인 디테일이 약간 모자라지만, 그 외에는 정말 좋았다.

하지만 복제 기술에서 가장 주목할 점은 전시된 인쇄물이 얼마나 훌륭해 보이느냐가 아니다. 평상시 모습이 얼마나 괜찮은가가 관건이다. 그 부분을 해결해야 한다. 여러 다른 조명 아래서 보면 원본과 연속 조색, 하프톤, 3D 프린팅 복제품은 거의 구별되지 않는다.

잉크 팔레트는 코발트블루와 카드뮴 옐로 같은 일부 색소를 정확하게 재현하기에는 여전히 미흡하다. 또다른 흰 색소인 리소폰도 잘 복제되지 않는다. 량 시와 포시는 프린터의 추가 사용자 정의와 잉크 추가로 문제를 해결할 수 있을 거라고 생각한다. 하지만 나는 매번 다른 버전의 복제품을 볼 때마다 어떤 게 복제품인지 명확히 알 수 있었다. 유화의 공간감이나 유약 광택에 의한 표면 효과는 프린터로 재현될 수 없다. "색 레이어 말고도 광택제까지 프린트할 수 있을 거라고 생각합니다." 포시가 말한다.

개선할 수 있는 부분이 그것만은 아닐 것이다. 빛은 물질의 최상위 표면에서만 반사되는 것이 아니다. 광자는 때로는 물질 깊숙이까지 침투해 주변으로 튕겨져나왔다가 다시 반사되어 나간다. 이것을 '표면하 산란(혹은 서브서피스 스캐터링)'이라고 부르는데 컴퓨터 비전의 수학에서는 "양방향 반사도 분포"라고 한다. 연구팀은 AI 훈련 모델에 수학을 전혀 구축하지 않았다. 결과는? 포시는 인정한다. "복제품에는 약간 흐릿한 부분이 있습니다."

유럽의 한 연구팀은 이미 기존의 3D 인쇄를 이용해 프린터에서 사용 가능한 잉크에 광택제를 통합하여 르네상스 그림의 전형적인 질감을 재현해냈다. 이들은 스캐너를 사용해 광택 효과를 얻을 수 있었다. 하지만 관찰자가 이미지를 보는 각도에 따라 효과가 달라지기 때문에 매우 까다로운 작업이었다. 거의 효과가 있었다. 인쇄물은 광택 면과 실제 광택제 층에서 볼 수 있는 것과 같은 다양한 모습을 보여준다. 이 연구는 아직 현재진행형이다.

물론 이 가운데 어느 것도 과학자들이 색 항상성이 작동해야 한다고 생각하는 대로 이루어지는 것은 없다. 다른 조명 아래 동일한 표면은 동일하게 보여야 하며 같은 조명 아래 다른 표면은 다르게 반사되어야 한다. 하지만 여기서 알고리즘은 빛의 색을 반사하는 표면을 원본과 구별하지 못할 정도로 똑같이 만드는 방법을 알아냈다.

과학적으로 완벽한 세상이라면 색 과학자들에게 머릿속에서 색 항상성이 어떻게 작용하는지, 어떻게 다양한 재료가 빛과 상호작용해 색을 만들어내는지 더 많은 이야기를 들려줄 것이다. 다른 기술로 만들어진 복제품, 가령 구식 CMYK 인쇄로 만든 복제품이라면 조명의 변화가 큰 영향을 미친다. 두 가지 작품을 나란히 놓고 보면 조명이 바뀔 때 어느 것이 가짜인지 알 수 있다. 다른 재료라도 색 항상성은 정확히 같은 방향으로 작동한다. 할로겐 조명, 형광등, 햇빛, 이상한 LED 조합 등 조명이 어떻게 달라지더라도 스펙트럼은 그림과 인쇄물에서 정확히 똑같은 방식으로 작용한다. 기계 자체에서 만들어낸 방정식 덕분이다. 이것이 바로 기계학습의 특성이다. 이건 그저 알고리즘일 뿐이다. 다시 말해 기계가 절대 출력하지 않는 미분 방정식의 블랙박스다. 효과만 있으면 아무도 신경쓰지 않는다.

단, 여기서 시사하는 바는 다음과 같다. 빛과 색에 대한 가장 진보된 물리학인 얇은 층을 통과하는 빛의 이동에 관한 수학은 먹히들지 않았다. 그래서 포시와 량 시는 모든 문제를 교묘히 피해갈 컴퓨터를 만들었다. "이전에는 물리학 기반 분석 모델을 사용했지만, 이것은 물리학을 정의하는 데만 효과가 있었어요." 포시가 말한다. "이 시스템은 물리학에 대해 아무것도 몰라요."

하지만 그건 사실이 아니다. 물리학을 알아야 한다. 그렇지 않으면 색을 만들 수 없다. 단지 그 시스템이 아는 물리학이 인간이 아는 물리학과 다를 뿐이다. 그 시스템은 극도의 격렬한 열망으로 빛이 어떻게 표면을 통과하는지 쿠벨카와 뭉크보다 더 잘 이해한다. 그러나 량 시와 포시는 거기에 대해 뭔가를 더 알아내는 데에는 별다른 관심이 없어 보인다. 량 시가 어깨를 으쓱하며 말한다. "시스템은 기본적으로 자신만의 물리학을 배우죠."

그들의 블랙박스는 색과 항상성, 머릿속에서 색을 만들어내는 방법, 어쩌면 우리 인간들이 새로운 색을 만들어내는 방법에 대해서까지 중요한 것을 알고 있을지 모른다. 하지만 블랙박스는 말해주지 않을 것이다.

10장

# 스크린

세상에서 가장 밝고 가장 새하얀 흰색은 무엇일까? 새 프린터 용지보다 희고 아기의 치아보다 하얀 동남아시아 사이포칠루스 딱정벌레의 갑옷이다. 길이는 1인치 정도에 스쿼트 자세로 웅크려 앉은 모습이 귀여운 이 곤충은 빛을 발하는 유령 같다. 사이포칠루스 딱정벌레는 사탕수수를 먹고 사는데, 포식자를 피해 사탕수수 안에 서식하는 흰 곰팡이 속에 몸을 숨기기 때문에 하얀 것일 수도 있다. 물론 나의 추측이다.

하지만 사이포칠루스 딱정벌레의 외골격 성분을 제외하면 몸 어디서도 흰 색소를 찾을 수 없다. 갑옷에도 흰 색소나 이산화타이타늄, 카올린 등은 들어 있지 않다. 딱정벌레의 등딱지를 구성하는 비늘은 사람 머리카락 두께의 20분의 1 정도이며, 키틴질 — 바닷

가재 껍질과 버섯 세포벽과 같은 성분 — 로 이루어져 있다. 그리고 비늘은 흰색이 아니라 투명하다.

그러면 사이포칠루스는 어디서 색을 얻을까? 그걸 알기 위해서는 레이저를 쏴봐야 한다.

2006년 엑서터대학 연구팀은 딱정벌레 비늘을 하나하나 떼어내 — 솔직히 딱정벌레에게는 고통스러운 방법으로 — 바늘 끝에 올렸다. 그런 다음, 풍풍. 비늘에 광선의 초점을 맞추어 쏜다. 과학자들은 광선을 이리저리 굴려보고 굴절시키고 나서, 크리스털 샹들리에가 있는 방 벽이 반짝이듯이, 딱정벌레 비늘을 둘러싼 구형 스크린에 반사된 빛을 측정했다.

그 유령 같은 갑옷이 '참을 수 없는 딱정벌레의 새하얀 색'의 비밀을 밝혀준다. 사이포칠루스 딱정벌레의 키틴은 개판이다. "흰색을 만드는 데 필요한 핵심 특성은 무질서, 무작위성입니다." 이 연구를 이끈 엑서터 광화학 연구원 피트 부쿠식이 말했다. 파장 규모, 반사되는 구조의 크기와 위치 모두 혼돈 그 자체다.

다른 요소로는 작동되지 않는다. 같은 크기의 입자가 무작위로 배치되어 있으면 색이 달라진다. 다양한 크기의 입자가 주기적으로 배열되어 파스텔 색상을 띤다. 정말 밝은 흰색 — 흰 눈이나 흰 우유 — 을 얻으려면 가장자리의 방향이 임의적이어야 한다(눈 속의 물 결정이나 우유 속의 단백질, 지방이 그렇다).

이 딱정벌레의 흰색은 염료나 색소에서처럼 염색체 또는 빛을 흡수하는 분자에서 나오는 것이 아니다. 대신 무한소의 아주 작은 구조에서 나오는데, 그 형태가 빛의 반사와 굴절을 결정짓는다. 바로 '구조색'이다. 자연계에서는 드물지 않게 볼 수 있다. 새 깃털의 파랑과 나비의 영롱한 날개 모두 구조색이다.

하지만 이 딱정벌레가 만들어낸 것은 사실 나노 크기의 일종의 색소다. 홍콩의 한 직물 연구팀이 전기 방사라는 과정을 이용해 사이포칠루스 딱정벌레 비늘 속 키틴의 구조를 복제하는 방법을 알아낸 뒤 충전한 흡입기로 거미줄처럼 미세한 고분자의 망을 뽑아냈다. 회전 드럼 위로 분사된 이 거미줄 같은 고분자 망은 사이포칠루스 딱정벌레처럼 눈부시게 하얀 합성섬유가 되었다. 그리고 다른 여러 흰 합성색소와 달리 자외선 아래서 노란색으로 변하지 않았다. 이 또한 여전히 실험 중이다.

이번 예에서도 알 수 있듯이 색이 어떻게 만들어졌는지를 배우는 일은 우리가 사용할 새로운 색을 만들어내는 일로 이어진다. 하지만 이것은 방정식의 한 변일 뿐이다.


눈과 뇌가 머릿속에 색을 만들기 위해 수행하는 계산에서, 검정과 흰색은 이중의 역할을 한다. 그런 역할을 배우는 것은 딱정벌레 등딱지처럼 이론적이고 과학스러운 것뿐만 아니라 우리가 보는 모든 것에 영향을 미친다.

검정과 흰색은 색상 언어로 말했을 때 색이 아니라 "무채색"이다. 그러니 검정을 시각이나 예술의 다른 범주에 집어넣으려는 실수는 하지 않길 바란다. 아리스토텔레스에서부터 괴테에 이르는 사상가들은 빛과 어둠 간의 대립은 색의 세계에서 반드시 필요하다고 주장했다. 그리고 결국엔 그들도 거기서 그다지 멀리 벗어나지는 않았던 것 같다. 반 고흐는 틀림없이 사실일 거라고 말했다. 그는 1888년 편지에서 이렇게 밝혔다. "검정과 흰색도 색상이다. 여러 경우에 색상으로 간주된다. 검정과 흰색의 동시대비는 초록과 빨강만큼이나 뚜렷하기 때문이다."

빛과 어둠, 흰색과 검정은 한 축의 양 끝이다. 어쨌거나 하나의 축이다. 예술가와 과학자들이 색을 순서대로 배열하기 위해 발명한 거의 모든 방법, 모든 색 공간에는 빛과 어둠의 차원이 포함되어 있다. 이 축에 대해서는 이미 여러 차례 이야기했다. 그것은 휘도로, 일부 색 공간에 숨겨져 있거나 약간 암시만 되어 있다. 유감스럽게도, 요즘 사람들이 매일 보는 색, 주머니 속에 넣어 다니거나 벽에 붙이는 스크린에서 나오는 색에서 가장 중요한 성질은 휘도일 수 있다. 아리스토텔레스의 말이 옳았을지도 모른다.

당신이 누군가에게 "완벽한 흰색"을 묘사하거나 찾아보라고 한다면, 당신은 유명한 색 과학자 존 몰론이 한때 "모든 독특한 색조의 어머니"라고 불렀던 색에 대한 여러 다른 답변을 들을 수 있을 것이다. 때로는 불그스름, 파르대대, 푸르딩딩, 노리끼리하지 않은 흰색 따위로 정의하는데, 이것은 뇌가 색을 계산하는 방법과는 여러 면에서 다르다. 하지만 실제로 사람들이 생각하는 "완벽한" 흰색은 사람마다 다르다. 약간 불그스름하거나 푸르딩딩할 수도 있겠지만 대부분 같은 색의 일광 축에 위치한다. '그 드레스'에서도 매우 중요한 작용을 한 소위 셀룰리안 라인의 색이다. 사실 사람들이 흰색을 보는 방식은 너무나 다양해서 일부 연구자는 흰색이 연구 등급의 색 공간에서 공식적인 밝기의 맨 끝자리를 차지하는 건 옳지 않다고 생각한다. 어쩌면 흰색은 밝지 않을 수 있다. 흰색은 그저 어둠이 부재하는 색이 아닐 수도 있다.

하지만 "검정"은 빛이 부재하는 색이라는 게 거의 확실하다. 증거 1. 검정과 어둠은 모두 망막에 부딪히지 않는 광자 상태에 불과하다. 망막의 원추는 색을 감지하는 광수용체지만 색을 볼 수 없다. 원뿔(원추세포)을 하나라도 자극하면 색 반응을 유도할 수는 있지만 대부분은 "내가 광자를 잡았어" 혹은 "아니, 못 잡았어" 하는 신호를 보내는 데 불과하다. 단지 여러 파장 범위를 통해 빛을 감지할 뿐이다. 그것을 주변과 뒤의 시신경이 받아서 색에 대한 인식으로 취합한다. 그런데 이것들이 빛을 보지 못하면? 아무것도 못 본다.

망막에는 막대세포라고 불리는 또 다른 종류의 광수용체가 있다. 빛에 완전히 무감각한 이 막대는 주변에 빛이 조금만 있어도, 주변에 광자 몇 개만 있어도 기능한다. 빠르게 움직이는 물체를 보기 위해 잘 설계된 이 고해상도 시각은 "암순응"으로, 초기의 수많은 포유동물들 같은 야행성 사냥꾼에게 필요한 능력이다.

(참고로, 눈이 어둠에 적응하고 암순응 시각으로 전환하면 정지된 듯 보이는 물체도 볼 수 있다. 막대세포는 광자 하나만 있어도 감지할 수 있기 때문에 통계상으로는 그곳에 존재하지 않지만, 존재감이 있

는 양자누출에 민감하다. 그러면 어둠 속의 빈 벽을 보면서도 깜박이는 아원자성 "소음"을 감지한다. 하지만 절대 시도하지 마라. 우리는 양자 세계를 바라보도록 만들어지지 않았다. 그러고 나면 다시 잠들 수 없을 거다. 이건 경험담이다.)

하지만 검정을 색소로 만드는 건 까다롭다. 검은색에서 당신이 원하는 가장 중요한 점은 스펙트럼을 가로지르는 모든 파장을 흡수하는 것, 옆길로 샌 광자를 관찰자의 눈 쪽으로 돌려보내는 대신 흡입해버리는 것이다. "그래, 거무스름하군, 그런 것 같아"에서부터 "핫블랙 데시아토『은하수를 여행하는 히치하이커를 위한 안내서』의 등장인물의 태양으로 돌진하는 우주선"에 이르기까지 그런 칠흑 같은 검정을 만들어내는 능력은 "흑색도"로 측정된다.

인류 역사의 대부분에서 흑색도를 만드는 가장 좋은 방법은 상아, 뼈, 나무 또는 석탄 같은 유기 물질을 검댕 — 탄소 — 이 될 때까지 태운 다음, 그 검댕을 빻아서 가루를 혼합하는 것이었다. 사용된 정도는 약간씩 달랐지만 모두 불에 태운 탄소에 불과했다.

요즘 카본블랙 — 이것도 색소다 — 제조업체들은 보통 석유 화학 물질을 태워 공급 원료로 사용한다. 그게 전부다. 그것도 꽤 새까맣다. 전 세계적으로 카본블랙 시장에서는 연간 1300만 미터톤이 거래되는데, 그중 100만 톤 미만만 색소로 사용된다. 그보다 좀 더 많이 쓰이는 것은 "토너"용으로, 다른 코팅에 불투명도와 깊이를 더한다. 또 타이어에 사용되기 때문에 "접지면"이라고도 불린다. 카본블랙이 없으면 타이어 고무는 황백색을 띤다. 탄소는 접지면의 강도를 높이고 타이어 측면이 부드럽고도 유연한 탄성을 갖게 한다.

자동차나 화장용 색소, 그 밖의 다른 제품들에 쓰이는 페인트 제조 면에서 볼 때, 카본블랙은 끝이 아닌 시작이다. 미세하게 분쇄된 탄소는 굴절률이 높아 매질에 매달려서도 석탄이나 오일 같은 광택을 낸다. 그리고 어떤 페인트나 잉크에도 불투명체와 희석제의 성격을 부여해 표면을 잘 커버하고 표면에 잘 달라붙어 빛을 반사한다. 이 점 때문에 색소는 약간 덜 까맣다.

"또 검정은 멋져요." 베빌 콘웨이가 말했다. "예를 들어 검정은 그 자체로도 무척 깔끔하고, 검정과 흰색의 비대칭은 정말 매력적이죠."

그 증거를 대볼까? 글쎄, 앞서 가장 새하얀 흰색에 대해 이야기했으니 이제 가장 새까만 검정에 대해 이야기해보자.

피트 부쿠식이 딱정벌레 등딱지에 레이저를 쏘고 나서 이듬해, 화학자와 엔지니어들은 구조색을 "슈퍼블랙"으로 합성하는 방법을 밝혀내기 시작했다. 좀 아이러니하지만 이것은 탄소를 기반으로 한 나노 기술에 가깝다. 하지만 여기서 중요한 것은 물질인 색소로서 빛을 흡수하는 탄소의 능력이 아니라, 새로운 형태 ― 볼, 시트, 튜브 등 ― 를 만들어낼 수 있는 특수 분자가 탄소 원자로 이루어진 아주 작은 축구공을 만들어낸다는 점이다. 하지만 자연이 하는 방식으로 빛을 리디렉션할 수 있는 제어 수준을 갖추기란 쉽지 않다. 그래서 2013년이 되어서야 서리 나노시스템스라는 영국 회사가 마침내 저온 제조 방식을 고안해냈다.

서리 엔지니어들은 컴퓨터칩 생산 방식과 매우 유사한 기술을 이용해, 탄소 나노튜브로 아주 작은 탑을 쌓아 평방센티미터당 10억 개 정도를 풀잎처럼 붙어 있게 하는 방법을 알아냈다. 이렇게 만들어진 나노튜브는 러프골프장에서 풀이 길고 공을 치기 힘든 부분에서 골프공을 치듯 광자를 포착한다. "빛은 광자로 들어와 구조의 꼭대기로 올라가고, 광자는 탄소 나노튜브 사이에서 튕겨나갔다가 흡수되어 열로 변환하는 겁니다." 서리 나노시스템스의 설립자이자 CTO인 벤 젠슨이 이 새 재료가 유명해지기 시작할 즈음 내게 설명해주었다. "그리고 열은 기저에서 소멸되죠."

다시 말해, 가시광선이 나노 크기의 셰그 카펫에 부딪혀, 보이지 않는 더 긴 파장의 빨강으로 변한 다음, 뒤로 빠져나온다. 그 빛 가운데 아주 작은 일부는 관찰자 쪽으로 반사된다. 서리는 이 물질을 '수직으로 정렬된 나노튜브 집합체Vertically Aligned Nano Tube Arrays'라고 이름 붙였고, 각 단어의 앞 글자를 따 밴타블랙이라고 명명했다.

밴타블랙으로 코팅된 것을 보거나 사진을 찍어보면 그저 텅 빈 공간밖에 보이지 않는다. 밴타블랙은 너무 새까매서 오히려 현실이 포토샵처럼 보인다. 깊이와 차원에 대한 인식은 마치 신이 무언가를 삭제한 것처럼 어둠의 암점으로 사라진다. 밴타블랙을 쳐다보고 있으면 아무것도 되돌아오지 않는다. "미쳤죠." 젠슨이 말했다.

서리는 2014년 판버러 에어쇼에서 이 제품을 공개했고, 곧 전화가 쇄도했다. 젠슨은 "여러 신기술이 공개되었기 때문에 요청이 쇄도했을 뿐"이라고 말한다. 감시용 또는 과학 위성용 우주선에서 분광계를 보정하려면 빛을 반사하지 않는 물질이 필요했다. 하지만 스파이나 로켓 과학자만 이 색소에 관심을 보인 것은 아니었다. 새로운 것을 찾고 있는 예술가들이 전화를 많이 걸어왔다. 그중 한 명이 아니시 카푸어였다.

지난 30년간 현대 예술계를 지배해온 카푸어는 돌과 붉은 왁스 같은 재료에 문자 그대로 구멍을 뚫어 부정적 공간과 공허감을 표현한 작품을 만들어왔다. 설치 예술 작품인 「림보로의 하강」은 20평방피트가량의 벽토칠을 한 작은 방 한가운데 8피트 깊이의 구멍으로 구성되어 있다. 구멍 안쪽 표면은 구형이며 검은색으로 칠해져 있다. 그 공간은 바닥 없이 무한히 꺼져 들어가는 듯 보인다. 얼마나 비현실적으로 보였는지 실제로 한 남자가 그 안에 빠지기도 했다. 카푸어는 시카고 밀레니엄 공원에 있는 메탈로 만든 '콩', 클라우드 게이트도 디자인했다. 그는 밴타블랙을 지키는 기사다.

작품 표면에 바를 색을 소유하려고 집착하는 예술가를 상상할 수 있는가? 작품에 사용할 재료를 공격적으로 추구하는 모습 말이다. 카푸어의 그런 관심이 당장 문제가 되지는 않았다. 밴타블랙은 워낙 많은 기술을 필요로 하고 만들기가 까다로워서 우주망원경

외에는 어디에서도 사용할 수 없었다. 그래서 서리의 엔지니어들은 다시 실험실로 돌아갔다. 그들은 또 다른 밴타블랙을 개발했다. S-VIS라고 하는 이 밴타블랙은 오리지널 밴타블랙보다 적외선 스펙트럼을 그다지 많이 다루지 않지만, 인간의 눈에는 여전히 휴대용 구멍으로 쓸 수 있는 무시무시한 검정이어서 벅스 버니가 엘머 퍼드「루니 툰」등장인물를 괴롭히기 위해 사용할 것만 같다. 더 중요한 점은 만들기가 좀더 쉬워졌다는 것이다. 가닥들을 까다롭게 묶어서 정렬할 필요가 없다. "스파게티에 좀더 가까워요. 곱게 정렬해서 키우지 않고 아무렇게나 뿌리면 돼요." 젠슨이 말했다. "그 점이 관건이었어요. 상업적인 규모로 만들어낼 수 있을 거라고는 아무도 생각하지 못했죠." 그래도 스프레이 캔의 형태로 출시될 정도는 아니지만 — 기본적으로 닫힌 상자 안에서 로봇팔이 분사한다 — 상자 안에 들어가는 어떤 물체에도 분사할 수 있다.

서리는 카푸어와 손을 잡기로 했다. 젠슨은 이렇게 설명했다. "그는 평생에 걸쳐 빛의 반사와 공허감을 표현해내는 작업을 해왔습니다. 우리는 엔지니어링 회사이므로 한 명 이상과 작업할 여력이 되지 않습니다. 그래서 아니시라면 완벽하다고 판단했습니다."

양측은 계약을 맺고 카푸어는 밴타블랙을 예술에 사용할 독점권을 얻었다.

카푸어는 갤러리 대표를 통해 밴타블랙에 대한 질문에 답변하지 않겠다고 밝혔다. 하지만 다른 곳에서 그 이야기를 꺼낸다. 그는 2015년 개최된 아트포럼에서 이렇게 말했다. "밴타블랙은 우주에서 블랙홀 다음으로 가장 검은 물질이다. 나는 1980년대 중반부터 빈 공간에 관한 작업을 하면서 비물질적 객체에 관한 아이디어를 연구해왔는데, 밴타블랙은 그런 비물질적 특성을 지닌 것으로 보인다." "밴타블랙은 물질성과 환상 사이에 존재한다."

분명히 말하면, 밴타블랙은 우주에서 가장 검은 물질이 아니라 지구상에서 가장 검은 합성 물질일 뿐이다. 하지만 카푸어가 아주 유명한 사람이고 분열을 초래했다는 점은 분명하다. 뉴욕 현대미술관, 샌프란시스코 현대미술관, 테이트 모던의 큐레이터들은 모두 카푸어나 밴타블랙에 관해 언급하기를 거부했다. 컨설팅 큐레이터이자 카푸어에 관한 여러 커피 테이블용 책들 중 한 권을 공동 집필한 데이비드 앤팜은 그가 "착하고 매우 상냥한 친구"라고 말하지만, 나와 이야기를 나눈 또 다른 예술가는 그를 "자아가 강하고 자아도취적인 편집광"이라고 말한다.

서리-카푸어 협정의 본질에 대한 오해가 합쳐진 이런 명성 때문에 사람들은 카푸어가 밴타블랙 사용에 대한 독점권뿐만 아니라 검은색을 사용할 수 있는 유일한 권리를 주장했다는 생각(완전히 잘못된 착각)을 갖게 되었다. 명확히 하자면 그건 불가능하다. 단열재에 들어가는 특수 핑크 같은 일부 색상은 상표권이 보호되기도 하지만 그 기준이 어마어마하게 높다. 이브 클라인은 자신만의 인터내셔널 클라인 블루를 개발하고 특허를 취득했다. 그는 그 색소 위에서 벌거벗은 여성들이 뒹굴다가 흰 캔버스에 몸을 비비는 장면을 촬영했는데 진짜 소름 돋는다. 하지만 그가 받은 특허는 그 색소에 한정된 것일 뿐 파란색 전체에 관한 게 아니다.

다른 예술가들은 소셜 미디어와 언론에서 "예술적 자유"를 내세우며 카푸어를 두드려댔다. 심지어 「화이트 온 화이트」를 그리기 3년 전, 반대편인 「블랙 스퀘어」를 그리면서 휘도의 가장 밑바닥을 탐험하는 데 충분한 시간을 할애했던 말레비치나 고야처럼 딥블랙 색소를 사용했던 유명인들의 이름도 들먹거렸다. 현대 예술가들은 검정을 자유롭게 사용하고 싶어했다! (당연히 그렇게 할 수 있다.) 그리고 그들은 밴타블랙을 사용하고 싶어했다. (당연히 그건 안 된다.) 그래서 그들은 카푸어에게 비난의 화살을 돌렸다.

영국 예술가 스튜어트 셈플은 그의 어머니를 통해 밴타블랙에 대해 알게 되었다. 그는 전성기를 구가하는 화가 카푸어보다 스물다섯 살 어리고 덜 유명하다. 셈플은 대형 포맷으로 일을 하지만, 아이튠스와 자신의 웹사이트를 통해서도 미술품을 판매한다. 그는 화려한 형광 분홍색을 포함해 대학 시절부터 만들어온 자신만의 색소들을 혼합했고, 어머니가 닉슨의-검정-오일-페인트보다-더-검은-페인트에 대해 말했을 때 ─ 그녀는 그것이 페인트라고 생각했다 ─ 자신도 한번 시도해보고 싶었다.

"예술가들이 하는 일에는 무언가로 다른 무언가를 만드는 것도 포함돼요. 그래서 그런 것을 보면 마음속에서 자동으로 모든 가능성을 검토하게 됩니다." 셈플이 말했다. 그는 카푸어가 독점권을 가지고 있다는 사실을 알았다. "프로세스에 대한 권리를 획득한 예술가라니, 전례가 없는 일이죠. 지구상의 어떤 물질도 예술가에게만 사용이 금지된 경우는 없어요."

(다시 말하지만, "금지"가 아니다. 등록상표의 프로세스에 대한 독점 라이선스다. 서리 나노시스템스는 분광기 제조업체나 현금을 가지고 있는 모든 사람에게 그 물건을 판매할 것이다. 그저 다른 예술가에게는 팔지 않을 뿐이다. 그리고 생각해보면 예술가들에게 금지된 부분은 실제로 많다. 예를 들면 미국 조폐국에서 현금을 인쇄할 때 사용하는 특수 잉크도 취득할 수 없다.)

덴버 미술관에서 셈플의 강연이 열렸다. 한 관객이 그에게 가장 좋아하는 색을 물었다. 셈플은 "밴타블랙"이라고 대답했다. "그런데 사용할 수 없네요." 질문자가 이어 물었다. "어떻게 하실 생각인가요?"

셈플은 심사숙고하지 않고 혀로 볼 안쪽을 여러 번 쓸고 나서 대답했다. "제가 만든 분홍색을 풀겠습니다. 하지만 아니시 카푸어에게는 절대 사용을 허락하지 않겠습니다." 2016년 11월 셈플은 자신의 웹사이트 컬처허슬에 "세상에서 가장 분홍분홍한 분홍색"을 판매한다고 내놓았다. 1.8온스에 3파운드 99센트(약 5달러)였다. 거기에는 이런 법적 경고가 포함되어 있었다.

**카트에 이 제품을 추가하려면 당신은 아니시 카푸어가 아니어야 하고 아니시 카푸어와 전혀 관련이 없어야 한다. 아니시 카푸어나 그의 동**

료를 대신해 이 제품을 구매해서는 안 된다. 나의 지식, 정보, 신념에 의해 이 물감은 절대 아니시 카푸어의 수중에 들어가서는 안 된다.

샘플은 물감을 팔 생각이 없었다. "바로 그거예요. 그게 요점이죠." 그는 말했다. "한두 개쯤은 팔 수도 있을 거라고 생각했지만 내게는 웹사이트 자체가 행위예술이고 분홍 물감 병도 예술작품이나 마찬가지예요."

하지만 일은 그의 생각대로 흘러가지 않았다. 주문이 들어오기 시작한 것이다. 처음에는 몇 개씩 들어오던 주문이 급증하다가 물밀듯이 밀려들었다. 그렇게 5000병이 팔렸다. 샘플은 자신의 가족에게 도움을 요청해 재료를 갈고 주문량을 채워야 했다. 온 집안이 분홍색 천지가 되었다. 세상 가장 분홍분홍한 분홍색. 그 물감을 구입한 예술가들은 그걸로 작품을 만들고 '#검정도 공유하라'라는 해시태그를 달아 온라인에 올리기 시작했다. 샘플이 의도한 행위예술은 덜 예술적이었지만 더욱 상호적인 활동이 되었다.

그때까지 그 모든 상황에 무대응으로 일관하던 아니시 카푸어는 인스타그램에 게시물을 올려 코멘트를 대신한다. 카푸어는 세상 가장 분홍분홍한 분홍색 물감이 든 병에 그의 것으로 추정되는 가운뎃손가락을 담갔다 뺀 사진을 올렸다.

카푸어의 인스타그램 게시물이 가볍게 '너도 당해봐라'의 의미인지 아니면 못되게 'F*** YOU'라고 욕을 한 것인지는 아무도 알수 없다. 어느 쪽이든, 소셜 미디어에 교묘함이나 아이러니는 잘 드러나지 않는다. "댓글들을 요약해보자면 수천 명의 예술가가 화가 나 있어요." 셈플이 말했다. "그렇게 해서 판돈이 올라간 거예요. 그때부터 모두들 내게 검정을 만들라고 글을 쓰고 요청하기 시작했고요."

셈플은 크리스마스와 새해도 반납하고 작업에 몰두해 2017년 초 이른바 'OK블랙'이라고 불리는 블랙 1.0을 내놓았다. 그 공동 행위예술 프로젝트는 더욱 규모가 커져갔다. 셈플은 아크릴 베이스에서 검정 색소를 분리했고 그것으로 직접 그림을 그렸다. 그는 그것을 '슈퍼베이스'라고 불렀고, 전 세계 예술가들에게 1000여 개의 샘플을 보냈다. 사람들은 '#검정도 공유하라' 해시태그 등을 통해 연락을 취해왔다. 셈플은 검정을 더 검게, 더 새까맣게, 더 칠흑같이 만들기 위해 그들에게 도움을 요청했다.

어떤 예술가들은 새로운 색소와 더 나은 다른 고착제에 대한 아이디어를 알려주기도 했다. 슈퍼베이스의 무광택제로는 색소가 고르게 반사되도록 하는 재료 이산화규소가 쓰였다. 하지만 이산화규소는 그 자체가 흰색이다. "그건 검정을 덜 까맣게 만들었어요." 셈플이 말했다. 그의 새로운 동지들은 일부 화장품에 사용되는 투명한 새 무광택제에 관해 알려주었고, 그래서 그는 이산화규소 대신 그것들을 혼합물에 추가했다. "나는 사용 가능한 검정 색소의 몇 가지 차이점도 이해하지 못했어요." 셈플이 말했다. 그저 색소 비율을 높이는 것만으로도 도움이 되었다. "그저 색소를 아주 더 많이 넣는 것만으로도 큰 차이를 만들 수 있었죠." 그 결과 탄생한 것이 블랙 2.0이었다.

공동空洞의 느낌이 많이 나지는 않지만 밴타블랙처럼 형체를 인식하기가 어렵다. 셈플은 이렇게 말했다. "이 재료는 얼마든지 그림으로 그려도 되고 독성도 없고 저렴해요." 심지어 블랙체리 냄새까지 난다. 물감 밑부분에는 또 다른 엄중한 경고 문구가 붙어 있다. "아니시 카푸어 사용 불가."

인스타그램에 사진을 게재한 이후 카푸어는 다시 논쟁에 끼어들지 않았다. 그는 밴타블랙을 이용해 스위스 회사 MCT의 시계 '시퀀셜 원 S110 이보 밴타블랙'을 출시했는데 이 제품은 시계판에 밴타블랙을 사용했다. 한정판에 시계 가격이 9만 5000달러이니 기대하지 마시길. 하지만 2021년 베네치아 비엔날레에서 밴타블랙을 사용한 카푸어의 작품이 최초로 공개 전시될 예정이다.

서리도 아주 조금은 고삐를 푼 것 같다. 건축가 아시프 칸은 평창 동계올림픽에서 건물 전체를 새 버전의 밴타블랙으로 칠했다. 휴대가 가능하고 내후성耐朽性도 좋아 보이는 이 재료의 이름은 밴타블랙 Vbx2다. 그는 아주 작은 조명들을 달아 별처럼 보이게 했다. 모든 사람에게 그렇게 보이는 건 아니겠지만 내게는 스타필드 슈트라고 불리는 슈퍼히어로 의상의 현실 버전 같았다. 그 검정 슈트를 입고 밤하늘을 날아다니면 그저 반짝이는 별처럼 보일 것만 같다.

재미있고 약간 개념적인 예술작품을 만들겠다는 셈플의 희망은 크고 거대한 개념 예술작품으로 변했고, 이건 응당 누구나 할 수 있는 일이어야 한다. 신기술은 새로운 예술로 이어져야 한다. 문화는 그렇게 만들어지는 것이고 사람들은 문화를 그렇게 이해해간다. 1990년대에는 그 매체가 비디오였다. 오늘날, 예술은 소셜 미디어에서 일어난다. 우리 모두가 참여자인 동시에 청중도 된다. 베빌 콘웨이는 "당신과 내가 나누는 대화도 여러 면에서 아니시 카푸어가 창조하는 예술작품의 일부이기도 해요. 꽤 멋진 일 아닌가요"라고 말했다. "중요한 것은, 색이 궁극적으로는 추상적 개념이라는 거예요. 카푸어는 색소를 가장 추상적인 개념으로 만들어 소멸시켰어요. 당신에게는 실제로 만들 수 없는 그저 아이디어에 불과한 대상이 되어버린 거예요."

셈플이 처음 이 이야기를 들려주었을 때 그는 블랙3.0을 시도해볼 수도 있었지만 다시 그림으로 돌아가고 싶어했다. 그래서 내가 카푸어와 신랄한 싸움을 벌였던 셈플의 세상 가장 분홍분홍한 분홍 색소에 관한 글을 쓰고 2년이 지났을 때, 나는 확인차 다시 셈플에게 연락했다.

"우리는 댈러스의 한 연구소와 협력해 맞춤형 색소를 만들었어요. 빛을 전혀 반사하지 않는 나노색소죠." 그가 알려주었다. "색소를 더 많이 섞을 수 있는 아크릴폴리머를 직접 만들었어요." 그는 그것을 킥스타터 미국의 대표적인 크라우드 펀딩 서비스. 상품 아이디어를 올리면 프로젝트를 지지하는 회원들이 후원금을 낸다 에 올렸다. 목표 금액은 2만 5000파운드였는데 지금까지 48만 파운드를 모금했다.

"이 문제를 해결하는 데 1년 반이 걸렸어요. 정말 힘들었어요." 셈플이 말했다. 하지만 당분간은 한 병당 21달러 99센트에 판매할 예정이다. "정말 감동적이에요. 정말 이상하고요. 정말 기분이 이상해요." 셈플이 말했다. "솔직히 나는 재료도 예술의 일부라고 생각해요. 나에게는 색소도 여전히 하나의 개념 예술작품이에요."

그는 모든 사람이 사용하고, 연구하고, 이해하고 싶어하고 우연히 마주치는 색에 관해 똑같은 진실을 발견했는데, 내가 알아낸 내용과 같았다. 어느 누구도 혼자서 색을 만들지 않는다는 것. 특정 상황이나 보색 대비, 색 항상성 없이, 지질학, 생물학, 역사, 화학, 물리학 없이는 어느 누구도 색을 보지 않는다는 것. 우리 모두가 함께 색을 만든다는 것.

사람들은 색이 움직이고 변하는 모습을 보면서 좋아한다. 수백 년 된 예술 형태인 불꽃놀이를 보며 우우, 와아! 하고 내뱉는 감탄사들을 생각해보라. 그리고 19세기 후반 즈음, 사람들은 영화에서 그런 스릴을 찾았다. 영화의 선구자 조르주 멜리에스는 때때로 영화 프레임을 손으로 직접 그렸다. 1917년 제작된 「걸프 비트윈」은 초기 형태의 테크니컬러를 사용했는데, 그걸 보면 컬러프린터와 사진작가들이 개척해온 오래된 세 가지 염료 유형의 공정이 떠오른다. 테크니컬러는 1930년대 후반까지 「백설공주와 일곱 난쟁이」와 함께 영화계에서 중요한 위치를 차지했다. 하지만 '색의 경박함' 대 '형태의 진지함'을 놓고 생긴 오래된 철학적 분열 때문에 진지한 주제를 다루는 성인용 영화들은 1960년대까지만 해도 흑백으로 제작되었다.

TV는 필름으로 빛을 투사하지 않고 방송 신호를 통해 스크린으로 전송하는 체계라 컬러로 전환하기가 더 어려웠다. 초창기 컬럼비아 방송국CBS에서는 흑백 신호를 거친 컬러 이미지로 바꾸기 위해 1940년까지 회전식 필터 방식을 사용했으며, 이후 10년 동안 미국라디오주식회사RCA와 발명가인 필로 판스워스, 블라디미르 즈보르킨은 신호와 하드웨어 내에서 전자적으로 하는 방식을 놓고 오랜 싸움을 벌였다. 흑백 신호가 표준이어서 사람들이 새 TV를 살 필요도 없던 시기에 문제는 어떻게 고화질 컬러 신호를 전송하느냐는 것이었다. '닥치고 전화기 업그레이드'가 최고인 현재는 상상하기 힘든 일이지만 예전에는 그랬다.

마침내 그들은 휘도선 사이로 색상 신호를 전송하는 방법을 알아냈다. 그래서 미국 텔레비전이 (대역폭은 바뀌지 않았고, 기본적으로 흑백과 컬러 두 가지가 별개로 전송되었기 때문에) 해상도를 낮추어야 했지만, 신호는 신기술 호환이 가능하게 했다. 1953년, 이것은 미국에서 컬러TV의 표준이 된다.

론 레인저의 셔츠가 줄곧 파란색이었다는 사실을 알게 된 것은 분명 놀라운 일이었지만, 초창기 컬러텔레비전은 사용할 수 있는 색 영역이 한정된 데다 낮은 채도의 엉망인 색들로 구성되었다. TV는 현실이 아니다. 카메라가 포착할 수 있는 색은 사람의 눈이 인지할 수 있는 색보다 훨씬 적었고, 사람들이 보는 TV에 전송, 방송, 디스플레이할 수 있는 색은 그보다 더 적었다. 스크린은 세상에 존재하는 색의 범위를 보여줄 수 없었고, 인간의 눈이 인식할 수 있는 색보다 훨씬 범위가 좁았다.

1970년대에 들어서서 마이클 포인터라는 색 과학자가 그 차이가 실제로 얼마나 큰지 보여주었다. 우선 그는 비교를 위해 실제 세상의 색을 데이터베이스로 만들었다. 그는 먼셀 카탈로그에서 시작해 여러 페인트 및 색소 회사에서 판매하는 색 데이터를 추가했다. 또 꽃에는 채도가 높은 색상이 많았기 때문에 왕립원예협회에서 입수한 색상표도 추가했다.

포인터는 비색계 광원이나 물체의 색을 일정한 양으로 정하기 위한 측정 계기 의 화이트밸런스를 조절하고 광원을 안정시킨 뒤 이틀 동안 표본 측정을 했다.

그 측정 결과는 가능한 모든 색의 지도가 아니라 현실의 모든 색 — 현실에 존재하는 색 — 으로 구성되었다. 오늘날 과학자들은 이것을 "포인터의 색역"이라고 부르는데, 포인터가 그 색 지도를 1980년에 사진과 비디오 기술 분야에서 사용할 수 있었던 색 영역과 겹쳐놓았을 때, 결과는 그다지 좋지 않았다. 컬러 스크린 기술에서 사용할 수 있는 색은 사람들이 실세계에서 보는 것의 절반밖에 되지 않았다. 당시의 텔레비전은 여러 그루 색 영역을 놓쳤을 뿐 아니라 빨강과 보라색에도 제대로 미치지 못했다.

포인터가 보여준 색에서의 간극은 비디오 기술 전문가들의 경쟁심을 촉발시켰다. "우리는 흑백에 컬러 신호를 끼워 넣느라 우리가 무슨 색을 놓쳤는지 알아채지 못했던 거예요." 국제전기통신 연합International Telecommunication Union에서 비색법比色法을 다루는 소위원회 위원장인 앤디 퀘스테드가 말했다. "하지만 디스플레이는 좋아졌어요. 우리는 디지털 방식을 사용합니다. 대역폭이 증가하고 압축 성능이 향상되었죠."

그러고 나서 한 발명품이 등장했고, 병목현상은 해결되었다. 1992년 일본 기술자들이 파란빛을 내는 다이오드를 발명한 것이다. 빨강과 초록 LED는 이미 있었다. 파랑 LED는 파장이 가장 짧아 만들기 어려웠고, 덕분에 세 발명가는 2014년 노벨상을 수상했다. 더 짧은 파장의 레이저는 데이터를 광학적으로 읽고 쓰는 컴팩트디스크의 용량과 품질을 높였고, 결국 세 가지 색상의 빛을 발산하는 픽셀로 현대판 평면 TV를 탄생시켰다. 마침내 TV도 컬러인쇄와 컬러 필름에 필적하게 된 것이다. 그리고 최근에는 흰색 픽셀, 즉 흰색 백라이트를 통과시키는 기술이 추가되면서 조명이 환한 거실에서 충분히 볼 수 있는 밝은 화면이 만들어진다.

이런 것들이 TV 제조업체들이 디지털 화면 개선 작업을 할 때 고려해야 하는 부분이다. 이 문제를 해결하는 한 가지 방법은 픽셀을 더 작게 만드는 것이다. 작은 픽셀은 그림을 더 선명하게 만든다. 그 부분은 늘 개선되고 있다. 최신 초고화질 4K는 가로 3840픽셀, 세로 2160픽셀이다. 정말 많다.

하지만 픽셀과 해상도보다 더 중요한 척도가 두 가지 있다. 첫번째는 신호의 색상 수, 즉 색역이다. 모든 LED가 미세하게 조정할 수 있는 능력을 의미한다.

다른 하나는 우리가 지금까지 이야기해온 것이다. 여기에는 흰색이 얼마나 하얀가, 검정이 얼마나 까만가, 매우 밝은색과 매우 어두운색 사이에 놓인 색 연속체가 얼마나 부드럽게 이어지는가까지 포함된다. 이것을 다이내믹 레인지라고 부른다.

그렇다면 스크린에서 우리가 도전해야 할 부분은 토머스 영이 알아내려 했던 것과 같은 것이다. 즉 혼합 색상의 포화도 저하 현상이다. TV 밝기를 위해 백색광을 늘리면 색의 선도가 떨어진다. TV는 전체 화면에 걸쳐 항상 빛을 방출하기 때문에 정말 제대로 된 진한 검정을 얻는 것도 거의 불가능하다.

국제표준협회에서 채택하고 있고 TV 제작자들이 스크린에서 재현해내는 최신 색상 표준은 실제로 포인터의 색역을 거의 포괄한다. 그러면 자연에서 볼 수 없는 약간의 빨강과 보라, 초록이 약간 들어간 색도 TV에 표시할 수 있다. 현재 전 세계에서 몇 곳만 보유하고 있는 차세대 표준 기술은 다이내믹 레인지가 더 넓은 고해상도 기술이다.

이 모든 것은 색 기술이 마침내 눈과 뇌를 앞질렀음을 보여준다. 그 새로운 스크린 기술들을 가지고 영화 제작자들은 현실에서는 볼 수 없었던 '불가능한 색상' 비물리적 색상, 키메라색이라고도 하며 일반적인 시각 기능으로는 나타날 수 없는 색상을 말한다까지 만들어낸다. 이 새로운 컬러 마법의 거장들은 영화 시각효과 전문가들로, 그중에서도 특히 픽사의 전문가들이다.

대니얼 파인버그는「코코」의 한 장면을 보고 있는데, 뭔가 뜻대로 되지 않는다. 주인공인 미구엘이 규칙을 어기고 음악기념관의 소장품과 기타를 숨겨온 사실이 가족에게 들통나는 장면이다. 이 장면은 황혼 무렵, 혹은 바로 그 직후에 벌어진다. 이맘때면 어디든 분홍과 보랏빛으로 살짝 물들어 있지만, 픽사의 허구 속 멕시코에서는 더더욱 그렇다. 이 영화의 조명 감독인 파인버그는 눈살을 찌푸리며 화면을 정지시켰다. 그녀는 멕시코로 여러 번 여행을 가서 참고할 만한 조명과 색이 들어간 장면을 사진으로 찍고 기록했다. 시장에도 갔고, 심지어 집 안에도 들어가봤다. 그런데 미구엘의 집 안에서 벌어지는 이 중요한 장면은 사랑스러워 보이긴 해도 뭔가 맞지 않는 느낌이었다. "우리는 조명 작업을 마쳤고, 감독에게 보여주기 직전이었어요." 파인버그가 말했다. "나는 조명 담당에게 부엌에 녹색 형광등을 달아달라고 부탁했죠."

이례적인 요청이었다. 초록빛이 가미된 형광등은 보통 영화가 섬뜩하고 불길한 스토리로 이어지기 직전에 사용된다. 하지만 파인버그는 멕시코에서 봤던 따뜻하고 가정적인 주방의 불빛들을 재현해내고 싶었다. "감독님이 배경화면에 놓인 녹색 형광등을 마음에 들어할지 알 수 없었어요." 파인버그가 말했다. "약간 위험을 감수했죠."

그녀는 이 장면을 리 언크리치 감독에게 가져갔고, 그는 동의했다. 언크리치는 멕시코처럼 보인다고 말했다. 감독도 여행 중에 그

불빛을 본 기억이 났다. 녹색 불빛은 보통 다른 서사적 의미를 갖지만, 또 다른 의미로도 생각해볼 수 있다.

어떤 면에서 영화 제작자들은 실제 표면의 색과 움직이는 빛을 자유자재로 다룬다. 그것도 기술이다. 컴퓨터로 제작된 픽사의 애니메이션 영화에서 표현되는 감정적 무게감은 모두 의도된 것이다. 픽사는 이야기와 감정을 정확히 똑같이 전달할 수 있도록 스토리텔러들에게 색상과 빛을 사용하는 훈련을 시킨다.「월-E」에는 (종말 후의 로봇이 지구의 마지막 식물을 찾기 전까지는) 초록색이 거의 보이지 않고,「코코」에서 주황빛 메리골드는 미구엘이 죽은 자들의 세상으로 가는 마법 여행을 상징한다.

픽사 영화는 거의 모두 파인버그 같은 영화 제작자들이 스토리별로 한 장면 한 장면씩 매핑한 색상 팔레트 안에서 만들어진다. 하지만「코코」에서는 그 과정이 훨씬 복잡했다. 이야기가 마법의 죽은 자들의 세상으로 옮겨갈 때, 모든 것은 색을 기준으로 돌아간다. 감독은 사용할 수 있는 색 가운데 선도가 가장 높은 것을 사용하라고 팀에 요구했다. 죽은 자들의 세상은 마치 한밤의 도쿄 신주쿠 거리를 생명체 버전으로 만든 듯 온통 네온으로 휘황찬란하다. "그래서 컬러 스크립트를 할 때가 되었을 때 이렇게 되뇌었죠. '죽은 자들의 세상에는 온갖 색이 들어 있다. 전부 밤에 일어나는 일이니 낮을 떠올리게 하는 감정을 불러일으키면 안 된다. 죽은 자들의 세상에는 날씨가 없으니 날씨에서 어떤 감정을 끌어내서도 안 된다.' 그게 스토리를 뒷받침하기 위해 우리가 전형적으로 쓰는 세 가지 방법이에요." 파인버그가 설명했다.

그래서 파인버그 팀은 감정을 코드화하기 위해 색을 사용하는 대신 빛과 밝기를 이용했다. 죽은 자들의 세상에서 늙은 유령 치차론이 이승에서 아무도 자신을 기억하지 못해 점점 사라져 죽는 장면이 있다. 울컥하는 순간이지만, 색상 팔레트는 여전히 넓다(이 순간은 푸른 달빛을 집중적으로 넣었다). 색을 없애지 않고 밝기를 줄이는 식으로 연출했다. 가상의 네온이나 셈파수칠 꽃의 빛나는 오렌지색 대신 등불 몇 개만 비추게 한 것이다. 파인버그는 말했다. "「코코」에서는 그렇게 해야 했어요. 그게 다채롭고 활기찬 세상의 모습이기에 굳이 배제하고 싶지 않았죠. 그리고 여전히 그 감정을 끌어낼 필요도 있었고요."

조명을 조절하고, 색을 조절하고, 감정을 조절한다. 그게 바로 영화 제작이다. 이 글을 쓰는 지금, 픽사의 최근 영화 22편 ―1995년의 「토이 스토리」까지 거슬러 올라가면 ― 은 인플레이션을 감안한다 해도 60억 달러 정도를 벌어들였다. 그 영화들은 아이는 물론 어른들도 좋아한다. 하지만 비밀 하나를 알려주면, 색에서 오는 짜릿한 감정은 픽사의 속임수다.

캘리포니아주 에머리빌에 있는 픽사 본사의 상영실에는 매우 특별한 스크린이 있다. 가로 3미터가 될까 말까 한 넓지 않은 공간에 잡다한 버튼과 기능이 불분명한 스위치들, 5개의 소형 모니터와 최소 2개의 키보드가 연결된 거대 제어반이 가득 들어차 있다.

천장에는 펠트를 덮었고, 바닥에는 픽사의 기본색이라 할 수 있는 회색이 아닌 검은색 사각형 카펫을 깔아 빛의 오염을 최소화한다.

대형 스크린에는 일반 프로젝터가 없다. 대형 스크린을 비추는 빛은 맞춤형 돌비 시네마 프로젝터 헤드에서 나온다. 영화관에서 이 기술은 각각 빨강, 초록, 파랑 빛을 발사하고 실제 파장이 약간씩 상쇄되는 두 개의 레이저 총과 관련되어 있다. 그래서 3D 안경 한쪽 렌즈로 한쪽 출력을 보고 다른 쪽 렌즈로 다른 출력을 볼 수 있다. 그런 다음, 이들 출력을 결합해 입체감의 착시를 만들어낸다. 픽사에서는 6개의 레이저가 모두 하나의 소스에서 스트리밍되며, 이는 이 프로젝터가 6개의 기본 색상을 가지고 있다는 것을 뜻한다. 그리고 이 영사기는 일반 돌비 시네마의 영사기보다 10배 이상 밝다.

주어진 시야각의 소스에서 나오는 빛의 양, '광도luminous intensity'를 측정하는 표준 단위는 칸델라 — 촛불 하나의 밝기 — 다. 하지만 TV 화면에서 나오는 빛의 양인 '광도luminosity'는 제곱미터당 칸델라를 뜻하며, 측정 단위는 '니트'라고도 알려져 있다. 표준규격 돌비 시네마의 출력은 108니트지만 픽사는 이보다 더 세게 가동한다. "이 프로젝터는 600퍼센트의 추가 레이저 전력으로 돌린 거예요. 그러면 화면에서 1000니트 이상의 밝기를 얻을 수 있거든요." 조종판 앞에 앉은 픽사의 선임 과학자 도미닉 글린이 말했다. "우리가 상상할 수 있는 최고의 선형적이고 완벽한 기준 색상 등급 디스플레이예요."

픽사는 가상 '세트'로 영화를 제작해 디지털 방식으로 환경과 색을 생성하고 거기에 빛을 반사시킨다. 그것들은 그저 1과 0에 불과하다. 그 안에 포함된 세계는 프로그래밍된 물리 규칙만 따른다. 거기에는 빛과 운동의 물리학도 포함된다. 카메라와 렌즈에는 색수차 파장에 따른 굴절률 차이에 의해 생기는 광학계의 수차, 특정 파장에 대한 민감성 또는 무감성, 가능한 색 영역에 대한 한계가 존재한다. 픽사에서 유일한 한계는 최종 상품을 전시하는 스크린이다. "우리는 녹색 레이저로 세트 전체를 밝힐 수도 있습니다." 글린이 말했다. "현실에서는 하기 어려운 일이죠."

「인사이드 아웃」을 제작할 때 돌비 시스템은 HDR(하이 다이내믹 레인지) 디지털 영상에서 가장 밝은 부분과 가장 어두운 부분의 명암 비율. 명암 비율 수준에 따라 LDR(Low Dynamic Range), 또는 SDR(Standard Dynamic Range), HDR(High Dynamic Range) 등으로 나뉜다 에 대한 새 표준의 인하우스 버전으로 작동되었다. 색삼각형 색도의 3원색을 정점으로 하는 삼각형. 3원색의 혼색으로 얻을 수 있는 색도의 전 범위를 나타낸다 은 더 컸고, 가장 어두운 검정과 가장 밝은 흰색 사이의 '그레이스케일 램프'도 새로 계산되었다. 이런 레이저가 장착된 극장은 광출력을 아주 낮게 돌려 스크린이 벽과 구별할 수 없을 만큼 까맣다. ("비상구 표지판만 보여요." 글린이 말했다.) 이것은 완전히 새로운 색상 기준이었고, 출시할 당시에는 전 세계에서 겨우 6개 극장밖에 없었지만, 픽사의 담당 이사들은 어쨌거나 해당 부문을 확대하기로 한다. 디지털 영화의 색채는 그때도 괜찮았지만 현실 세계와는 비교할 수 없었다. "색

삼각형의 빨강, 초록, 파랑 모서리에 나타나는 그 특별한 색조는 자외선 아래서 경험할 수 있는 것이 아니에요." 글린이 말했다. "우리는 이렇게 말하곤 합니다. '흠, 전통적인 영화의 색 영역 바깥에 손을 대면 무슨 일이 일어날까?'"

글린은 제어판 키보드를 두드려 ─ 내가 가정용 TV에서 보는 것과 비슷한 해상도의 색 영역과 다이내믹 레인지를 이끌어내어 ─ 「인사이드 아웃」에서 '기쁨이와 슬픔이'라는 캐릭터가 잠재의식의 영역으로 들어가는 장면을 불러온다. 글린은 장면을 재생시킨다. 기쁨이와 슬픔이가 어두운 방으로 걸어 들어가더니 거대한 브로콜리 숲을 본다. 옆쪽에서 불이 들어오자 밝은 초록색 윤곽이 드러난다. 두 캐릭터는 무한대로 이어지는 빨간 계단으로 걸어 내려가다 또 다른 캐릭터인 상상 속 광대 친구 빙봉을 만난다. 빙봉은 사탕색 풍선 우리에 갇혀 있다. "이런 색들은 기본적으로 현재 디지털 영화에서 얻을 수 있는 포화색들이죠." 글린이 설명했다.

그런 다음, 그는 스크린에서 얻을 수 있는 모든 것을 활용해 최신 디지털 시네마 불꽃놀이 수준으로 단계를 끌어올린다. "기쁨이와 슬픔이는 문을 통과해 나가고, 그 장면은 멀리서 약간 롱숏으로 잡는다. 그러다가 갑자기 온갖 색이 화려하게 화면을 메운다." 와이드숏으로 바뀌면서 카메라는 브로콜리 숲 쪽을 향하는데, 브로콜리가 검은 바탕에서 레이저 포인터의 초록빛 야광을 띤다. 계단을 둘러싼 붉은 아치는 내가 여태까지 본 것 중 가장 선명한 빨강이고, 기쁨이와 슬픔이가 계단을 내려오기 시작하면서 스크린의 가장자리는 사라진다. 그 방, 그 세상은 계단만 빼고 온통 까맣다. 빙봉의 풍선 감옥은 마치 제프 쿤스미국의 현대미술가. 평범한 대상을 매끈한 표면의 스테인리스로 표현하는 것으로 잘 알려져 있다 의 개처럼 섬뜩한 힘을 가진 듯하고 이 세상의 것 같지 않다.

글린은 말했다. "이 프레임의 60퍼센트는 기존의 디지털 영화에서 볼 수 있는 색 영역 바깥에 위치합니다." "이 영화의 다른 버전이 있어요. 아직까지는 존재하지 않는 텔레비전용으로 만들어져 승인된 독창적인 버전이죠." 하지만 픽사는 아직 존재하지 않는 그 텔레비전이 어떤 모습일지 알 수 있는 샘플을 갖고 있다. 그 샘플은 바로 옆방에 있었다. 나는 글린을 설득해 그 텔레비전을 보러 갔다. 그가 밝기를 최대치로 올렸을 때는 정말 쳐다보고 있기가 고통스러웠다. 태양을 올려다보고 난 후처럼 잔상이 남았다.

이런 기술이 모든 영화관과 거실, 혹은 휴대전화에까지 적용된다면 정말 모든 게 이상해질 것 같다. 돌비 스크린 때문에 글린은 아주 특이한 생각을 갖게 되었다. 그는 인간의 눈에 있는 색 수용체가 어떻게 '표백'을 할 수 있는지 알고 있느냐고 묻는다. 색 수용체는 기본적으로 분자를 소모하는데 그 분자가 특정 파장 범위의 빛을 흡수하고 망막에서 뇌로 색 신호를 전달한다. 예를 들어 중간 파장의 녹색 수용체를 빛의 색과 함께 선택적으로 폭발시키면 "다른 색에 대한 민감성이나 인식된 민감도를 실제로 높일 수 있다"는 것이다.

이것이 찰스 다윈의 아버지와 머릿속 색을 지지했던 다수의 과학자들을 짜증 나게 만들었던 부분이다. "대비 효과와 잔상을 말씀하시는 거군요." 내가 말했다.

"맞습니다." 글린이 대답했다. 그러더니 그가 질문을 하나 던진다. 만약 아주 특수한 녹색 파장의 빛이 들어간 한 장면을 영화에 추가한다면? 그런 다음 녹색 수용체를 표백하도록 설계된 파장에서 점점 더 녹색을 늘려나간다. 그리고 결정적인 순간에 녹색을 한꺼번에 부어버리는 거다. 이건 철저하게 슈브릴의 방식이다. 그러면 영화는 잔상으로 녹색의 대비 색을 유도한다.

"본질적으로는, 특정 유채색 자극에 대한 관객의 민감성을 통제할 수 있습니다." 글린이 말했다. 그리고 정확한 파장만 고를 수 있다면, "다른 방법으로는 볼 수 없는 색을 인식하게 만들 수 있어요. 그건, 현실에서 그 색을 자연스럽게 인식할 방법은 없는, 그런 색인 겁니다".

그 색은 화면에 나오지 않을 것이다. 프로젝터에서 쏘거나 컴퓨터가 생성해낼 수 있는 색이 아니다. 그건 머릿속에서만 존재하는 순전한 인지 기능으로, 보는 사람에 따라 달라질 것이다. '불가능한 색상'인 불그스름한 녹색이나 흄의 사라진 푸른 음영도 이끌어낼 수 있을 것이다.

내가 알기로 이 색은 실제로 딱 한 번 도입되었는데, 극장에 가는 것과는 거리가 먼 외과적인 분야에서였다.

2000년대 중반, 심각한 복합 부분 발작을 겪던 38세 남성이 도움을 받기 위해 베일러 의과대학에 갔다. 신경과학자와 외과의들로 구성된 팀은 그의 뇌에 전극 한 조각을 이식해, 겁에 질린 그의 뇌에서 문제가 되는 위치를 찾아내 고치기로 했다.

의사들이 전극을 이식하려고 한 지점 부근에 색을 다루는 부위인 방추상회가 있었기 때문에 매우 중요한 기회가 아닐 수 없었다. 뇌의 언어인 이 전극 집합체가 이식되면 베일러 팀은 이것을 통해 전기를 펄스로 전달하고 무슨 일이 일어나는지 확인할 수 있을 터였다. 그리고 그들은 순수한 뇌의 활동 정보를 얻었다. 그들은 이렇게 기록했다. "전극을 자극하자 피험자는 '알루미늄 포일이 불에 탈 때 생기는 것 같은 파랑, 보라'색을 보았다고 보고했다." 신경외과 의사들이 색을 이끌어낸 것이다. 광원도, 빛을 반사할 색소도, 망막 반응도 필요 없었다. 말 그대로 그 모든 건 환자의 머릿속에서 벌어진 일이었다.

수십 년 전부터 과학자들은 사람의 뇌가 색을 처리하는 동안 전극과 이미지를 이용해 뇌를 관찰해왔다. 색상을 직접 이끌어낸 것은 처음이지만, 이번 경험은 컴퓨터 인터페이스가 뇌의 시각 담당 영역으로 형형색색의 이미지를 바로 보낼 미래를 보여준다. 색을 보기 위해 무언가를 눈으로 볼 필요도 없다. 컴퓨터 내부의 색 공간에 대한 어렵고 복잡한 수치 계산은 사람들이 오늘날 문자메시지를 주고받는 것만큼 쉽게 공유할 수 있는 신경생리적인 무언가로 변환될 것이다. 그것 역시 실재하는 색일 것이다. 그렇지 않겠는가?

자, 픽사는 뇌-기계 인터페이스에 누군가를 연결시키지는 않는다. 하지만 그곳의 애니메이터들은 이미 영화 속에 새로운 색 영역과 휘도의 범위를 새로운 방식으로 적용하고, 새로운 색을 만들어내며 새로운 효과를 이끌어낸다. 아직 여러분은 보지 못했을 것이다. 픽사 직원들은 최신 디지털 컬러 형식으로 작품을 제작해왔다. 이런 이미지들은 높은 다이내믹 레인지와 4K 해상도를 바탕으로 훨씬 더 큰 색삼각형 색상인 "와이드 색 영역"의 새 규격 하드웨어로 돌비 비전 극장에서 관람할 때만 제작자들이 의도한 모습 그대로 보인다. 색에 대한 정보의 깊이가 다르다. 「인사이드 아웃」에서 10대 소녀 라일리가 사는 샌프란시스코의 "실제 세계"는 구식 표준으로 제작되었다. 하지만 라일리의 의인화된 감정의 내면 세계 ─ 그곳에서는 각각의 감정이 색으로 표현된다(슬픔이는 파랑, 버럭이는 빨강이다) ─ 는 더 넓은 색 영역을 사용한다. 최고 수준의 디지털 영화관에서 「인사이드 아웃」을 보지 못했다면 애니메이터들이 의도한 색상을 보지 못한 것이다.

아직도 버럭이의 진짜 빨강을 보지 못했다고? 진짜 버럭이는 어떤 색일까? 상상이 가는가?


2015년 무렵, 포피 크럼은 회사의 최고급 연구용 모니터를 보고 있었다. 크럼처럼 돌비의 수석 과학자라면 얼마든지 그럴 수 있다. 화면은 제곱미터당 2만 칸델라 ─ 흰색 중에서도 가장 하얀 최고 밝기에서 2만 니트 ─ 이며 검정 중에 가장 검은색이라 할 수 있는 최저 밝기에서는 제곱미터당 0.004칸델라까지 내려간다.

크럼이 말했다. "우리가 선보인 콘텐츠 가운데 하나가 파이어 댄서예요. 불은 아주 진한 검정에서부터 높은 명암 하이라이트까지 모두 가지고 있거든요. 그 장면을 보는데 내 얼굴이 반응하는 게 느껴졌어요." 그녀의 얼굴이 실제 불꽃 앞에 서 있는 것처럼 붉어졌다.

크럼이 이어 말했다. "이 디스플레이 개발자에게 큰 명암 하이라이트가 있을 때 디스플레이에서 열이 나는지 물었더니, 아니라고, 일정해야 한다고 하더군요. 그 자리에는 다른 사람도 있었는데 그들 얼굴에도 반응이 있었어요. 그래서 나는 열 카메라를 구입해서 화면 온도를 측정해봤죠. 화면에는 변화가 없었어요."

그 순간, 신경과학을 전공한 크럼의 머릿속에 천재적인 생각—일종의 통찰력—이 번뜩였다. 스크린의 휘도 변화만으로 경험한 열 감지 현상에는 물리적 유사성이 있어야 했다. "사람들의 볼에서 불길에 반응하는 영역을 추적할 수 있다는 것을 깨달았어요." 그녀가 말했다. 다이내믹 레인지가 충분히 넓은 스크린에서는 그녀가 실험하려는 생리적 반응으로 사람들이 그걸 진짜인 것처럼 느끼게 할 수 있다.

크럼의 돌비 연구실에서는 이제 화면에 보이는 색상뿐 아니라 관객의 생리적 반응까지도 연구 대상으로 호함하려고 한다. 그녀는 이미지의 가장 밝은 부분과 가장 어두운 부분 간의 비율이 반응의 크기를 결정한다고 생각한다.

크럼은 정확한 방법을 알아내려고 자신이 감각 몰입 연구소라고 부르는 것을 만들었다. 세 대의 4K 레이저 프로젝터로 구동되는 8.5피트 높이의 랩어라운드 스크린으로, 헤드셋을 쓰지 않아도 가상현실 비슷한 것을 경험할 수 있다. 고성능 마이크로폰과 55개의 스피커가 실시간으로 실내 음향을 바꿔 콘서트홀에서부터 해변까지 실제 공간을 시뮬레이션해낸다. 즉 사운드트랙과 음향이 화면과 일치할 필요가 없다는 뜻이다. 크럼은 피실험자들이 듣는 것과 보는 것을 별개로 분리한 뒤 카메라를 사용해 그들의 시선을 추적하여 그들이 가장 많이 보는 것이 무엇인지 알아낸다.

생리적인 반응을 알아내는 곳은? 그런 실험실은 따로 있다. 우리는 함께 방음 폼이 붙어 있는 어두운 방으로 들어갔다. 고성능 스피커가 구석에 탑처럼 쌓여 있다. 앞에는 세 개의 대형 스크린이 있고 가운데에는 LG의 최신 모델 65인치(크기는 어림짐작한 건데, 정말 크다) TV가 놓여 있다. UHD 돌비 비전에 OLED 패널로 제작되었다. "검정은 전례가 없을 정도의 수준에 올라왔어요." 크럼이 말했다. 실제로 건너편에서 재생되는 데모 이미지들─클로즈업된 숟가락에서 떨어지는 꿀, 차가운 음료수 바깥으로 흘러내리는 물방울과 투명 주전자 안에서 끓고 있는 물, 보글보글 올라오는 탄산─을 보니, 검정은 이보다 더 검을 수 없고 명암 하이라이트는 내가 현실에서 본 적 없고 화면에서는 더욱 본 적 없는 상쾌한 느낌을 더해준다. 크럼이 가장 마음에 들어하는 것은 광채와 검정의 비율이다.

그때 기이한 장면이 눈에 들어왔다. 네이선이라는 이름의 신경과학자가 뇌의 전기적 활성을 감지하는 센서가 박힌 샤워캡 — 뇌파 전위 기록 장치electroencephalograph, EEG라고 한다 — 같은 것을 머리에 쓰고 화면 앞 소파에 앉아 그 명암 하이라이트 장면을 보고 있었다.

EEG는 신경생리학적으로는 무딘 기기에 해당된다. 순간적이고 거대한 변화를 포착하는 데는 능숙하지만, 뇌의 어디에서 정확히 어떤 활동이 일어나고 있는지는 잘 알아내지 못한다. 스컬캡 전극이 측정할 수 있는 활동 가운데 하나 — 네이선의 머리를 밀고 전기 전도성 젤을 바를 필요 없는 — 가 P300이다. 전반적인 관심의 변화를 나타내는 좋은 지표로, 네이선의 P300 판독값이 오른쪽 화면에 표시된다.

네이선의 왼쪽에 있는 화면에 네이선이 적외선으로 나타난다. 그래서 네이선의 왼쪽은 사이키델릭하게 모습이 계속 바뀐다. 두려움이나 흥분 같은 감정이 고조될 때는 볼과 이마로 따뜻한 피가 몰려 얼굴의 작은 모세혈관이 확장되고 얼굴이 붉어진다. 완벽한 환경이 갖추어진 이 실험실에서 크럼은 배출되는 이산화탄소의 양(호흡 대리 측정), 아세톤과 이소프렌 같은 분자의 양(흥분 상태에서는 근육이 수축되고, 신진대사를 통해 더 많은 양의 분자를 밖으로 방출한다), 전류 발생 피부 반응(기본적으로 손바닥의 땀), 심박수 등도 기록한다.

크럼은 실험실을 기본적으로 「블레이드 러너」의 보이트-캄프

리플리컨트 검출기 「블레이드 러너」에서 지구에 침입한 인조인간 '리플리컨트'를 색출하기 위해 만든 테스트 기계. 어린 시절 경험이 없는 리플리컨트에게는 가짜 기억이 이식되었기 때문에 기억에 대한 대화를 나눌 때 답변이나 눈동자 반응이 인간과 달라 구별할 수 있다처럼 개조했다. 크럼은 설령 자신에게 그럴 능력이 있다 하더라도 공감 능력이 부족한 인조인간을 잡으려는 게 아니다. 그는 진짜 인간이 더 많은 공감을 경험하게 할 수 있는 도구를 만들려고 한다. "우리가 어떻게 숨김없이 소통하고 더 풍부한 경험을 함께할 수 있는지 알아보려고요." 크럼은 말했다. 실제로 사람들은 매우 감동적이고 인상적인 장면을 함께 볼 때 모든 보이트-캄프 측정치가 동기화되기 시작한다.

밝은 것부터 어두운 것까지 그 범위가 넓을수록 그런 감정은 더 강렬해진다. 시청자들에게 하이 다이내믹 레인지 TV 없이 BBC 다큐멘터리 「살아 있는 지구」를 보여주면, 그들은 프로그램을 얼마나 잘 만들었는지 이야기할 것이다. 그것을 최첨단 세트로 보여주면 결과는 달라질 것이다. 크럼이 말했다. "사람들은 온통 기후변화에 대해서만 이야기해요. 그건 스토리텔링에 완전히 다른 영향을 미치게 돼요."

사실일 수도 있다. 하지만 그렇다고 말하려면 일반 비디오 콘텐츠에 대한 사람들의 공감 반응도 통제 수단으로 테스트해야 한다. 문제는 그것조차 올바른 데이터 세트가 아닐 수 있다는 것이다. 크럼의 화면을 이용해 1940년대와 1950년대의 유색 플라스틱 제품에 대한 사람들의 생리학적·신경학적 반응과 시유한 당삼채 도자기, 그 이전의 아바스왕조나 중국의 시유한 청화자기를 하이 다이내믹 레인지의 채도 높은 이미지로 봤을 때의 반응과 비교해보면 어떨까 문득 궁금해진다. 리사 스나이더가 차세대 초고화질 버전으로 색상을 수정해 만든 시카고 콜럼버스 만국박람회의 가상 모델 위를 날아보고 싶다. 픽사는 다색의 교통 빌딩을 야간 조명쇼용으로 다시 제작해낼 수도 있을 것이다. 베빌 콘웨이와 아냐 헐버트의 드레스 실험을 모두 살펴보거나, (윤리 검열에 걸리지 않는다면) 뇌에 전극 조각을 이식한 사람을 찾아서 뇌의 색 처리 방식을 좀더 가까이서 알아보고, 도러시가 오즈의 경계를 넘는 순간 어떤 전기적 스파이크가 일어나는지도 보고 싶다. 어쩌면 크럼은 이미 색을 재창조하는 방법, 그 이상을 찾아냈을지 모른다. 그리고 우리 인간에게 왜 그토록 색이 중요한지 설명해줄 수 있을지도 모른다.

# 결론

오전에 파리 오르세 미술관에서 신인상주의 시각혼합 작품들과 색각 향상을 보여주는 모네의 교회 그림들을 자세히 살펴본 뒤 아내와 나는 시테섬에서 점심 먹을 곳을 찾아 걸었다. 걷다보니 약국 창문에 진열된 것이 눈에 띄었다. 프랑스 약국들은 고급 화장품과 연고로 넘쳐나고, 동종요법도 개의치 않는다. 여기에서는 바이옵트론이라고 하는 알록달록한 광고판이 약국 안으로 들어오라고 유혹한다.

바이옵트론은 1960년대 광선총처럼 보이는 반질반질한 검은색 기기로 손으로 들고 사용할 수 있는 소형 제품이다. 전시되어 있는 제품 한쪽에 여러 색의 고리 — 거의 스펙트럼 색조다 — 가 둘러져 있다. 그 옆에 또 다른 광고판이 있었다. LA

CHROMOTHERAPIE BIOPTRON UNE SYNERGIE
UNIQUE DE LUMIERE ET COULUEUR POUR
REVEILLER LES SENS(빛과 색의 시너지로 감각을 깨우는 크
로모테라피 바이옵트론). 내 프랑스어 실력은 형편없지만 모르는
부분은 구글을 검색하면 된다. 기본적으로 바이옵트론은 다양한
색을 비춰주는 손전등 같은 것이다. 왜 그렇게 하느냐고? 음, 광고
판에 따르면 빨강은 "되살아나는 생명력과 활기"를 제공한다. 초
록은 "균형과 긴장 해소"를, 인디고는 "정화와 농축" 작용을 한다
는데 정확히 뭘 정화하고 농축한다는 건지는 알 수 없다. 그런 호
언장담으로 가득한 광고 문구 옆에 목이 깊이 파인 셔츠를 입은 여
성이 눈을 감고 있다. 행복한 표정이다. 균형 잡혀 있는 듯하기도
하고.

나중에 찾아봤더니 바이옵트론은 스위스에서 만든 장비로, 특
허 받은 편광 거울을 통해 비춰지는 다색광이 피부를 젊어 보이게
하고 만성통증을 치료하는 만병통치약으로 광고되고 있었다. 회
사 웹사이트에서는 부작용이 없다고 주장하고 있는데, 놀라운 일
은 아니었다. 부작용뿐 아니라 별다른 효과도 없어 보였기 때문
이다.

하지만 어떤 면에서 보면, 나의 회의론은 완전히 틀렸다. 바이
옵트론이 젊은 피부를 얻는 기적의 길은 아닐지라도(물론 아니
다), 색과 빛은 우리에게 영향을 미친다. 우리가 바라보는 색은 평
범함과 심오함이라는 면에서 우리를 변화시킨다. 문제는 아무도

그 이유를 모른다는 것이다. 심지어 색은 우리 뇌가 가장 뛰어난 능력을 발휘하는 분야도 아니다. 객관적으로 말해, 인간의 눈과 뇌는 색을 보는 것보다 해상도와 사물 식별에 훨씬 뛰어난 능력을 발휘한다. 정신물리학계의 한 거장은 이렇게 말하기까지 했다. 다른 모든 능력에 비하면 뇌한테 색각은 "그저 취미"에 불과하다고. 설득력 있고, 일관되게 컬러풀한 모습으로 세상을 만들기 위해 뇌가 부려야 하는 온갖 재주를 생각해보면, 그런 광고 따윈 헛소리다.

활용할 수 있는 색소가 수천 년 동안 수십 가지에 불과했는데 그 후 몇백 년 사이에 실험실과 공장에서 새 색소들이 쏟아져나오면서 미래는 약간 따분해 보였다. 콜타르가 주 성분인 합성 유기 염료들 ― 모브, 알리자린 ― 의 인기도 금세 시들해졌다. 새로운 원소의 발견은 새로운 색소 ― 크롬은 크롬 옐로, 카드뮴은 인공 울트라마린 ― 로 이어졌지만, 주기율표는 그런 물질을 훨씬 더 많이 수용하지 못하는 것 같다. 오늘날 새로운 색소가 등장하면 칭송의 대상이 되거나 논란거리가 되거나, 혹은 두 가지 모두가 된다.

2009년 이트륨-인듐-망간 블루인 YInMn(인망 블루라고 부른다)의 경우에도 그랬다. 2009년 화학자 마스 수브라마니언이 이것을 우연히 발견했을 때 200년 만에 나타난 새로운 블루였기에 색 관련 업계는 온통 흥분의 도가니였다. 인망 블루는 희토류 금속인 인듐을 사용해 가격이 상당히 비싸지만, 예술계에서 점점 많이 사용하기 시작하면서 마침내 물감 회사에서도 판매하기 시작했고, 그 색에 "영감을 받아" 크레욜라 크레용도 만들어졌다. (크레용에는 진짜 인망 블루가 들어 있지 않다.)

수브라마니언은 인망 블루의 발색단 — 실제로 색상을 만드는 부분 — 을 계속 조정했고, 스펙트럼의 나머지 색상들에까지 같은 색조를 적용했다. 색상 일람표도 만들었다. 하지만 끝내 빨강은 만들지 못했다. 실망스러운 일이었다. 어느 비즈니스 잡지에서 지적했듯, 새로운 빨강은 "10억 달러의 가치를 가진 색"이었다. 특히 자동차 도장용 페인트 제조업체들은 필사적이었다. 가장 인기 있는 페라리 레드는 밝고 아름답지만 비와 열에 약해 시간이 지나면 퇴색한다. 신석기시대 화가들이 바위에서 긁어내 동굴 벽에 바른 산화철 색소에서는 그런 현상이 나타나지 않지만, 오커는 스포츠카에 광택을 입혀 카테고리 킬러로 등극할 만큼 밝지 않다.

그런 미래의 색을 찾아내는 것은 모베인이나 인망 블루를 발견할 때 그랬던 것처럼 쉽지는 않을 것이다. 초기 인류의 오커와도 다르고, 식물에서 주로 얻는 파랑이나 미네랄 그린과도 다를 것이다. 실제 화학작용은 전혀 중요하지 않을 수 있다.

심지어 이 책에서 많은 시간을 할애한 한 가지 색소 — 이산화타이타늄 — 도 미래에는 색소가 아닐 수 있다.

물론 이산화타이타늄은 여전히 페인트와 코팅의 세계를 지배하고 있고, 제지업에서도 매우 중요하다. 특히 장식용 라미네이트와 코팅된 유광 포장 상자에 주로 쓰인다. (종이는 여전히 신석기의 흰색인 탄산칼슘과 도자기의 핵심 재료 카올린을 필요로 한다.) 이산화타이타늄은 사탕, 치약, 면도 크림, 알약, 그리고 마스카라부터 립스틱, 컨실러, 매니큐어에 이르는 화장품 등의 소비재에서 전반적으로 사용된다. 피부색이 짙은 사람을 겨냥한 메이크업은 이산화타이타늄을 생략하는 경향이 있다. 즉 이산화타이타늄은 흰색, 그리고 '확장된' 흰색과 뚜렷한 연관이 있다.

앞에서 나는 2019년 전 세계 이산화타이타늄의 시장 규모가 617만 미터톤에 이를 것이라고 언급했다. 빛나는 백색 가루를 가득 실은 열차가 7만 개쯤 연결되어 있는 모습을 생각해보자. 당신이 이름을 댈 수 있는 거의 모든 분야에서 사용하기 위해 어마어마한 양의 원자재가 대륙을 가로지른다. 이제 곧 유럽연합의 모든 나라가 아주 작은 나노 크기의 이산화타이타늄이 함유된 제품을 요구할 날이 머지않았다는 징후다. 산업계는 이런 현상을 우려의 시선으로 바라보고 있다. 세계 조화 시스템 화학물질의 위험 유해성에 관한 분류 및 표지 GHS-08에는 굵은 빨간색 선으로 그린 마름모 안에 검은색으로 칠한 인간의 머리와 어깨가 있고, 다섯 개의 흰색 모서리가 있는 별에는 검은 점들이 박혀 있다. 무시무시한 우주 에너지를 그린 만화 같다. 이 그림은 제품을 흡입했을 때 발암물질이 포함되어 있을 가능성을 나타낸다. 여기서는 이산화타이타늄도 암을 유발할 수 있다고 말한다.

공중보건 문제에서 흔히 그렇듯 과학은 불확실하다. 입자 크기가 100나노미터 미만인 선크림에 사용되는 나노 단위의 이산화타이타늄은 200~400나노미터 색소에서 발견되는 입자보다 위험할 수 있다. 하지만 색소에는 항상 나노 크기의 입자도 일부 혼합, 함유된다. 새로 만들어지는 규칙들은 유해 가능성이 있는 나노 분진을 함유한 제품과 그렇지 않은 제품을 구분하려고 노력한다. 이산화타이타늄은 아주 흔하고 거의 어디에서나 볼 수 있기 때문에 과학자들이 실제로 우려할 점이 있는지 파악하려고 분투하는 동안 여러 산업 부문에서는 완전히 새로운 화학을 배워야 할 것이다.

게다가 이산화타이타늄은 단순히 흰 색소를 만드는 것 이상의 역할이 있기 때문에 더는 사용하지 않겠다고 결정해버린다면 또다른 밝은 미래를 포기해야 할지도 모른다. 이산화타이타늄은 컴퓨터를 가능하게 만든 실리콘처럼 반도체이기도 하다. 에너지가 별로 없는 광자가 이산화타이타늄 결정 바깥에 부딪히면 별다른 일이 일어나지 않는다. 바로 튕겨나간다. 그래서 아름다운 흰색이 만들어진다.

하지만 충분한 에너지 — 물질의 밴드갭에서 3전자볼트 정도 — 를 가지고 있는 광자라면 산소 원자 중 하나에서 전자를 탈락시킨다. 그 과정을 전하분리라고 하는데, 전자가 떨어져나간 자리에는 다른 전자가 빠질 수도 있을 만한 크기의 구멍이 생긴다. 이산화타이타늄에서 전자정공 쌍 — 엑시톤이라고도 부른다 — 은 반응성이 매우 높아 백악화를 유발한다. 주택 벽이나 그림에서 백악화 현상이 일어난다면 정말 문제다. 내셔널 리드 컴퍼니의 연구원들은 1940년대 초반부터 이런 현상을 막기 위해 페인트를 고착시킬 수 있는 코팅제와 안정제를 개발하려고 노력해왔다.

화학 실험실에서 전하분리는 정말 엄청난 발견이라는 사실이 밝혀졌다. 1972년, 후지시마 아키라藤嶋昭와 혼다 겐이치本多健는 이산화타이타늄에서 전극을 분리해 물에 넣은 뒤 자외선을 쏘이면 엑시톤이 물을 그 구성 성분인 수소와 산소로 분해한다는 사실을 밝혀냈다. 후지시마-혼다 효과 덕분에 이산화타이타늄은 광전 표면 화학 연구에서 실험실 표준이 되었다.

이산화타이타늄의 이런 신기한 성질을 활용할 방법을 배울 수 있다면 여러분은 온갖 재주를 부릴 수도 있다. 빈 공과대학의 물리학자 울리케 디볼트는 질문을 쏟아낸다. "전자전도는 어떻게 일어날까요? 어떻게 한쪽에서 다른 쪽으로 뛰는 걸까요? 파도처럼 고체를 통과하며 움직이는 걸까요? 그런 일이 금속 안에서 벌어질까요? 아니면 산소에 달라붙기 싫어서 티타늄에서 티타늄으로, 그리고 다시 티타늄으로 물리적으로 뛰는 걸까요?"

이 질문에 답을 하다보면 이산화타이타늄이 약간 마법처럼 보이기 시작한다. 태양 전지판을 활성화하거나 수소를 생성해내어 깨끗하고 기후변화를 일으키지 않는 연료를 무제한으로 만들 수도 있다. 이런 반응성을 보이는 엑시톤은 이산화타이타늄으로 코팅된 표면을 효과적으로 자체 세정한다. 도시의 대기 중에 있다 모든 것 위로 떨어지는 먼지나 오염 물질을 파괴하는 것이다. 엑시톤은 세균에도 마찬가지 효과를 발휘한다. 박테리아와 바이러스를 죽이는 데서 그치지 않는다. 살상용으로 세팅된「스타트렉」페이저 「스타트렉」에 등장하는 무기로, 입자나 플라스마를 방사하여 물질의 분자결합을 와해시킨다. 상대를 기절시키는 스턴 모드부터 사람을 증발시키거나 바위나혹은 산에 통로를 뚫을 정도의 최대 위력까지 16단계로 구분된다 의 최대 위력으로 세균을 분해해버린다. 자외선을 충분히 오래 켜두면 미생물은 완전히 무기질화되고, 자신들의 구성 성분인 이산화탄소, 물, 다른 무기질 분자로 전환된다. 표면에 구리를 약간 추가하면 일반적인 실내조명으로도 쓸 수 있다. 일본의 위생도기 제조사인 토토는 건축 외장재용으로 자체 세정 기능을 갖춘 이산화타이타늄 타일을 만든다. 일본에는 그 타일을 붙인 건물이 수천 개나 된다.

여기에 아이러니가 있다. 사람들은 무언가 다른 것을 찾다가 색소나 다른 색의 물질을 발견하곤 한다. 퍼킨은 말라리아를 치료할 합성 퀴닌(퀴니네)을 찾다가 모베인을 발견했고, 수브라마니언은 새 전자물질을 연구하던 중 인망 블루를 찾아냈다. 그리고 이제는 기존 색소에서 세상을 온통 뒤바꿀 가능성이 있는 새로운 기능이 발견된 것이다. 기존 세상을 밝고 다채롭게 만들어야 할 가장 큰 책임을 짊어지고 있던 물질이 오염과 기후변화로부터 세상을 구하는 역할까지 가지고 있었다니!

색은 무언가를 한다. 그렇지 않았다면 우리는 색을 볼 수 없었을 것이다. 색은 무언가를 의미한다. 그렇지 않았다면 우리는 신경 쓰지도 않았을 것이다. 색깔 있는 무언가를 만들어내는 우리의 능력이 진보할수록 색은 무엇인가, 색은 어떻게 작용하는가에 대한 우리의 이해도 향상되었다.

하지만 그 깨달음에는 함정이 있다. 우선은 색이 그저 무언가의 표면 혹은 장식일 뿐이라고 생각해보자. 뭐, 색이 전혀 없어도 꽤 중요한 일들을 할 수 있다. 안 그런가? 색이 없는 물체라 해도 우리는 알아볼 수 있다. 대부분의 머신비전 알고리즘은 색에 전혀 신경 쓰지 않는다. 컴퓨터에게(그리고 적지 않은 수의 인간 철학자들에게도) 색은 문자 그대로 비물질이다. 이런 기계적 관점에서 보면 형태 대 색의 전쟁은 이미 형태의 승리로 끝났다.

이건 틀린 이야기다. 우선, 색은 물체에 반사된 후 우리 눈에 들어와 신경화학적으로 순간적 인지를 불러일으키는 광자에 불과한 존재가 아니다. 그 광자들은 표면으로 침투하는데 일부 원자는 더 깊이 침투한다. 우리가 색을 볼 때 우리 뇌는 양자의 상호작용을 처리하기 위해 고깃덩어리로서 최선을 다한다. 우리가 색을 볼 때, 우리 뇌에는 보이지 않는 아원자 세계가 작동한다. 색은 물질과 에너지의 오랜 신비가 서로에게 인사를 건네는 방식이다.

또 다른 실수는 우리 뇌가 어떻게 그런 신비를 우리가 이야기하는 색으로 바꾸는지에 대해 과소평가한다는 것이다. 데이비드 브레이너드는 이렇게 말했다. "원추체와 광학, 그리고 망막 신경절 세포의 기본 특성을 가르칠 때, 나는 내가 학생들에게 들려주는 대부분의 정보가 분명 50년 후 이 과정을 가르칠 사람한테도 여전히 기본 지식으로 여겨질 거라고 믿습니다." "50년 후 인간의 시각적 피질에서 이루어지는 연산에 관한 사고방식이 지금 우리의 사고

방식과 비슷할 것인가에 대해서는 크게 장담할 수 없지만요."

사실, 인간이 어떤 것을 다른 것과 구별하기 위해 사용하는 뇌의 부분—"객체 피질"에는 색에 반응하는 부위가 있다. 왜 그런지는 아무도 모른다. "이제는 우리가 뭘 모르는지 알고 있죠. 지각과 인지에서 색이 담당하는 역할은 무엇인가. 나는 그게 뭔지는 모르지만 존재한다는 건 알고 있어요." 베빌 콘웨이가 말했다. 그는 그것이 사물을 인식하거나 식별하는 것과는 관련 없다고 생각한다. 어쨌거나 색이 없어도 그건 할 수 있다. "서로 다른 두 가지 프로세스가 있어요. 하나는 '그게 무엇인가'이고, 다른 하나는 '거기에 관심을 둘 것인가'입니다. 색은 두번째에 해당되죠." 콘웨이가 말했다.

색에 관한 이야기, 우리가 색을 만드는 방법에 관한 이야기는 아직 끝나지 않았다. 최선의 추측은 이것이다. 19세기 이후로 그래 왔듯 새로운 색상과 색 관련 기술은 앞으로도 거의 비슷한 비율로 나타날 것이다. 모든 새로운 색소나 염료는 과학을 조금 진보시키고, 그 과학은 사람들이 색을 보는 방식과 만드는 방법을 진보시키며 그 결과 사람들은 더 많은 색을 원할 것이다. 그것이 색의 라이프 사이클이다.

아마 다음번 주인공은 색소 화학이나 발광 다이오드 물리학에서 나오지 않을 것이다. 그보다는 특수 공학 분야에서 나올 가능성이 높다. 원자를 하나하나 붙여 만드는 밴타블랙처럼 나노 규모의 기하학을 이용해 빛을 인간의 뜻대로 구부려 만드는 구조색構造色 분야이지 않을까?

당연히 그 부분에서는 자연이 우리를 앞섰다. 비현실적인 색은 키틴질의 딱정벌레 등딱지에만 있는 게 아니다. 인간의 피부색은 놀라울 정도로 범위가 한정되어 있는데, 실제로 불그스름한 색에서 갈색빛이 도는 색 사이에 있다. 피부색은 멜라닌이라는 색소에서 나온다. 그런 색은 자연 어디에서나 찾을 수 있다. 심지어 조류鳥類에서 구조색과 색소를 모두 찾을 수 있다. 다수의 다른 동물들이 그렇듯, 새들은 200~500나노미터 너비의 멜라노솜이라고 하는 작은 구조로 멜라닌을 포장한다. 그런 다음 그 멜라노솜을 케라틴 구조물에 박아 넣는데, 이 케라틴은 우리의 머리카락이나 손톱을 구성하는 것과 같은 성분으로 이루어져 있다.

케라틴은 새 깃털의 가장 예리하고 미세한 가장자리에서 깃가지라고 불리는 미세한 가시와-가시-또-가시 모양을 이룬다. 인간의 눈에 멜라노솜은 광택 있는 검정으로 보인다. 그런데 그 깃가지 내 멜라노솜의 위치 때문에 색이 달라진다. 무질서하고, 아무렇게나 던져놓은 듯한 멜라노솜이 까마귀 깃털의 먹빛 검정을 만들어낸다. 무지개비둘기의 경우, 멜라노솜의 반복적인 패턴이 보는 각도에 따라 날개를 빨강에서 파랑으로 다르게 보이게 하기도 한다. 청둥오리의 멜라노솜은 육각형이다. 공작은 정사각형이고 나비의 날개는 훨씬 더 복잡하다. 광자 크기의 동화 속 성城 같은 결정구조가 찬란한 파랑과 초록을 만들어낸다. 재료과학에서는 이런 구조물을 "광결정"이라고 부른다.

광결정을 색소로 만들기는 쉽지 않다. 나비 날개 1만 개를 갈아서 분말로 만든 다음, 아크릴에 섞어 버터플라이 블루를 만들 수는 없지 않은가. 게다가 색을 만들어내는 건 그 구조를 구성하는 광결정의 크기, 형태, 방향이다. 망치면 그냥 나비 수프만 남을 뿐이다.

인간은 그런 점까지 고려해 광결정을 직접 만들어 구조색을 창조하려고 노력 중이다. 어떤 연구자들은 복잡한 멜라닌 패턴을 흉내내려고 노력한다. 하버드대학의 재료과학자인 비노탄 마노하란은 폴리스티렌을 가지고 합성 멜라닌을 만들려고 한다. 기본적으로는 스티로폼 같은 것이다.

마노하란은 새를 관찰하는 데에서 시작했다. 그는 몇몇 새의 깃털 색이 바뀌는 것처럼 보인다는 사실을 깨달았다. 그건 깃가지 내의 결정 패턴이 일정하지 않았기 때문이다. 한쪽에서 보면 하나의 패턴을 형성하기 때문에 한 가지 색을 반사하지만 다른 방향에서 보면 다른 패턴이 우세해지기 때문에 다른 색이 보인다. 광결정들이 쌓여 여러 다른 축의 다른 패턴 사이에 난 틈을 메운다.

이렇게 색이 달라지는 이유는 축을 따라 늘어선 입자의 길이, 즉 기본적으로는 입자 크기 때문인 것으로 밝혀졌다. 색의 파장은 입자 길이의 2배쯤 된다.

색을 만들고 싶은 이들에게는 좋은 소식처럼 보인다. 직접 입자를 합성해낼 수 있다면 입자의 길이를 원하는 대로 만들 수 있다. 하지만 그 입자를 연결하는 매질과 섞어 한 층이나 여러 층을 바르려고 하면 기존의 문제들이 다시 발목을 잡는다. 전통적인 '미에 산란'에서는 입자 크기가 색을 결정한다고 말한다. 하지만 입자가 매질과 섞여 있을 때에는 물감을 바르는 층의 두께도 영향을 미친다. 바로 쿠벨카-뭉크 방정식이 작용하는 것이다.

마노하란의 티끌만큼 작은 입자들은 특정 파장에 딱 맞는 크기로 만들어져 처음에는 어떤 색도 내지 않는다. 하지만 고착제나 코팅제가 다른 모든 파장을 반사하고 굴절시켜 효과를 증폭시킨다. 연구팀은 결국 "코어-셸 입자"라고 불리는 나노 크기의 투시 롤팝 막대사탕 안에 초콜릿 캐러멜이 들어 있다을 만들어냈다. 굴절성 강한 폴리스티렌 사탕이 비굴절성 젤 코팅제를 에워싸고 있다. 거의 효과가 있었다. 코어 크기를 바꾸자 색이 초록에서 연파랑으로, 인디고로 바뀌었다.

그게 다가 아니다. 인망 블루를 발견한 이후 수브라마니언이 그랬듯 사람들은 빨강을 얻을 수 없었다. 입자들이 빨간 파장을 반사하지 않는 것은 아니었다. 그저 파랑을 더 많이 반사할 뿐이다. 자연에서 멜라닌은 빨강을 반사하고 파랑을 흡수한다. 하지만 마노하란은 멜라닌으로 작업한 것이 아니었다. 그는 빛을 전혀 흡수하지 않는 재료는 사용할 수 없었다. 빛이 적외선으로 다시 방출되었기 때문이다. 마노하란은 자신의 입자를 킨들에 들어가는 전자잉크(e-잉크)처럼 스크린에서 사용하려고 했다. 그런데 적외선을 방출한다면 미래의 기기는 너무 뜨거워져 들고 있을 수 없을 것이다.

마노하란과 지금은 여러 나라의 연구자들이 합류해 있는 연구팀은 새로운 종류의 입자를 만들기 시작했다. 그들은 폴리스티렌으로 구슬을 만들고 그 주변을 실리카 셀로 감싼 다음, 폴리스티렌을 태웠다. 그런 다음, 이제 텅 빈 실리카 셀의 안쪽 구멍을 굴절률이 같은 송진으로 채웠다. 이 새로운 물질에는 두 개의 반사 피크가 있는데 하나는 빨강, 다른 하나는 여전히 스펙트럼 반대편에 있는 색이었다. 이것을 자외선 쪽으로 깊숙이 밀어 넣어 사람 눈에는 보이지 않게 했다. 그 결과, 밝은 빨강은 아니지만 어쨌든 빨강을 얻을 수 있었다. 그게 바로 킨들에서 사용될 것 같지는 않지만, 그것을 통해 후기 색소 시대의 미래를 살짝 엿볼 수 있을 것이다.

예전에 나는 귤 그림을 그려보려고 한 적이 있다.

언어를 다루는 사람으로서 내 능력에 대해서는 의견이 엇갈릴 수 있지만, 객관적으로 나는 고도의 훈련을 받은 경험 많은 전문가다. 하지만 시각예술 분야에서는? 그렇지 않다.

그래서 이 책을 쓰는 동안, 그 방면을 조금이라도 접해보려고 수채화 수업을 등록했다. 햇빛이 잘 드는 오클랜드의 개조된 다락방 안 긴 테이블에서, 선생님 ― 화가이자 물감 제조가인 어맨다 힌턴 ― 은 다양한 종류의 붓과 종이의 특성에 관해 가르치며 어마어마한 연습을 시켰다. 그 과정을 다 끝내고 나서야 학생들은 색을 가지고 주변을 엉망진창으로 만들 수 있었다.

사실 그 난장판이 벌어진 것은 나 때문이다. 두 가지 물감을 다른 양으로 섞었을 때 나오는 색은 한결같이 갈색, 올리브, 고동색 혹은…… 아니, 하나같이 다 갈색이었다. 노랑과 파랑을 섞으면 초록이 아니라 또 다른 파랑이 생겨났다. 아니, 적어도 내 눈에는 파랑으로 보였다. 마젠타(밝은 자주색)와 파랑을 섞으면…… 아마도 보라색? 아마 보라색은 그런 색을 의미하는 걸 거다. 나는 심지어 이 책에서 계속 떠든 색상환, 기본색 공간까지 만들어보려고 했다. 파랑, 노랑, 빨강의 원색을 가지고 가운데는 흰 구멍을 그러넣으면서. 결과는 끔찍했다. 그 색상환 같은 프로스팅을 얹은 도넛이 있다면 절대 먹지 않을 거다.

귤은 마지막 테스트였다. 사진을 컬러프린터로 뽑아보면 그건 "잎 달린 귤"이 아니라 나라별로 색을 다르게 칠한 지도 같다. 연필로 가볍게 드로잉을 하면서 같은 색으로 칠할 수 있는 영역을 나누고 색을 입힌다.

나는 열심히 생각해보고 인쇄한 사진을 거꾸로 돌려보기도 했다. 스케치를 하고, 팔레트를 고르고, 네 가지 색을 고른다. 갈색, 초록, 그 밖에 기억이 안 나는 다른 색까지. 그런데 결과물을 보면서도 뭔지 알 수가 없다. 예상대로 끔찍했다. 인쇄물을 똑같이 베끼려고 하다보면 대부분 실패로 끝난다. 특히 인쇄물과 비교해보면 더 그렇다. 그건 뭐랄까, 몇 가지 색이다.

수채화 수업 하나 들었다고 바로 뛰어난 색 감각이 생기지는 않는다. 당연한 이야기다. 하지만 나는 조금은 근접할 수 있지 않을까 하는 생각이 들었다. 몇 주 후, 나는 힌턴의 스튜디오를 다시 찾았다. 비슷한 건물들 사이에 있는 버클리 빌딩에 자리한 스튜디오는 가로 3미터 세로 6미터 정도의 공간으로, 내가 방문한 날 서쪽에 난 창문으로 햇살이 비쳐 들어왔다. 벽을 따라 늘어선 선반이 연금술사의 화장대 같았다. 선반 위에 줄지어 놓여 있는 작은 유리병에는 다양하고 선명한 색소가 가득 담겨 있었다. 인단트론 블루, 디옥사진 바이올렛, 비비아나이트(남철석), 자철석, 카풋 모텀 등.

힌턴은 선반 맞은편에 있는 강화유리로 만든 작업대 위에 끈적끈적하고 선명한 노란색을 잔뜩 부으며 그것이 벤지미다 옐로라고 일러준다. "이 노랑은 정말 멋진 원색이지 않아요?" 힌턴이 말했다.

그녀는 가루를 들이마시지 않기 위해 마스크를 쓰고, 순수 분말 형태의 색소를 물과 섞는다. 어떤 것은 유달리 해롭다. 팔레트 나이프로 색풀과 섞은 다음, 고착제를 추가한다. 고착제로 쓰이는 것은 아라비아 수지, 식물성 글리세린이고, 간혹 꿀이나 클로브 오일(정향유)도 쓰인다. "자, 그럼 이제 멀링해보세요." 힌턴이 말했다.

아, 이제 심사숙고할 시간인가. 멀링에는 '가루로 으깨다'라는 뜻과 '심사숙고하다'는 뜻이 있다 하지만 이건 턱 쓰다듬기와는 관련 없는 행위다. 멀러 안료 등을 으깨는 공이나 분쇄기 는 머리 부분이 납작한 버섯 모양의 육중한 유리 도구로, 머리 부분으로 노란색 물질과 고착제를 섞는다. "멀링은 모든 색소 입자가 고착제에 붙으면 그 사이를 벌려 분산시키는 거예요." 힌튼이 말했다. 노란색 입자 위로 공이를 둥글게 돌리자 노란색이 고착제 속에서 나선형으로 점점 넓어지며 골고루 분산되었다. "이렇게 하면 유리 사이에 아주 작고 얇은 페인트 층이 만들어져요." 그녀가 말했다. 나도 시도해보았다. 그런데 웬만큼 힘주지 않으면 멀러가 좀처럼 떨어지지 않았다. 약간 흡인력이 있다. "완성되었을 때도 약간 그런 느낌이 들어요. 그냥 물감 같죠. 하나의 매끄러운 혼합물이에요."

이런 분쇄 행위는 내가 떠올릴 수 있는 어떤 행동보다 사물에 색을 입히는 인간의 행위와 깊이 연관되어 있다. 이게 바로 남아프리카 블롬보스 동굴의 선사시대 작업장에서 사용된 도구들이다. 르네상스 시대 베네치아의 색 공급업자들은 색소를 가는 데 사용하는 반암판을 작업장 물품 목록에 넣을 정도로 소중히 여겼다. 지금 우리가 작업하고 있는 힌턴의 두꺼운 유리 테이블은 포피 크럼이 자신의 연구 대상들에게 보여주던 평면 스크린 TV와 크기가 비슷하다. 이제 수채화 수업 시간에 그 귤과 씨름할 때처럼 색을 통제하는 느낌은 들지 않는다. 그저 오커에서 파란 LED까지, 흰 딱정벌레에서부터 밴타블랙까지, 광자에서 뉴런까지 연결하는 빛과 색의 연결 라인에 올라탄 느낌이었다. "그게 바로 원료를 다른 무언가로 바꿔 또 다른 무언가를 아름답게 꾸미는 과정이에요." 힌턴이 말했다.

결국, 우리는 서로를 위해 색을 만든다. "장식이든 모방이든 모든 예술이 가진 본래의 특성 중 가장 마지막까지 남는 것은 단순히 색을 칠하는 직접적 자극을 통한 즐거움이다." 이것은 그랜트 앨런이 1879년 『컬러 센스』에 쓴 표현이다. "인류 최고의 미적 산물은 사슬의 마지막 연결 고리이며, 그 첫번째 고리는 가장 밝은 빛깔의 꽃을 선택하는 곤충에게서 시작되었다." 색은 우주의 기본 법칙이 어떻게 작동하는지 이해하는 데 도움을 준다. 우리가 각자 약간은 다른 방식으로 색을 볼지라도 색은 우리를 하나로 이어 준다.

마노하란이 앞으로 어떤 멀티스펙트럼 구조의 색상 장비를 발명하더라도 ― 높은 다이내믹 레인지 중에서도 가장 역동적이고, 마이클 포인터의 "현실 세계"를 아우르는 온갖 음영과 색조를 포함하도록 튜닝된 색 영역을 만들어내더라도 ― 그건 깜빡이는 동물 기름 램프 아래서 석회암 동굴 벽에 바르던 숯의 검정과 탄산칼슘 화이트, 빨강이나 노랑 오커와 크게 다르지 않을 것이다. 빛은 표면에서 반사되어 우리 조상들의 두개골 안에 든 전류가 통하는 고깃덩어리와 젤리에 모였고, 그들도 우리가 본 것을 봤을 것이다. 인간이 머리로 관찰하고 우주의 일부가 되는 데 역할한 이토록 찬란한 색을.

# 감사의 말

당신이 들고 있는 이 책은 20년 동안 내 안에서 에일리언의 배아처럼 웅크리고 있으면서 가장 이상하고 가장 복잡한 정보의 조각들을 모을 때마다 외설적으로 맥동하며 부피를 키워왔고 이제 극적인 순간에 줄을 끊고 세상에 나올 때를 기다리고 있다.

쾅! '안녕' 하고 말이다.

하지만 아테나 여신이나 제노모프 에일리언의 애시드 스피터와 달리, 『풀 스펙트럼』은 온전한 모습으로 툭 튀어나온 게 아니다. 이 책을 내놓기까지 많은 도움이 필요했다.

내 파트너, 멜리사 보트렐은 나를 이 책에 양보해야 했다. 긴 집필 기간 동안 집안일과 대소사를 멜리사가 불공평하게 부담했다. 그럼에도 그녀는 전폭적인 지지를 보내주었고, 예리한 지성과 나

자신조차 갖지 못했던 책이 완성될 거라는 믿음으로 많은 도움을 주었다. 내가 이 책의 취재와 집필에 집중하는 동안, 아이들은 나의 부재에 대해 초인적인 인내를 보였다. 모두들 사랑하고, 베풀어준 관용에 고마움을 전하며 또 용서를 구한다.

많은 친구와 동료들이 물질적, 심리적 지원을 아끼지 않았다. 서니 베인스와 스튜어트 아노트는 내가 런던에서 취재 중일 때 자신들의 집에 머물게 해주었다. 대니얼 맥긴과 그의 아내 에이미도 보스턴에서 똑같은 호의를 베풀어주었다. 댄과 내가 시작한 이 게임에 나의 친구들 — 브래드 스톤, T. 트렌트 기객스, 폴 오도넬, 맷 바이 — 도 함께해주었다. 모든 일은 그들의 우정이 바탕이 되었기에 가능했다.

퍼트리샤 토머스, 마크 매클러스키, 클라이브 톰슨은 내가 이 책을 작업하는 동안 원고를 읽고 소중한 비판과 격려를 해주었다. 클라이브는 내가 이 책에서 언급한 최소 두 가지 이야기를 알려주었는데, 그중 하나가 세상에서 가장 새까만 검정 색소의 이야기였다.

다른 기자들도 마음을 활짝 열고 도움을 주었다. 앤드루 커리, 올리비에 녹스, 토머스 헤이든은 중요한 정보를 제공해주었다. 칼 지머는 친절한 말, 훌륭한 조언, 도움이 되는 팁을 주었다. 에밀리 윌링햄은 색채 과학사에서 가장 중요한 음경 사진을 찾아주었다. 메린 매키너, 테런스 새뮤얼, 크리스천 톰슨에게서 집필과 취재, 정리에 대한 플래티넘급 조언을 받았다. 최고의 과학 저널리스트이자 MIT의 나이트 사이언스 저널리즘 펠로십 프로그램 책임자인 데버러 블럼은 나에게 날카로운 지침을 주었고, 그 MIT 프로그램 관리자 베티나 우르쿠이올리와 함께 취재와 자료 접근에 필요한 중요한 도움을 주었다.

『와이어드』의 동료들은 내가 이 책을 쓰면서 몇 년 동안 늘어놓은 불평과 자랑을 들어주었고, 이따금 집필의 무게에 버둥거릴 때 허점을 보완해주기도 했다. 마크 로빈슨, 세라 펠런, 메건 몰트니, 스콧 섬 등 인간적이고 훌륭한 기자들 모두가 나의 부재를 잘 메워주고 책에 대한 의견을 개진해주어 더 나은 책이 나오도록 도와주었다. 『와이어드』의 수석 편집장 니컬러스 톰슨, 주필 마리아 스트레신스키, 웹 사이트 편집자 안드레아 발데스, 메건 그린웰, 과학 편집자 샌드라 업슨과 케라 플라토니 모두 내 사정을 너그럽게 고려해주었다. 모두에게 감사한다.

이름을 언급한 것 이상으로 많고 많은 자료로 시간과 생각을 내어준 이들, 특히 로빈 셰일, 아냐 헐버트, 델윈 린지, 앤절라 브라운, 제이 네이츠, 모린 네이츠, 그레그 호르비츠, 레그 애덤스에게 감사한다. 리사 스나이더, 데이비드 브레이너드, 마이클 포시, 량시 모두 그들의 작업에 관한 이야기를 들려주었고 몇 개월 후 자신들의 파일을 뒤져 이 책에 사용할 이미지를 제공해주었다. 은유적으로나 문자 그대로나 이 책에 색을 입혀준 이들이다.

국립보건원의 베빌 콘웨이는 처음부터 내게 색 세계의 스승이나 다름없었다. 박사후과정에 있는 그를 만난 이후 이 모든 이야기

감사의 말

를 담은 책을 써야겠다고 생각했다. 그는 그 후 인내심을 가지고 내게 많은 가르침을 주었다.

나의 든든한 에이전트 에릭 루퍼는 날카로운 편집자의 눈도 되었다가 그의 저자(물론 나다)를 포함해 퍼즐 조각을 하나씩 맞춰가는 성실한 손도 되어주었다. 나의 편집자 나오미 깁스는 단어 하나하나가 올바른지, 적절한 위치에 있는지 꼼꼼히 확인해주었다. 그녀와 그녀의 동료 제니 수는 내가 어떤 공으로 어떻게 저글링을 해야 하는지 깜빡했을 때 수많은 공을 공중에 띄워주었다. 글린 피터슨은 연구와 사실 확인에서 정확성과 정밀함을 넘어 진실과 아름다움까지 담아냈다.

그럼에도 이 책에 잘못된 내용이 있다면 그건 모두 내 탓이다.

마지막으로 독자들이 이 색 공간으로의 여행을 함께해주지 않는다면 내가 글을 쓰는 의미가 없었을 것이다. 함께 해준 독자들이 있어 기쁘다.

풀 스펙트럼

초판인쇄 2023년 9월 8일
초판발행 2023년 9월 15일

지은이     애덤 로저스
옮긴이     양진성
펴낸이     강성민
편집장     이은혜
편집       오영나
마케팅     정민호 박치우 한민아 이민경 박진희 정경주 정유선 김수인
브랜딩     함유지 함근아 박민재 김희숙 고보미 정승민 배진성
제작       강신은 김동욱 이순호

펴낸곳     (주)글항아리
출판등록   2009년 1월 19일 제406-2009-000002호

주소       경기도 파주시 심학산로10 3층
전자우편   bookpot@hanmail.net
전화번호   031-955-8869(마케팅) 031-941-5161(편집부)
팩스       031-941-5163

ISBN       979-11-6909-148-0 03400

잘못된 책은 구입하신 서점에서 교환해드립니다.
기타 교환 문의 031-955-2661, 3580

www.geulhangari.com